21 世纪高等职业技术教育规划教材——机电类
机械加工理实一体化系列教材

机械制图及机械基础

（上册）

张 峰 江 南 孟 莹 王宣卜 **主编**

西南交通大学出版社
·成 都·

图书在版编目（CIP）数据

机械制图及机械基础. 上册 / 张峰等主编. —成都：西南交通大学出版社，2012.8（2014.8 重印）

21 世纪高等职业技术教育规划教材. 机电类 机械加工理实一体化系列教材

ISBN 978-7-5643-1921-2

Ⅰ. ①机… Ⅱ. ①张… Ⅲ. ①机械制图－高等职业教育－教材②机械学－高等职业教育－教材 Ⅳ. ①TH126②TH11

中国版本图书馆 CIP 数据核字（2012）第 199130 号

21 世纪高等职业技术教育规划教材——机电类
机械加工理实一体化系列教材

机械制图及机械基础

（上册）

张峰 江南 孟莹 王宣卜 主编

责任编辑	黄淑文
特邀编辑	赵雄亮
封面设计	墨创文化
出版发行	西南交通大学出版社 （四川省成都市金牛区交大路 146 号）
发行部电话	028-87600564 87600533
邮政编码	610031
网址	http: //www.xnjdcbs.com
印刷	成都蓉军广告印务有限责任公司
成品尺寸	185 mm × 260 mm
印张	10.5
字数	261 千字
版次	2012 年 8 月第 1 版
印次	2014 年 8 月第 2 次
书号	ISBN 978-7-5643-1921-2
定价	23.50 元

前　言

为适应我国现阶段职业教育改革的需要和学生就业环境的要求，同时考虑到学生在校期间学习该门课程的时间较短的实际情况，结合笔者多年的“机械制图”、“机械基础”及“计算机 CAD”的教学及课改经验，我们将“机械制图“及”机械基础“进行有机地结合而编成此书，以达到传授更多知识和技能的目的。

本册教材在编写模式上强调以学生为主体，采用任务驱动的模式，通过逐步的完成每一项任务来学习本门课程的知识，同时提高读图、图示能力及绘图技能，体现了“学中练、练中学” 的职业教育特点，满足职业学校学生“学习技能、提高专业能力”的要求。为加强学生的技能训练，以任务的方式完成必要的知识点的学习，尽可能采用直观图与平面图相结合的方式，强化学生平面图到空间形体、空间形体到平面图的思维转换训练，以便学生在学习机械基础内容之前具备必要的图示及读图能力。

本书在内容编写上大量采用立体图及轴测图，以方便读者学习及理解。为适应现代社会发展的要求，增加了计算机绘图、实体制作及模型制作的内容，当然，本书最大的特点是机械基础与制图的结合。例如，螺纹部分不单介绍了螺纹的种类、用途、结构等，同时也将螺纹的画法进行了学习及训练。

本书为《机械制图与机械基础》的上册，主要包含了平面图形的绘制、三视图的形成原理、基本体、组合体、机件的表达及螺纹连接的知识；中间加入了 CAD 制图、实体制作的部分内容，以便让学生在学习的过程中有更多的工具来辅助学习，同时也初步掌握计算机作图的技能。

该书将“将机械制图”与“机械基础”两门课程合二为一也是为解决学生在校期间所学课程多且时间不足的问题，更重要的是将两门课进行了有机的结合，让学生能在学习制图的过程中体会机械，在学习机械的过程中体会如何用图来表达机械，以便高效地完成学业。

由于各学校的专业、教学要求和课时不同，因此，在使用本书教学时，可根据需要进行必要的删减和教学顺序的调整。

全书按最新的《机械制图》国家标准编写。

另外，我们提供了与本书配套使用的习题册，其内容丰富，题型符合教学实际且能满足学生的训练要求。

本书由张峰、江南、孟莹、王宣卜编写，张峰任主编。由于编者水平有限，不妥之处在所难免，敬请读者批评指正。

编　者

2012 年 7 月

目　录

模块一　认识三视图及平面图形画法

任务一　三视图的形成及画法

【任务目标】

（1）了解三视图的形成原理及三视图的位置、投影规律、方位关系。
（2）通过任务的完成初步掌握简单形体三视图的画法。
（3）能徒手及应用工具规范绘制图样。

【任务分析】

要完成此任务首先要了解三视图的形成原理、画法和工具的使用。

【应知应会】

一、正投影

在机械制图中，用来表达零件结构形状的图形，一般叫视图。那么视图怎么画？根据是什么？

在日常生活中，我们会观察到，物体在阳光照射下，在地面或墙壁上投射下一个影子，这一现象便是投影。在图 1.1.1 中，平面 P 放在形体的后面。用一束光线照射形体时，在平面 P 上就会投射一个影子，这便是形体在平面 P 上的投影。当此光线与形体平行且垂直于平面 P 时，该投影我们称之为正投影（简称投影）；光线叫投影线，平面 P 叫投影面。如果将正投影中的投影线想象为人的视线，则投影面上出现的形体投影，就叫做视图。

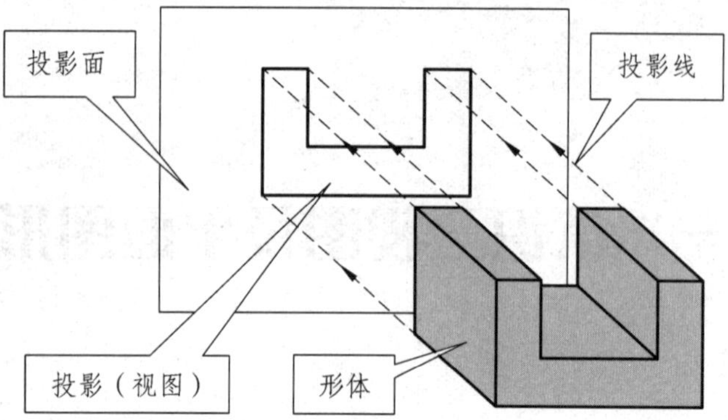

图 1.1.1

二、三视图的形成原理

1. 三面投影体系的建立

建立三个相互垂直的平面作为投影面，分别为 *V* 面（正面）、*H* 面（水平面）、*W* 面（侧面），如图 1.1.2 所示。将形体正放于该投影体系中，分别对三个投影面进行正投影，得到三个投影（视图）。

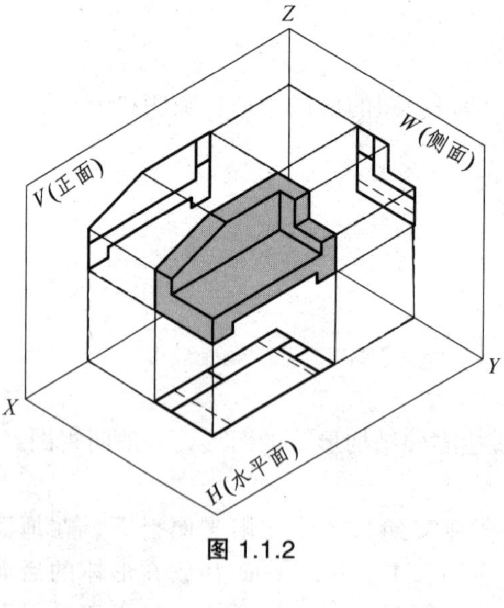

图 1.1.2

2. 三视图的形成

将形体移除，如图 1.13（a）所示，保留投影面上的视图，*V* 面不动，*H* 面绕与 *V* 面的交线旋转展开与 *V* 面摊平；*V* 面不动，*W* 面绕与 *V* 面的交线旋转展开与 *V* 面摊平，如图 1.1.3（b）所示。去除外框便得到形体三视图，如图 1.1.4 所示。

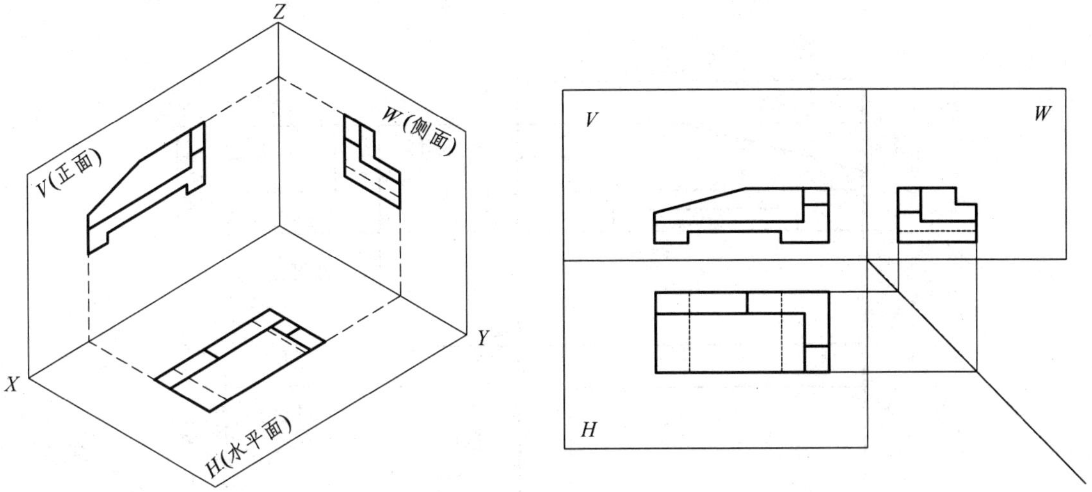

（a）　　（b）

图 1.1.3

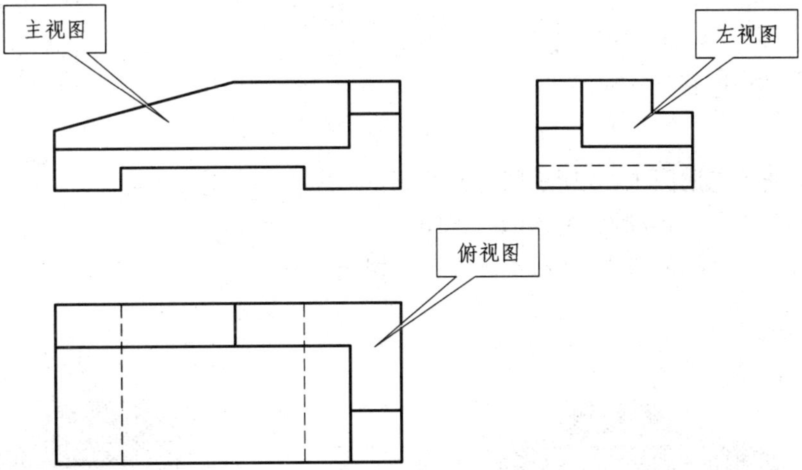

图 1.1.4

3. 三视图间的投影联系

位置关系：主视图在上，俯视图在主视图的正下方，左视图在主视图的正右方。

投影规律：主视图、俯视图长度相互对正，主视图、左视图高度相互平齐，俯视图、左视图宽度彼此相等。简言之：“长对正、高平齐、宽相等”，如图 1.1.5 所示。

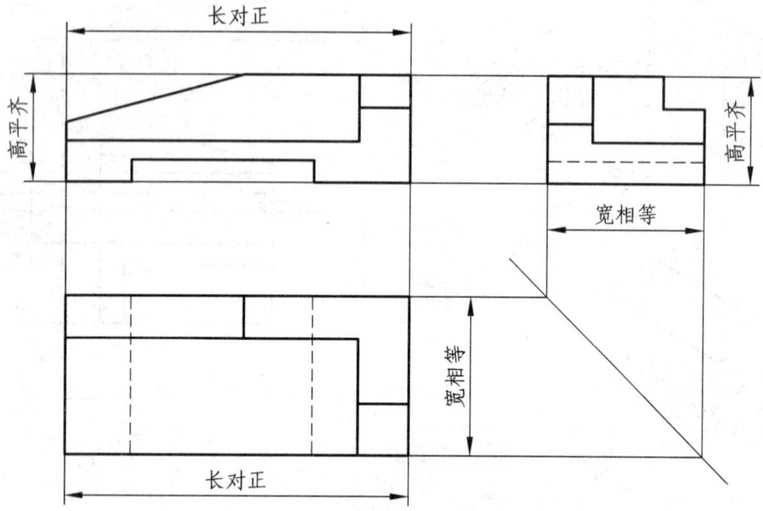

图 1.1.5

【任务实施】

一、任务条件

（1）尝试徒手完成图 1.1.6 所示图样的绘制。
（2）徒手完成图 1.1.6 所示图样的三视图。
（3）尝试用工具完成图 1.1.7 所示图样的三视图。

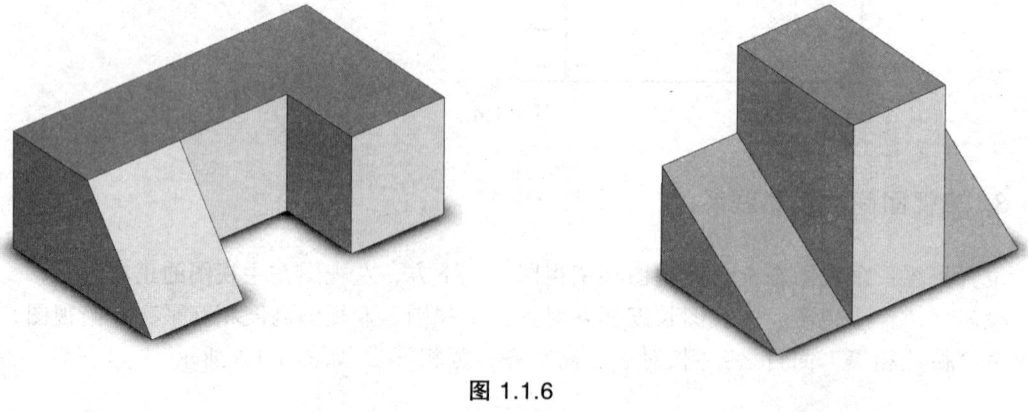

图 1.1.6

二、任务实施步骤

1. 学生徒手尝试绘制图 1.1.6（见图 1.1.7）

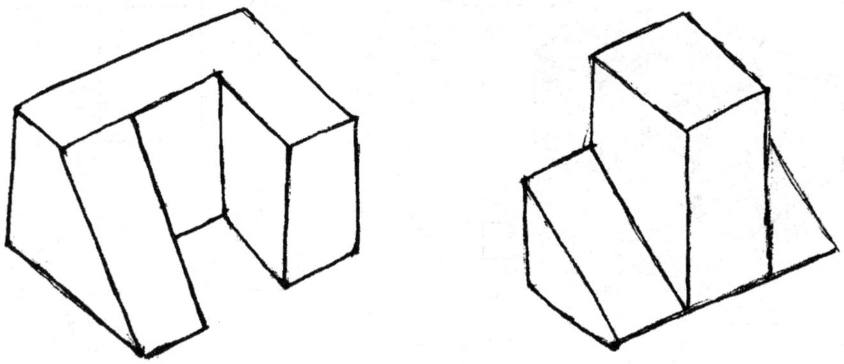

图 1.1.7

2. 教师徒手绘制视图（见图 1.1.8）

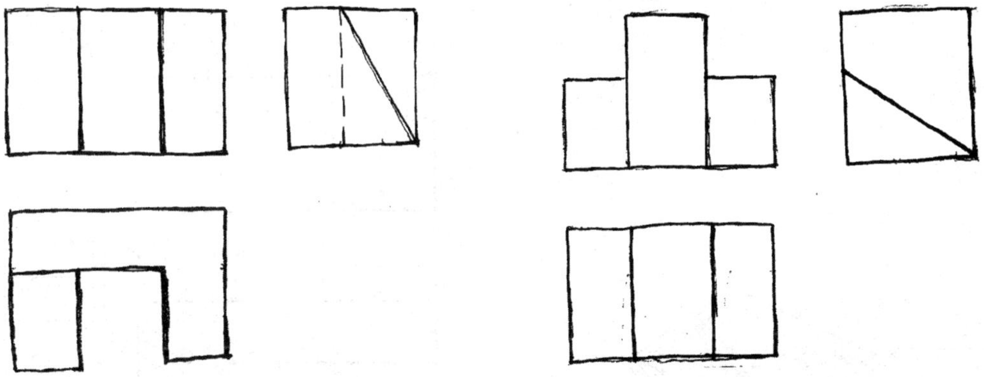

图 1.1.8

3. 比较学生绘图与教师绘图的优劣

学生图：直观性好，难画，度量性差。
教师图：好画，度量性好，直观性差。

4. 学画三视图（实例一）

（1）画主视图，分析判断形体上与正投影面平行面的形状，如图 1.1.9（a）所示；组合形状并画出视图，如图 1.1.9（b）所示。

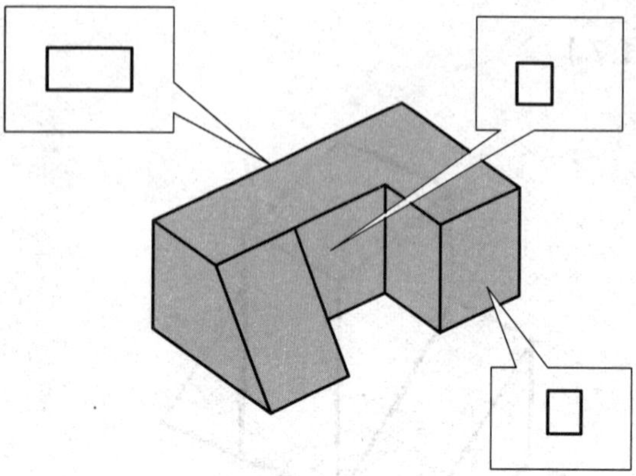

（a）

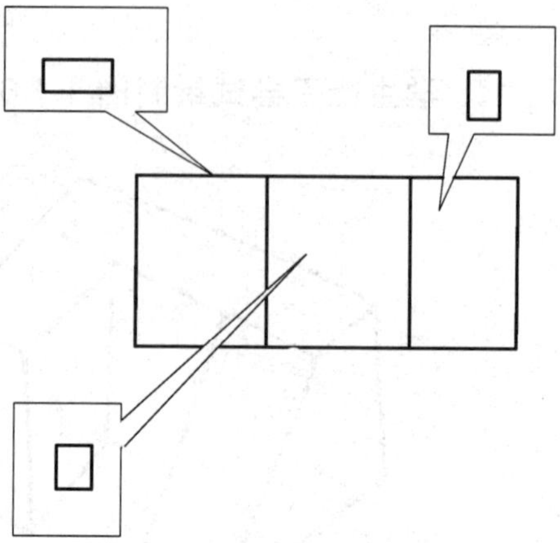

（b）

图 1.1.9

（2）画俯视图，分析判断形体上与水平投影面平行的平面形状，如图 1.1.10（a）所示；组合形状并画出视图，如图 1.1.10（b）所示。注意：长要对正。

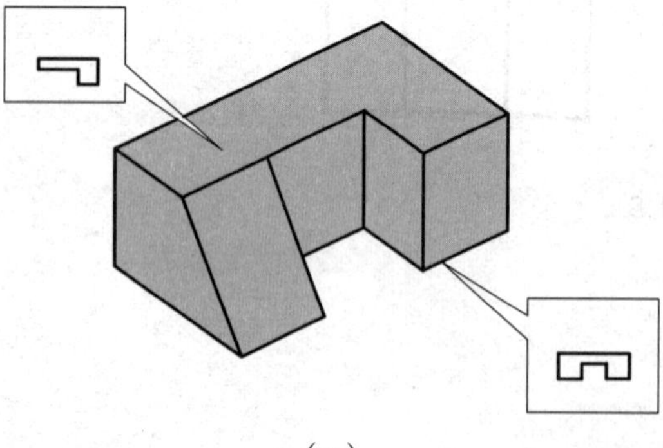

（a）

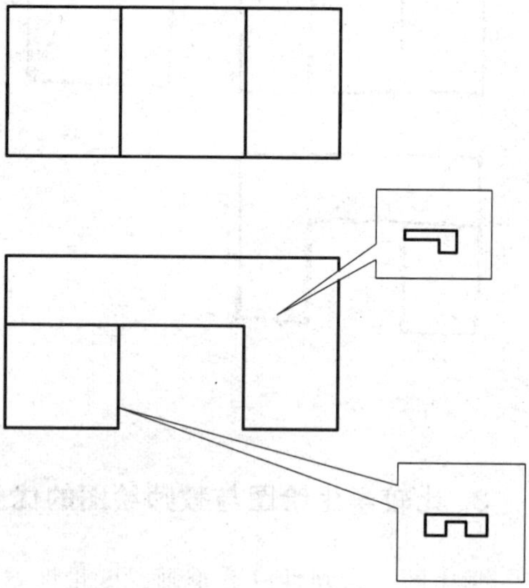

（b）

图 1.1.10

（3）完成左视图，分析判断形体上与侧投影面平行的平面形状，如图 1.1.11（a）所示；组合形状并画出视图，如图 1.1.11（b）所示。注意：除高平齐外，还要宽相等。

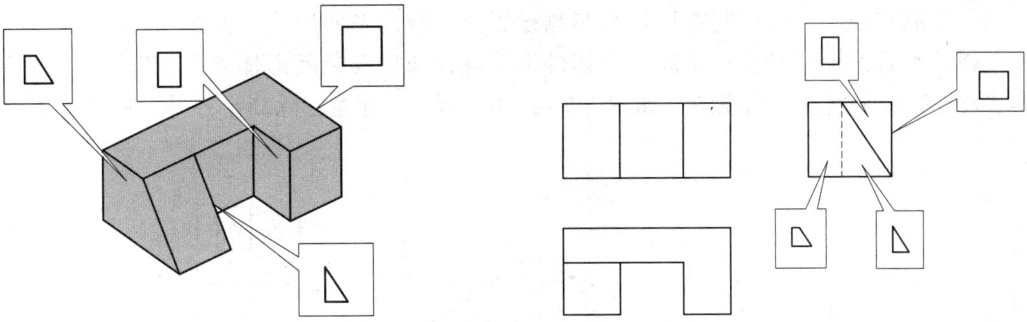

（a）　　　　　　（b）

图 1.1.11

5. 学画三视图（实例二）

（1）画主视图，分析判断形体上与正投影面平行面的形状，如图 1.1.12（a）所示；组合形状并画出视图，如图 1.1.12（b）所示。

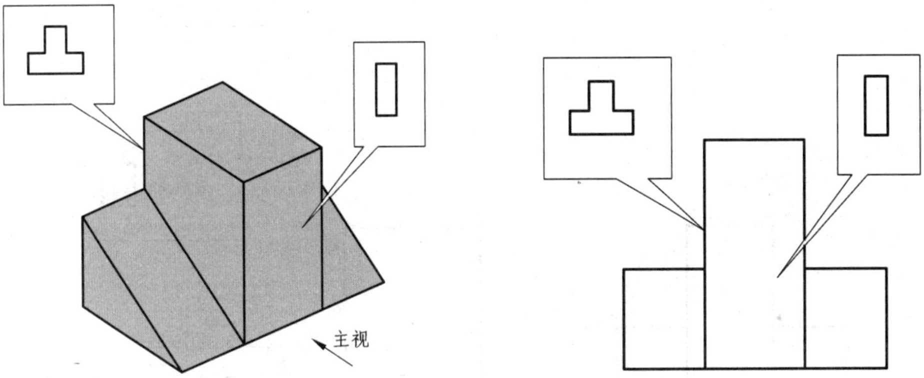

（a）　　　　　　（b）

图 1.1.12

（2）画俯视图，分析判断形体上与水平投影面平行的平面形状，如图 1.1.13（a）所示；组合形状并画出视图，如图 1.1.13（b）所示。

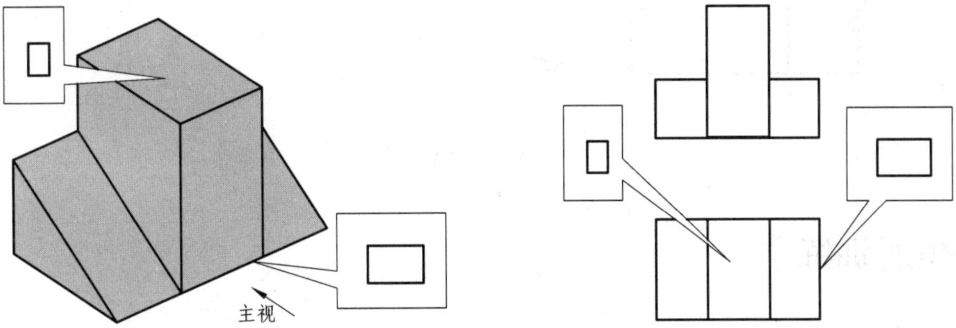

（a）　　　　　　（b）

图 1.1.13

（3）完成左视图，分析判断形体上与侧投影面平行的平面形状，如图 1.1.14（a）所示。因为左视的平行面形状没有一个超过形体外形轮廓，所以要判断形体外形轮廓，组合外形轮廓形状及平行面形状并画出视图，如图 1.1.14（b）所示。注意：除高平齐外，还要宽相等。

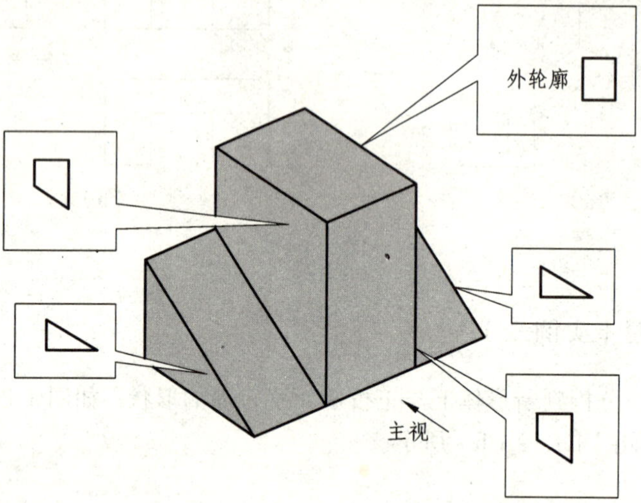

（a）

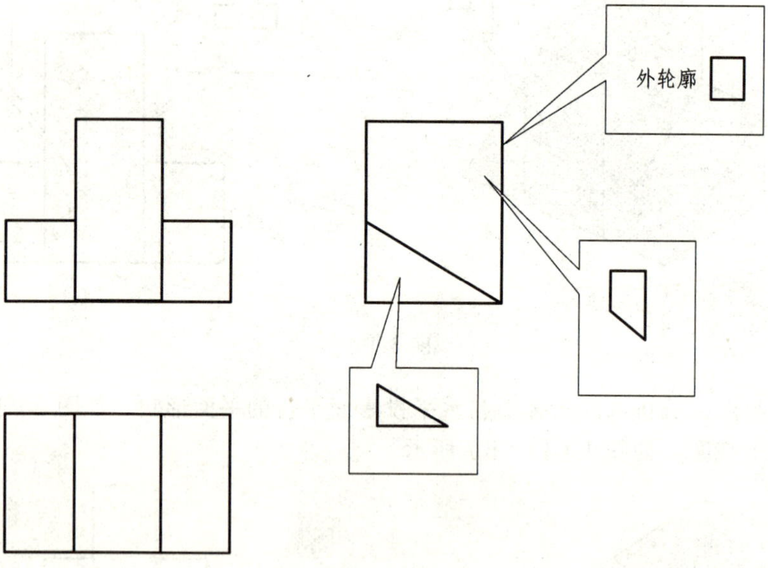

（b）

图 1.1.14

【拓展训练】

完成图 1.1.15 所示图形的三视图。

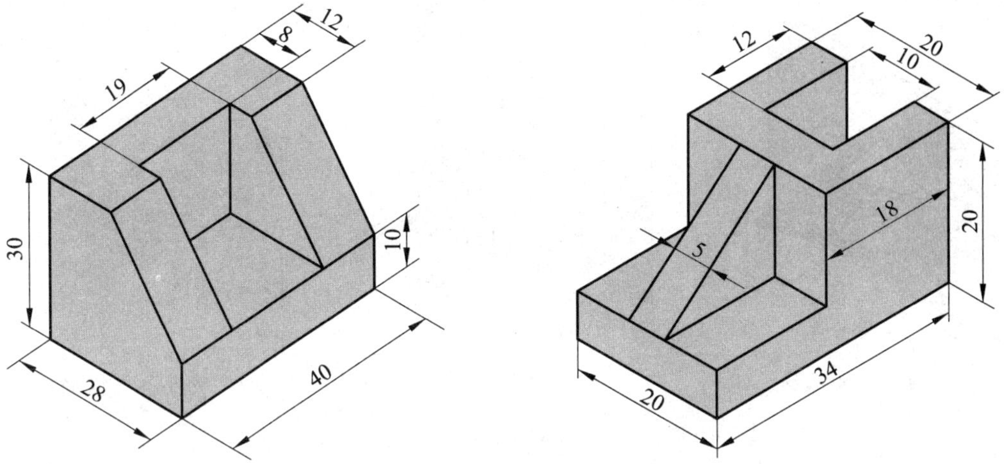

图 1.1.15

【知识链接】

正投影中直线及平面的投影特性：

1. 各种位置直线的投影特性

直线相对于投影面 P 的位置共有三种：平行、垂直、倾斜。直线在投影面 P 上的投影便呈现不同的投影特性，如图 1.1.16 所示。

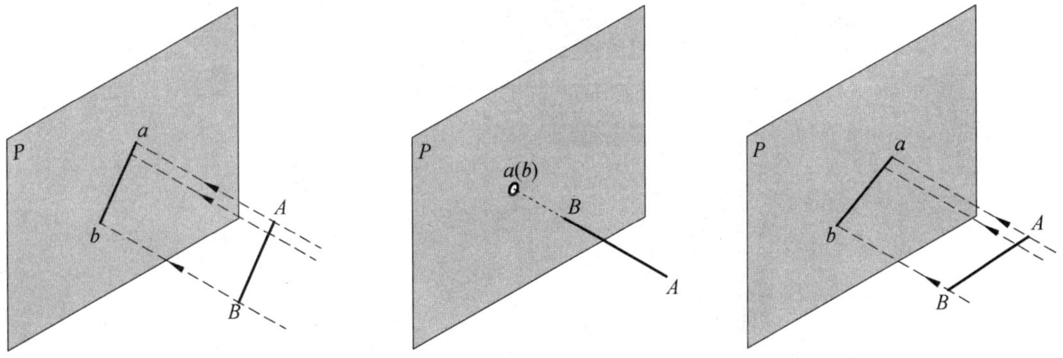

（a）反映实长　（b）积聚成点　（c）长度变短

图 1.1.16

2. 各种位置平面的投影特性

平面相对于投影面 P 的位置共有三种：平行、垂直、倾斜。平面在投影面 P 上的投影便呈现不同的投影特性，如图 1.1.17 所示。

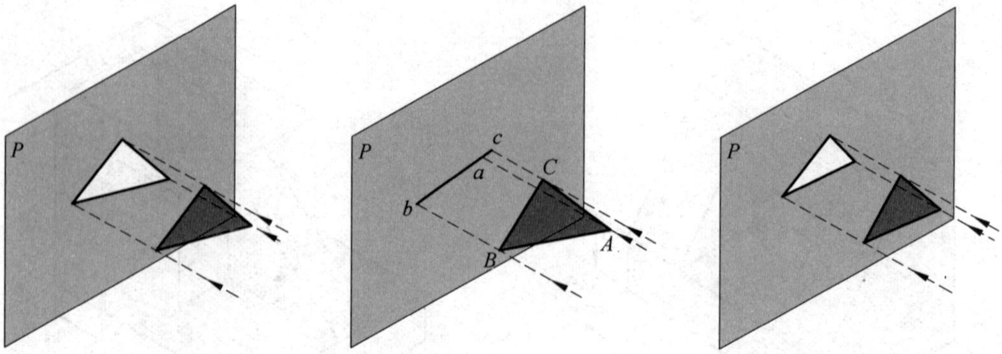

（a）反映实形　　（b）积聚成线　　（c）变小的类似形

图 1.1.17

任务二　平面图形的画法

【任务目标】

（1）能够利用绘图工具进行等分作图及圆弧连接。
（2）能够熟练应用绘图工具按标准完整、清晰、正确地绘制平面图形。
（3）能够按规定标准正确完整地给平面图形进行尺寸标注。

【任务分析】

要完成此任务目标，首先要掌握工具的使用，图幅、图框、标题栏、图线的标准及画法；其次需掌握等分作图法及圆弧连接画法；最后需掌握尺寸标注的各项规定及标注方法。

【应知应会】

一、工具的使用

（1）图板：用来铺放和固定图纸，短边作为移动丁字尺的导边，如图 1.2.1 所示。图板有几种规格，可以根据需要选用。

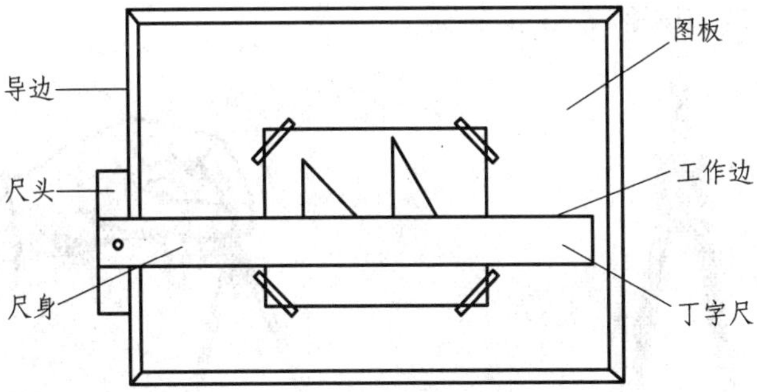

图 1.2.1

（2）丁字尺：由有机玻璃制成，尺头与尺身垂直，尺身的工作边必须保持光滑平直，以尺头为基础，图板短边为导边，上下移动尺身进行绘图，如图 1.2.1 所示。使用完后需挂起，以防止尺身变形。

（3）三角板：由有机玻璃制成，一套三角板有 2 个，一个板角度为 30°、60°、90°，另一个板角度为 45°、45°、90°，如图 1.2.2 所示。三角板与丁字尺配合可以画各种角度斜线。

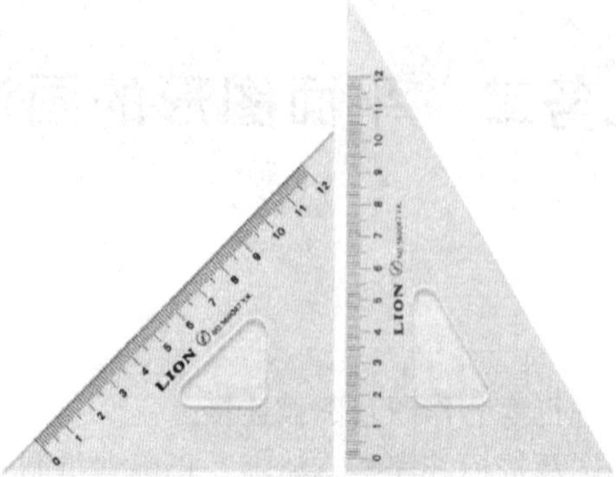

图 1.2.2

（4）绘图铅笔：绘图铅笔种类繁多，制图一般使用“中华绘图铅笔”。其型号按铅芯的软硬程度来分，HB 表示软硬适中，H 或者 B 前面的数字越大表示越硬或者越软。绘图时常用 H 或者 2H 的铅笔打底稿，用 HB 的铅笔写字，用 B 或者 2B 的铅笔加深。用于加深的铅笔多削成鸭嘴形，其他铅笔削成锥形，如图 1.2.3 所示。

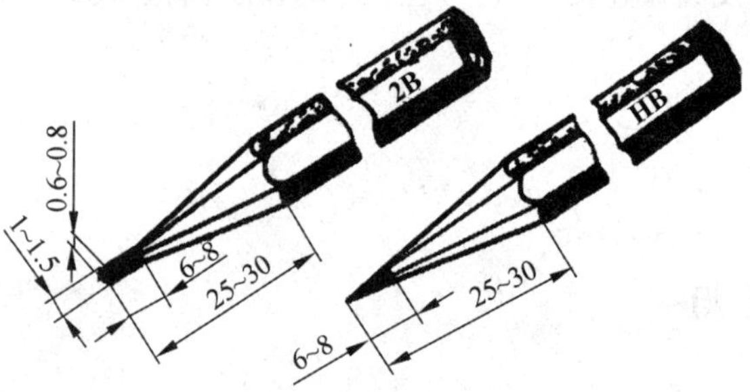

图 1.2.3

（5）圆规：用来绘制圆或者圆弧的仪器，如图 1.2.4 所示。使用前应调整带针插脚，使针尖略长于铅芯，铅芯应磨削成 65°的斜面。

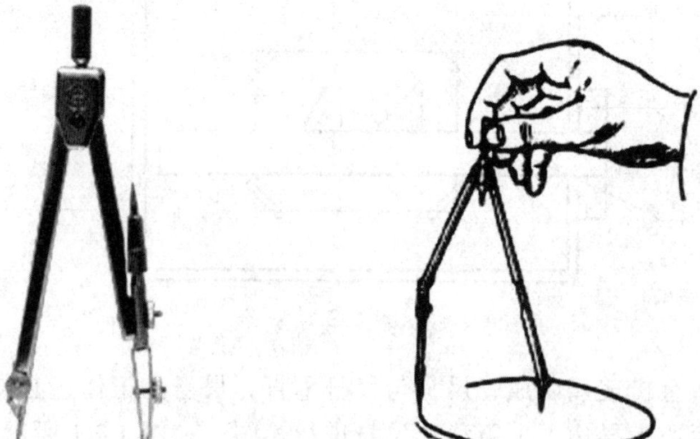

图 1.2.4

二、图纸幅面及格式

1. 图纸幅面和图框格式

（1）图纸幅面。

绘制机械图样时，优先采用 5 种规定的图纸基本幅面，分别是：A0、A1、A2、A3、A4。必要时，也允许选用所规定的加长幅面。基本幅面的相关尺寸见表 1.2.1，加长幅面的尺寸由基本幅面的短边成整数倍增加后得出。

表 1.2.1　基本幅面的相关尺寸

<table>
<tr><th rowspan="2">幅面代号</th><th>幅面尺寸</th><th colspan="3">周边尺寸</th></tr>
<tr><th>B×L</th><th>a</th><th>c</th><th>e</th></tr>
<tr><td>A0</td><td>841×1189</td><td rowspan="5">25</td><td rowspan="3">10</td><td rowspan="2">20</td></tr>
<tr><td>A1</td><td>594×841</td></tr>
<tr><td>A2</td><td>420×594</td><td rowspan="3">10</td></tr>
<tr><td>A3</td><td>297×420</td><td rowspan="2">5</td></tr>
<tr><td>A4</td><td>210×297</td></tr>
</table>

（2）图框格式。

在图纸上，图框线必须用粗实线画出，其格式分为不留装订边（见图 1.2.5）和留有装订边（见图 1.2.6）两种，见《机械制图手册》，但同一产品的图样只能采用一种格式。

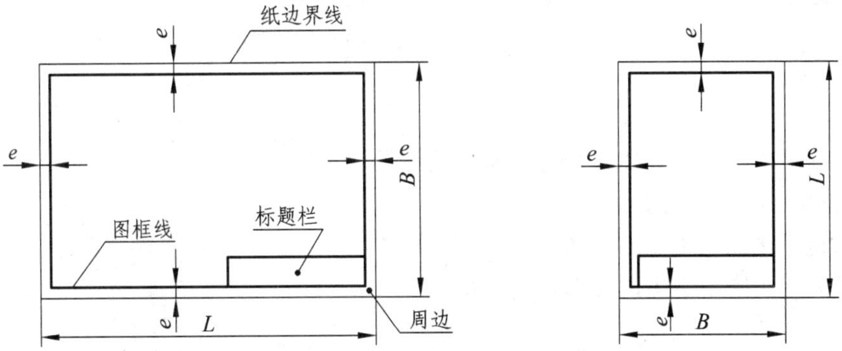

图 1.2.5　不留装订边的格式

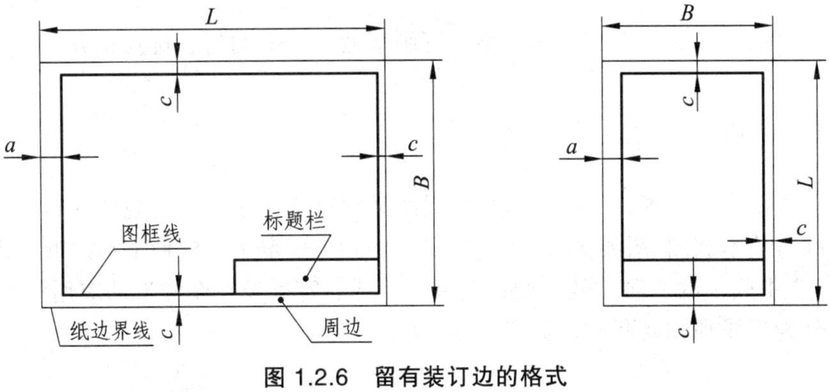

图 1.2.6　留有装订边的格式

2. 标题栏及其方位

标题栏的位置应位于图纸的右下角，如图 1.2.5、1.2.6 所示。标题栏的文字方向应为看图方向，标题栏的外框为粗实线，里边是细实线，其右边线和底边线应与图框线重合。学生制图作业建议采用图 1.2.7 所示的标题栏格式。

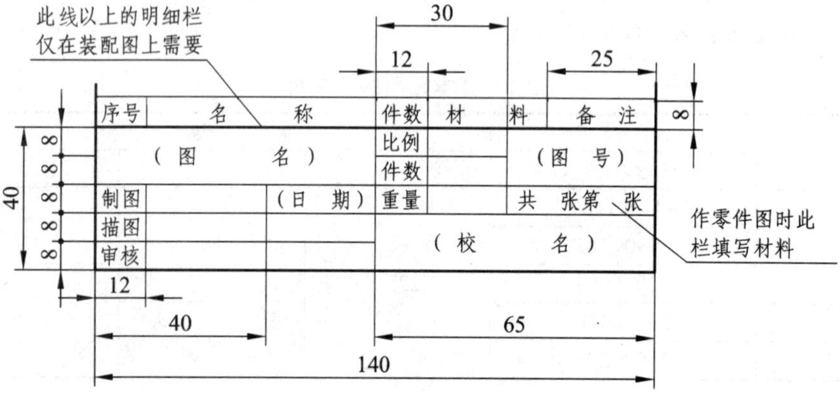

图 1.2.7

三、比例、字体、图线

1. 比 例

比例是指图中图形与其实物相应要素的线性尺寸之比。

原值比例：比值为 1 的比例，即 1∶1。

放大比例：比值大于 1 的比例，如 2∶1 等。

缩小比例：比值小于 1 的比例，如 1∶5 等。

2. 字 体

图样中书写的字体必须做到字体工整、笔画清楚、间隔均匀、排列整齐。

3. 图线及画法

为了使图样统一、清晰，绘图时所用的图线必须符合国家标准的规定。

国家标准《技术制图 图线》（GB/T 17450—1998）规定了 15 种基本线型，机械图样通常采用表 1.2.2 中列出的 9 种图线，图线名称、型式、宽度及在图样上的应用均见表 1.2.2。图线按线宽分为粗线和细线两种，宽度比为 2∶1。

表 1.2.2　图线的规定及示例

序号	名称	图线型式及代号	图线宽度	一般应用
1	粗实线	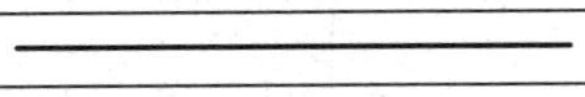	d	可见轮廓线，可见过渡线
2	细实线		约 $d/2$	尺寸线、尺寸界线、剖面线、辅助线、重合断面的轮廓线、引出线、螺纹的牙底线及齿轮的齿根线
3	波浪线		约 $d/2$	断裂处的边界线、视图和剖视的分界线
4	双折线	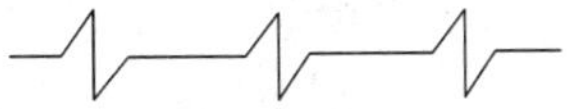	约 $d/2$	断裂处的边界线
5	虚线	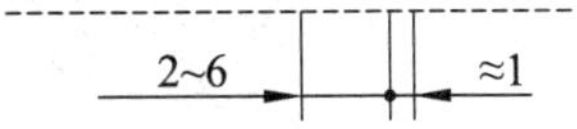	约 $d/2$	不可见的轮廓线、不可见的过渡线
6	细点画线	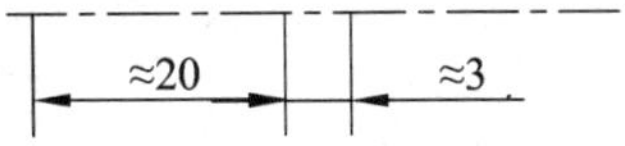	约 $d/2$	轴线、对称中心线、轨迹线、齿轮的分度及分度线
7	粗点画线	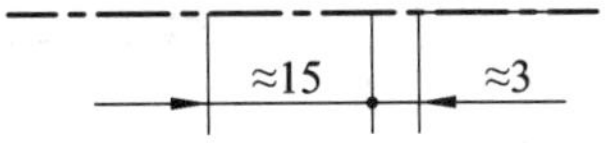	d	有特殊要求的线或表面的表示线
8	双点画线	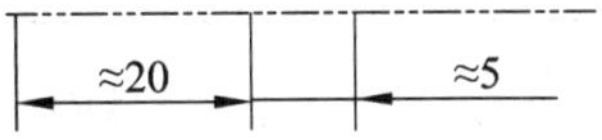	约 $d/2$	相邻辅助零件的轮廓线、中断线、极限位置的轮廓线、假想投影轮廓线

四、几何作图

1. 圆周等分（见表 1.2.3）

表 1.2.3　圆周等分

等分要求	绘图详解	图　例
三等分圆	（1）以 B 为圆心，原圆半径 R 为半径画弧，截圆于 A、C 两点，即得圆周三等分点 A、C、D； （2）连接 A、C、D 三点即得正等边三角形	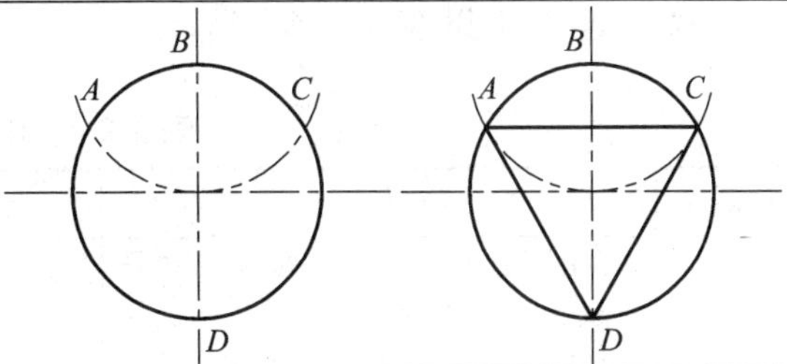
四等分圆	（1）做两条圆的垂直平分线，且两条线相互垂直，截圆于 A、B、C、D 四点，即为圆周四等分点； （2）连接四点即得正四边形	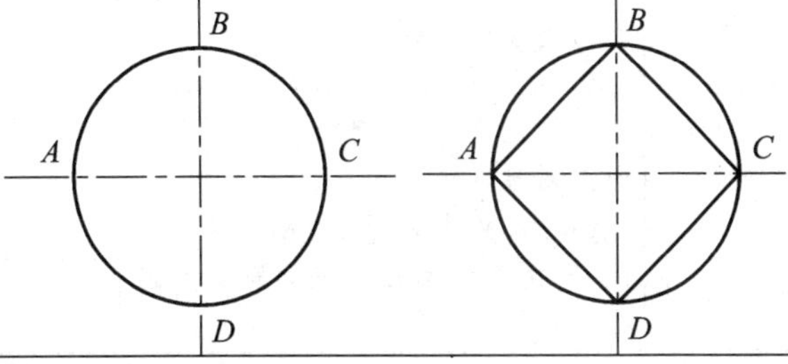

续表 1.2.3

等分要求	绘图详解	图　例
五等分圆	（1）平分半径 *OB*，得中点 *E*； （2）以点 *E* 为圆心、*CE* 为半径作圆弧，交 *OA* 于 *F* 点，*CF* 即为正五边形的边长； （3）以 *C* 点为圆心，*CF* 为半径作圆弧交圆于 1、4 点，分别以 1、4 点为圆心，*CF* 为半径截圆于 2、3 点，即得圆上五等分点 *C*、1、2、3、4； （4）连接此五个点即得正五边形	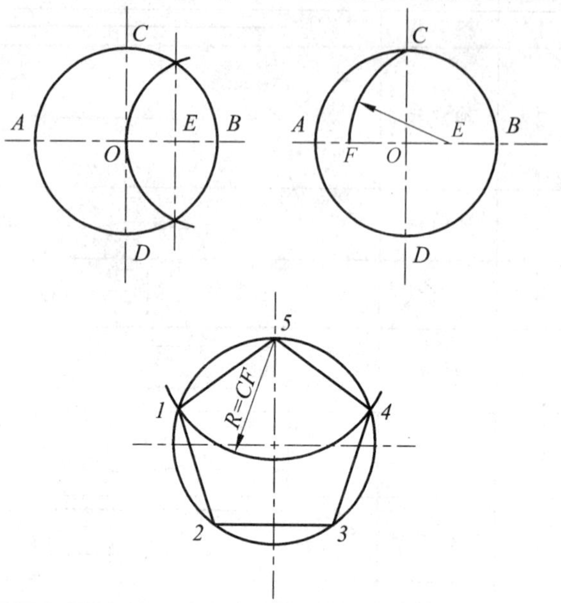
六等分圆	（1）分别以 *A*、*D* 为圆心，原圆半径 *R* 为半径画弧，截圆于 *B*、*C*、*E*、*F* 点，即得圆周六等分点 *A*、*B*、*C*、*D*、*E*、*F*； （2）连接点 *A*、*B*、*C*、*D*、*E*、*F* 即得正六边形	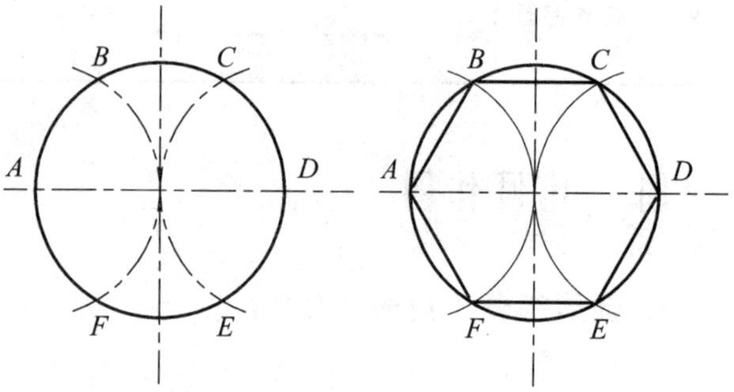

2. 圆弧连接（见表 1.2.4）

表 1.2.4　圆弧连接

连接要求	绘图详解	图　例
连接相交两直线	（1）分别作两条已知直线的平行线，距离为 *R*； （2）两平行线相交于 0 点，该点即为连接圆弧的圆心； （3）过 0 点分别做两已知直线的垂线，交于 1、2 点，此两点即为圆弧与直线的切点； （4）以 0 点为圆心、*R* 为半径过 1、2 两点作圆弧，该圆弧即为连接圆弧	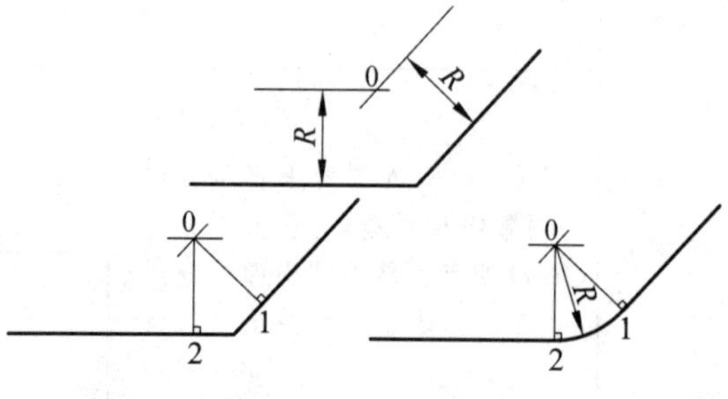

续表 1.2.4

连接要求	绘图详解	图　例
连接 一直线和 一圆弧	（1）作已知直线的平行线，距离为 R； （2）以 0_1 点为圆心，R_1+R 为半径作圆弧，交直线于 0 点，该点即为连接圆弧的圆心； （3）连接 00_1 交圆于 1 点，过 0 点作已知直线的垂线，交于 2 点，此两点即为圆弧与直线的切点； （4）以 0 点为圆心、R 为半径过 1、2 两点作圆弧，该圆弧即为连接圆弧	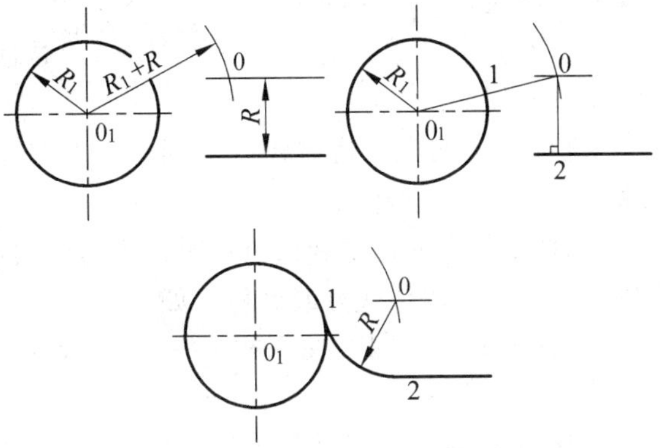
外切 两圆弧	（1）分别以 0_1、0_2 点为圆心，R_1+R、R_2+R 为半径作圆弧，两圆弧交于 0 点，该点即为所求连接圆弧的圆心； （2）连接 0、0_1 交圆于 1 点，连接 0、0_2 交圆于 2 点，此两点即为连接圆弧与两圆的切点； （3）以 0 点为圆心，R 为半径过 1、2 两点作圆弧，该圆弧即为所求外切连接圆弧	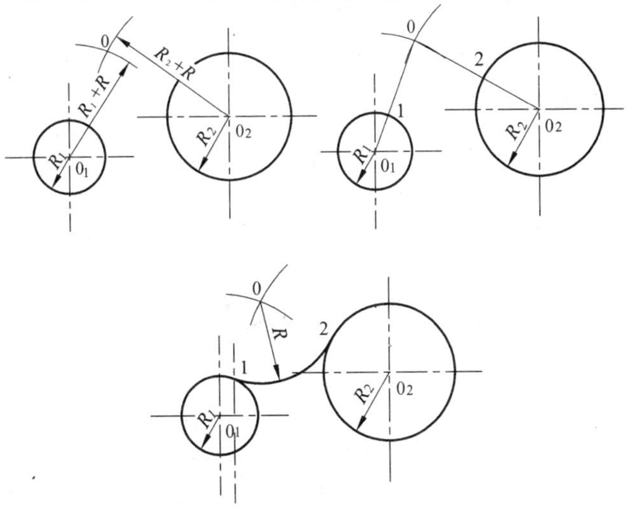
内接 两圆弧	（1）分别以 0_1、0_2 点为圆心，$(R-R_1)$、$(R-R_2)$ 为半径作圆弧，两圆弧交于 0 点，该点即为所求连接圆弧的圆心； （2）连接 0、0_1 并延长至交圆于 1 点，连接 0、0_2 并延长至交圆于 2 点，此两点即为连接圆弧与两圆的切点； （3）以 0 点为圆心、R 为半径，过 1、2 两点作圆弧，该圆弧即为所求内接连接圆弧	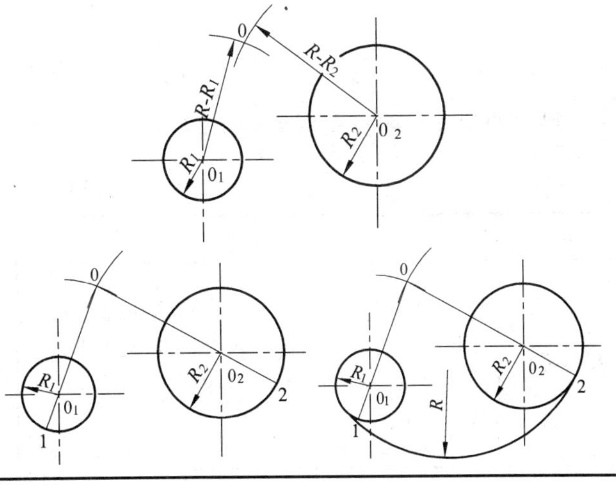

五、尺寸注法

图样不论按什么比例绘制，其结构的大小都由标注的尺寸确定。标注尺寸时，应严格遵照国家标准有关尺寸注法的规定。

（1）基本要求：做到正确、齐全、清晰、合理。

（2）基本规则。

① 机件的真实大小应以图样上所注的尺寸数值为依据，与图形的大小及绘图的准确度无关。

② 图样中的尺寸以毫米为单位时，不需注明计量单位的代号或名称；如采用其他单位，则必须注明相应的单位代号或名称，如 30°。

③ 机件的每一尺寸，在图样中一般只标注一次，并应标注在反映该结构最清晰的图形上。

④ 图样中所标注的尺寸是该机件最后完工时的尺寸，否则应另加说明。

⑤ 绘制图样时属于理想关系绘制，如相互平行平面以及相互垂直平面关系均按图形所示几何关系处理，通常不标注尺寸。

（3）尺寸组成。一个完整的尺寸是由尺寸界线、尺寸线、箭头和尺寸数字组成，如图 1.2.8 所示。

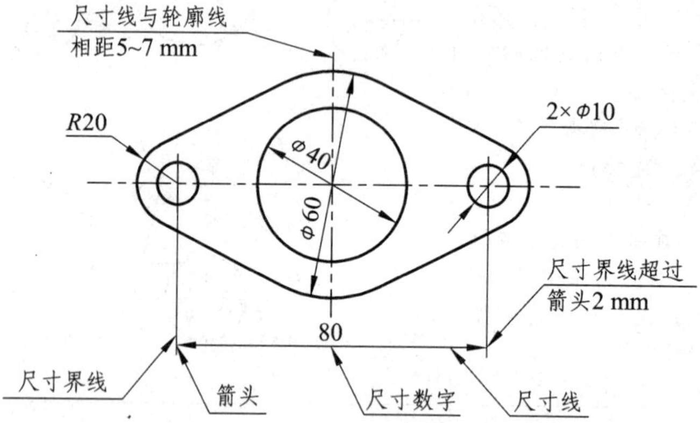

图 1.2.8

尺寸的相关说明及图例见表 1.2.5

表 1.2.5 尺寸的项目说明

项目	说 明	图 例
尺寸界限	用细实线画出，并应从图形的轮廓线或对称线处引出，也可用轮廓线作为尺寸界限。尺寸界限一般应与尺寸线垂直，并超出尺寸线约 2 mm	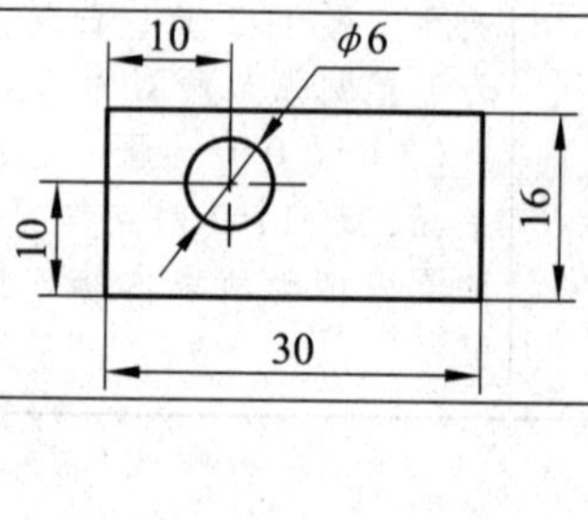

续表 1.2.5

项目	说　明	图　例
尺寸线	必须用细实线单独画出，不能用其他图线代替，也不得与其他图线重合或画在其他线的延长线上。标注线性尺寸时，尺寸线必须与所标注的线段平行，尺寸线与轮廓线的间距、相同方向上尺寸线之间的间距应大于 5 mm	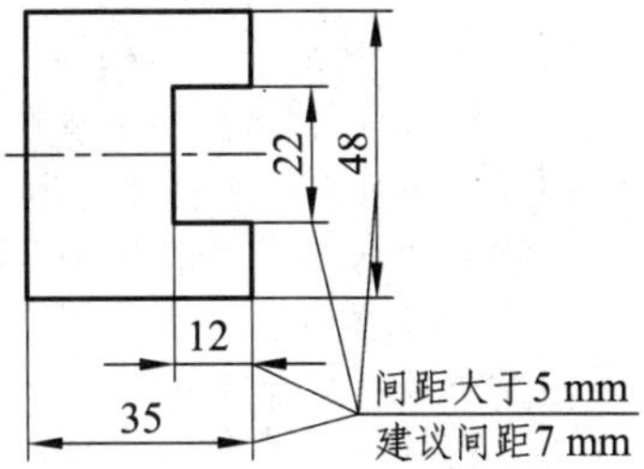
箭头	是尺寸线的终端形式，箭头为实心箭头，适用于各种机械图样应用。箭头的宽度 d 就是图样中粗实线的宽度，箭头的长度约为宽度的4倍，箭头的尖端应垂直指到尺寸界限，且同一张图样中的所有箭头大小应基本相同。在尺寸线的长度很短时，允许将尺寸箭头画在尺寸界限外侧	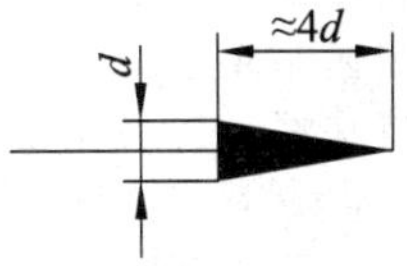
尺寸数字	线性尺寸的数字的注写方向应与尺寸线平行，水平标注时应标注在尺寸线的上方，垂直标注时应标注在尺寸线的左方，如图(a)所示。尺寸的数字不允许任何图线穿过，若实在无法避开时，必须将该图线断开，使数字能清晰表现出来，如图（b）所示	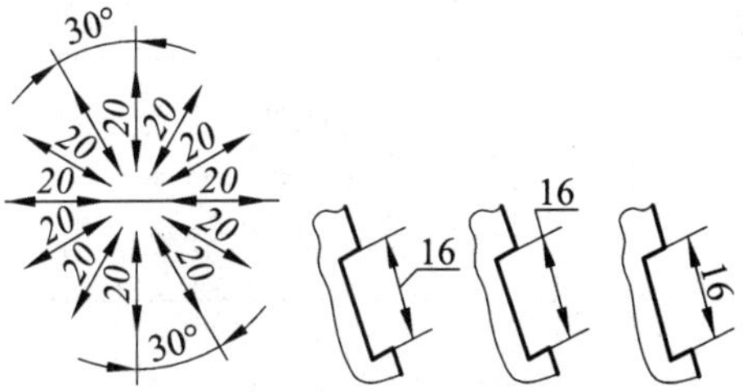图（a） 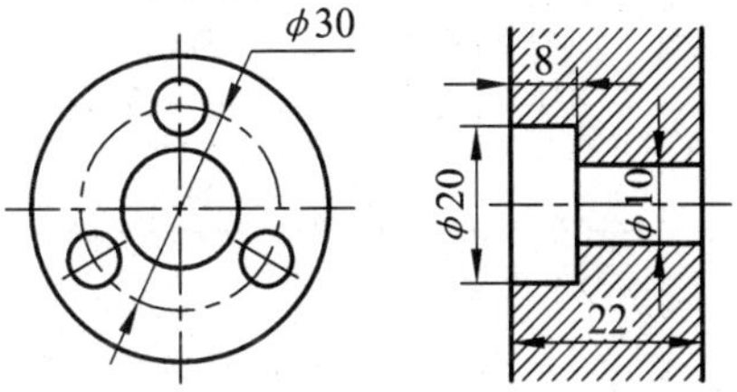图（b）

（4）尺寸类型。表 1.2.6 所示为常见的尺寸标注类型，其他详细尺寸标注以后遇到时再做详解。

表 1.2.6　常见的尺寸标注类型

项目	说　明	图　例
线性尺寸	线性尺寸即为长度尺寸，为尺寸线所标明方向的、某图线到另一图线的距离	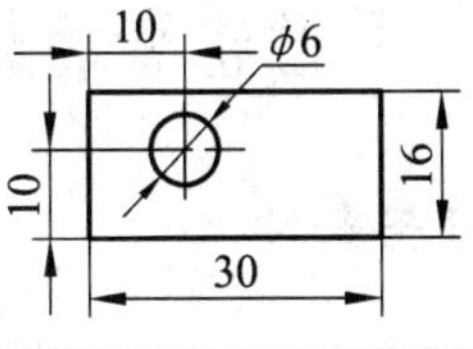

续表 1.2.6

项目	说　明	图　例
圆弧尺寸	（1）有直径尺寸和圆弧尺寸两种。标注直径时，应在尺寸数字前加注符号“ϕ”；标注半径时，应在尺寸数字前加注符号“*R*”。 （2）圆弧小于或等于半圆通常标注半径，大于半圆只能标注直径。 （3）标注半径尺寸时，尺寸线为单边箭头，起点为圆心。当圆弧的半径过大或在图纸范围内无法注出其圆心位置时，可按图（c）中左图所示形式标注；若不需要标出其圆心位置时，可按图（c）中右图所示形式标注。 （4）同一个方向上有几个相同圆弧结构，标注圆弧尺寸时，直径尺寸 2×ϕ10 为 2 个直径相同的圆，半径尺寸 *R*20，有 2 处，但仅标注 1 处	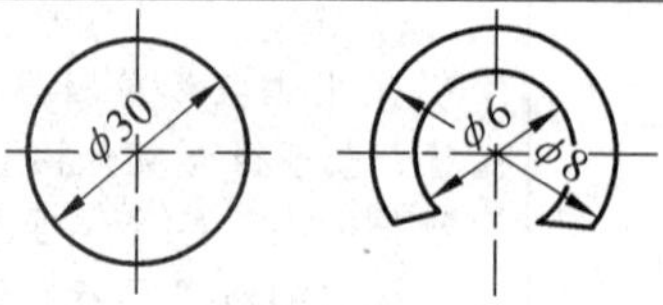 图（a） 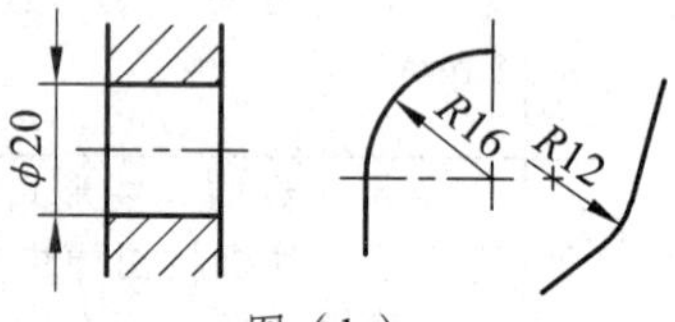 图（b） 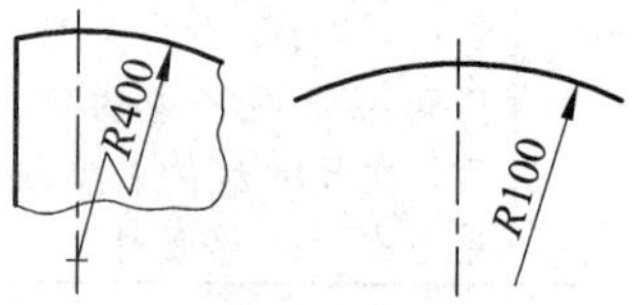 图（c）
角度尺寸	尺寸界线应沿径向引出，尺寸线画为圆弧，圆心是角的顶点，尺寸数字应一律水平书写，一般标注在尺寸线的中断处	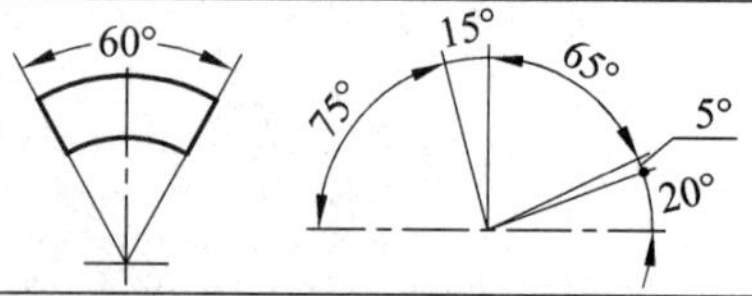
对称结构尺寸	当图形的结构对称，尺寸界线从中心线引出。对称的图形可只画出一半或略大于一半时，尺寸线应略超过对称中心线或断裂处的边界线，并在尺寸线一端画出箭头	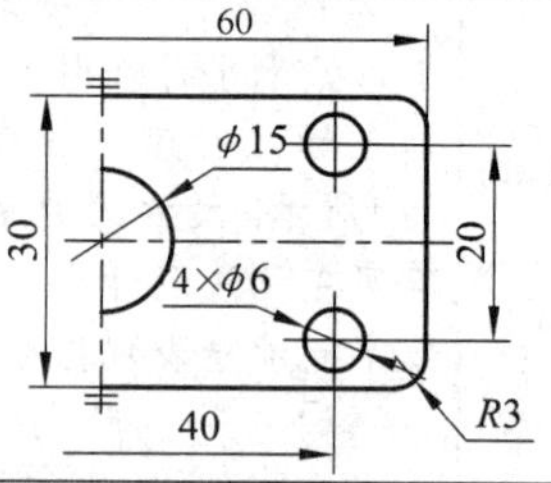
狭小部位尺寸	在没有足够的位置画箭头或标注数字时，可将箭头或数字布置在外面，也可将箭头和数字都布置在尺寸界线外侧	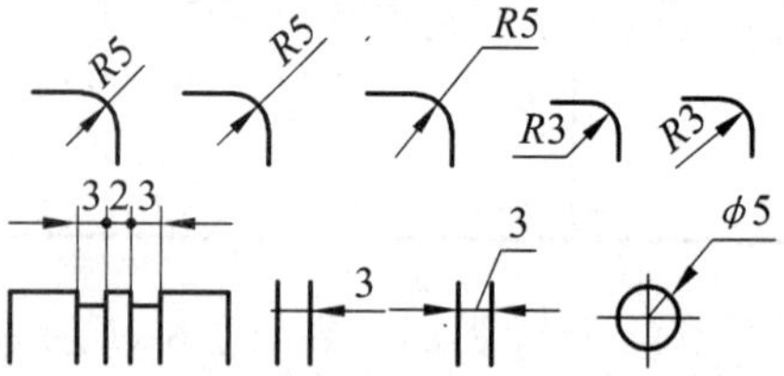

【任务实施】

一、手把轮廓绘制

1. 任务条件

运用绘图工具完整、清晰、正确地绘制图 1.2.9 所示手把轮廓，并正确、完整地进行尺寸标注。

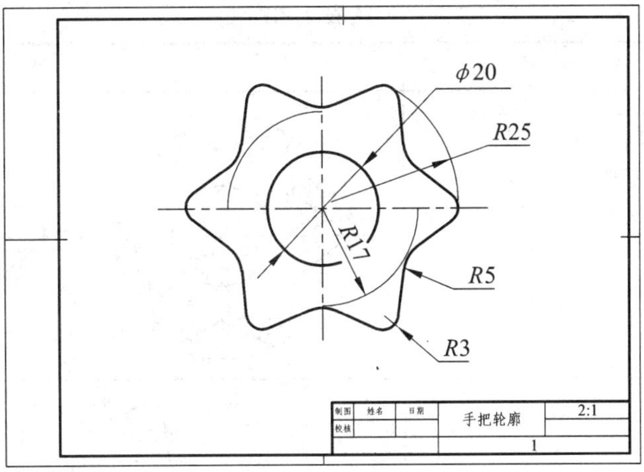

图 1.2.9

2. 任务实施步骤（见表 1.2.7）

表 1.2.7　图 1.2.9 的绘制步骤

项目	说　　明	图　　例
分析图样	（1）分析线型：分析运用了哪些线型。 （2）分析线段：分析已知线段、中间线段、连接线段。 （3）分析尺寸：分析定形尺寸、定位尺寸。根据图形尺寸选择合适的图幅，并根据标注绘制图框及标题栏	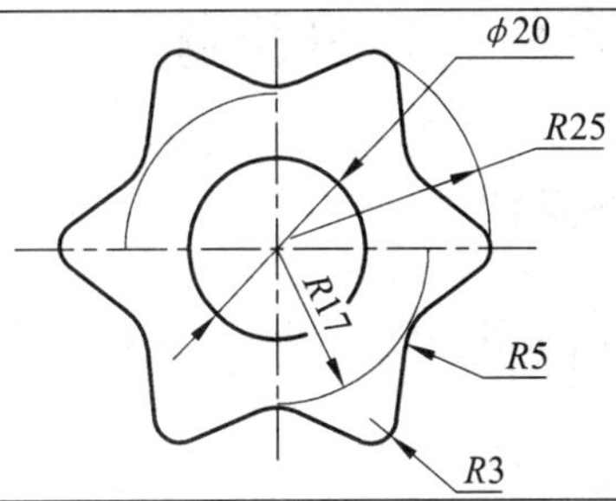
运用与图样相同的线型绘制已知线段	已知线段：根据尺寸能够直接画出的圆、圆弧或直线	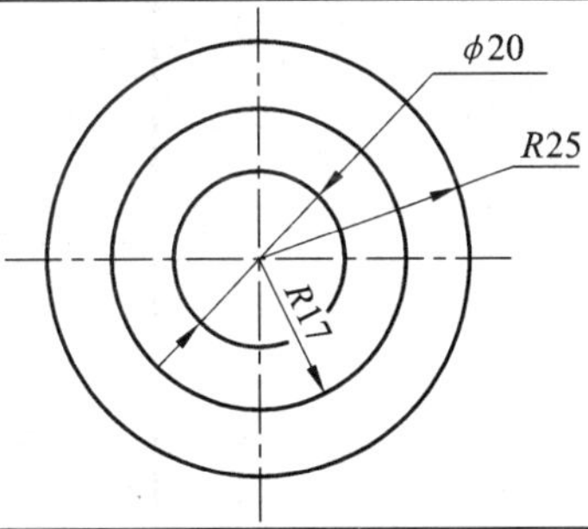
运用与图样相同的线型绘制中间线段	（1）绘制一个与圆 R25 同心且半径为 R22 的圆，并将这个圆 6 等分。 （2）分别以 6 个等分点为圆心绘制 6 个直径为 6 的小圆。 （3）将圆 R17 6 等分，并分别在 6 个等分点上作线段与小圆相切	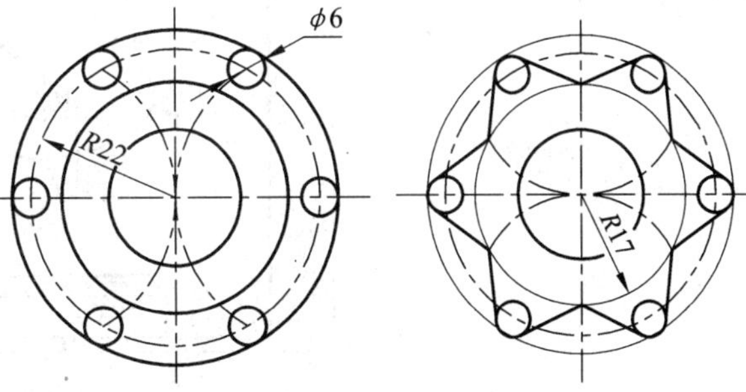

续表 1.2.7

项目	说　　明	图　　例
运用与图样相同的线型绘制连接线段	（1）清理部分多余线段。 （2）运用两直线间作圆弧连接的方法，做 6 个连接圆弧。 （3）按照图样清理及修饰图面	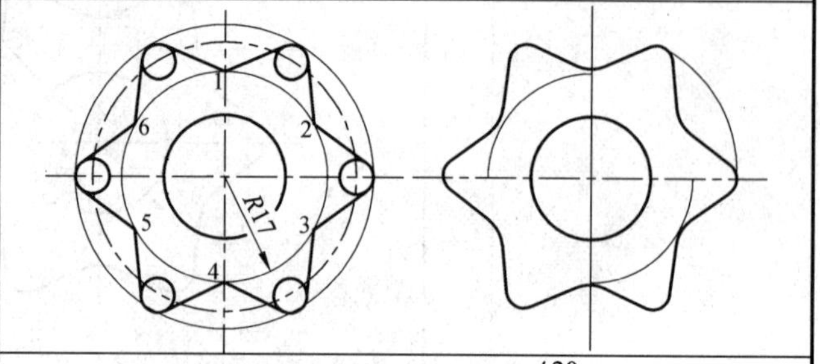
按照图样和规定标注尺寸		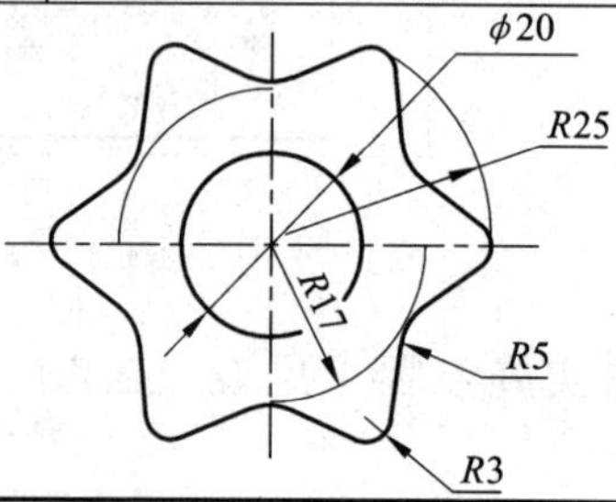

二、吊钩轮廓的绘制

1. 任务条件

运用绘图工具完整、清晰、正确地绘制图 1.2.10 所示吊钩轮廓，并正确、完整地进行尺寸标注。

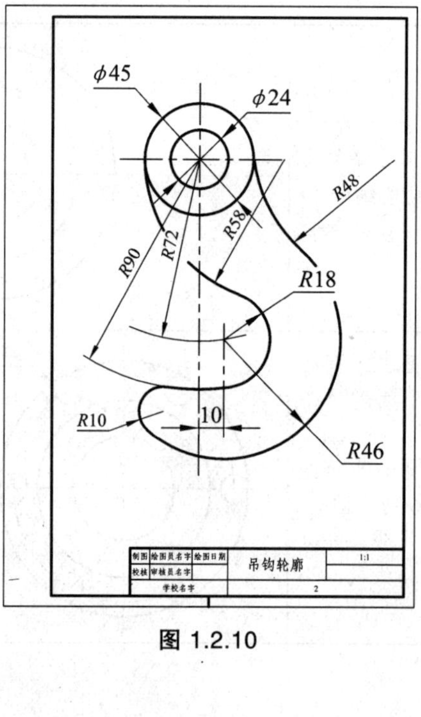

图 1.2.10

2. 任务实施步骤

表 1.2.8　图 1.2.10 的绘图步骤

<table>
<tr><th>项目</th><th>说　　明</th><th>图　　例</th></tr>
<tr><td>分析图样</td><td>（1）分析线型：分析运用了哪些线型。
（2）分析线段：分析已知线段、中间线段、连接线段。
（4）分析尺寸：分析定形尺寸、定位尺寸。
根据图形尺寸选择合适的图幅，并根据标注绘制图框及标题栏</td><td>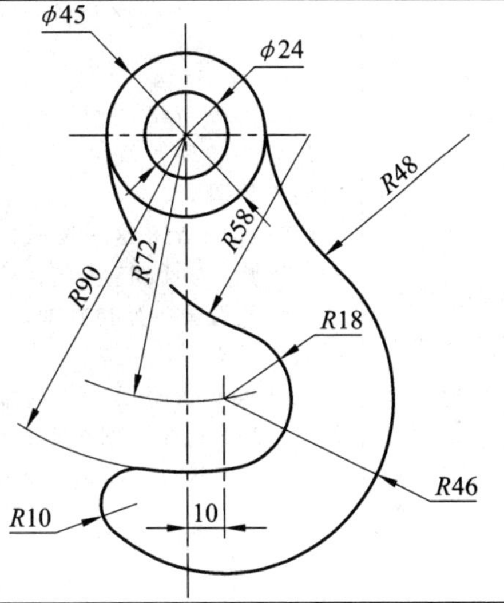
</td></tr>
<tr><td>运用与图样相同的线型绘制已知线段</td><td>已知线段：根据尺寸能够直接画出的圆、圆弧或直线。
（1）绘制中心线及定位线。
（2）绘制已有尺寸的圆弧、圆</td><td>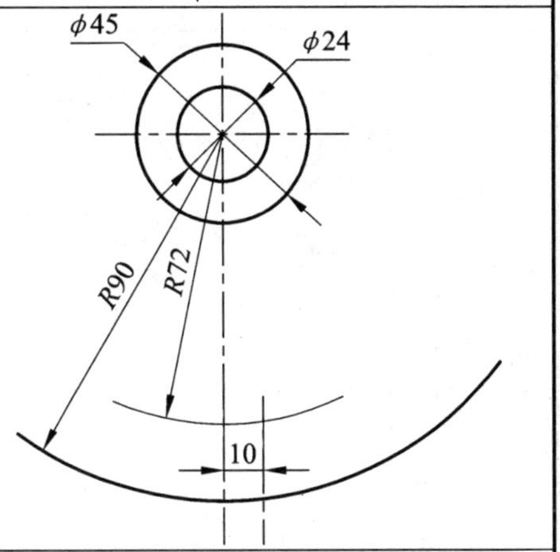
</td></tr>
<tr><td>运用与图样相同的线型绘制中间线段</td><td>以 N 点为圆心绘制半径为 18、46 的两个圆弧</td><td>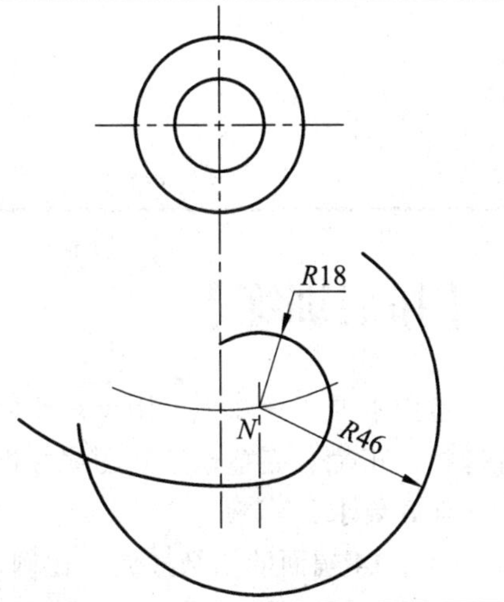
</td></tr>
</table>

续表 1.2.8

项目	说　　明	图　　例
运用与图样相同的线型绘制连接线段	（1）绘制 *R*48 这个外切连接圆弧，可运用所学外切两圆弧的知识绘制。图中点 2 为圆弧的圆心。 （2）绘制 *R*58 这一圆弧，此圆弧与圆弧 *R*18 外切，与圆 ϕ45 内接，可综合运用两圆弧内接及两圆弧外切的知识。图中点 1 为圆弧的圆心。 （3）绘制 *R*10 这一小圆弧，与圆弧 *R*90 外切、*R*46 内接。图中点 3 为圆弧的圆心	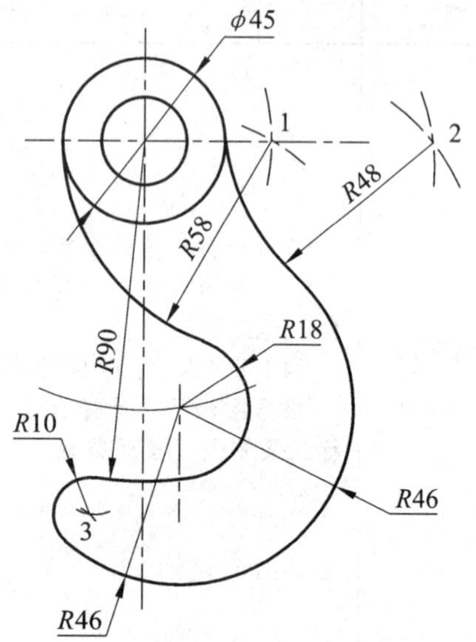
按照图样和规定标注尺寸		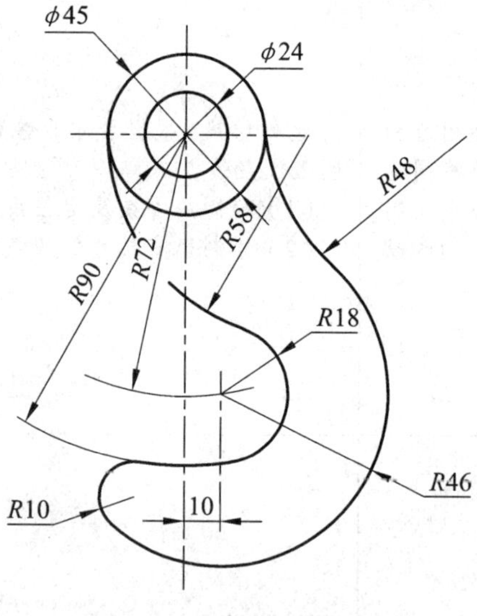

【拓展训练】

运用本课所学知识，用尺规绘制图 1.2.11 所示平面图形，正确选择图幅，并绘制图框、标题栏，正确、完整地绘制图线并进行尺寸标注。

任务要求：

（1）A4 幅面的图纸横放，比例 1 : 1，抄注尺寸。

（2）分析尺寸和线段的性质，拟订正确的绘图步骤。

（3）遵守国标中的有关规定，完成图形绘制。

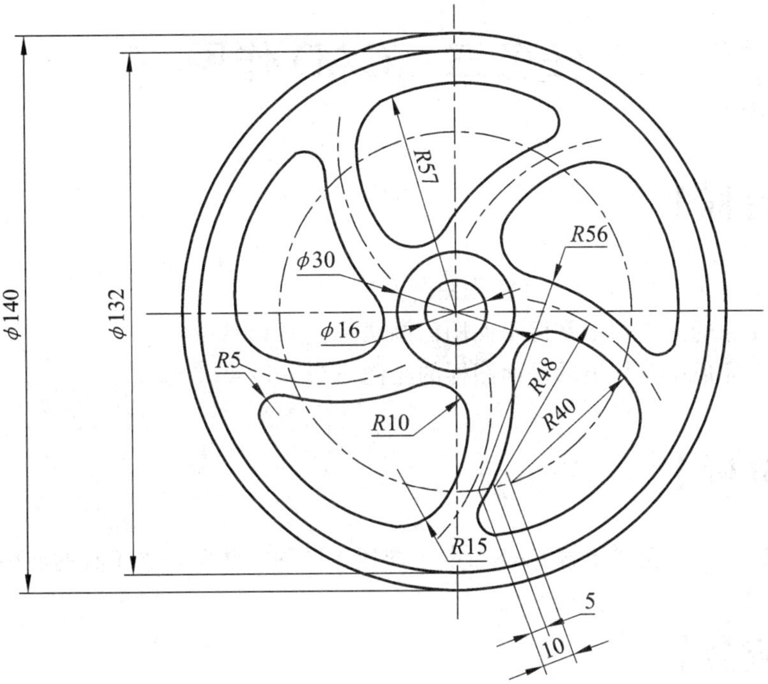

图 1.2.11

任务提示：

（1）绘制图框标题栏。

（2）按拟订的绘图步骤，先画已知线段，再画中间线段，最后画连接线段。

（3）作圆弧连接时，应准确求出连接弧的圆心和切点的位置，以便绘制连接圆弧。

（4）底稿完成后应认真检查，并根据图样所示，按图线标准描粗图线。

（5）根据图样所示，按国标规定标注全部尺寸，并按要求填写标题栏。

任务三　CAD 作图

【任务目标】

（1）初步了解用 CAXA 电子图板作图的方法。
（2）通过任务的完成初步掌握平面图的画法。
（3）能独立完成中等复杂的平面图样的绘制。

【任务分析】

要完成此任务，首先要了解 CAXA 电子图板作图的方法及基本工具的使用。

【应知应会】

CAXA 电子图板用户界面如图 1.3.1 所示。

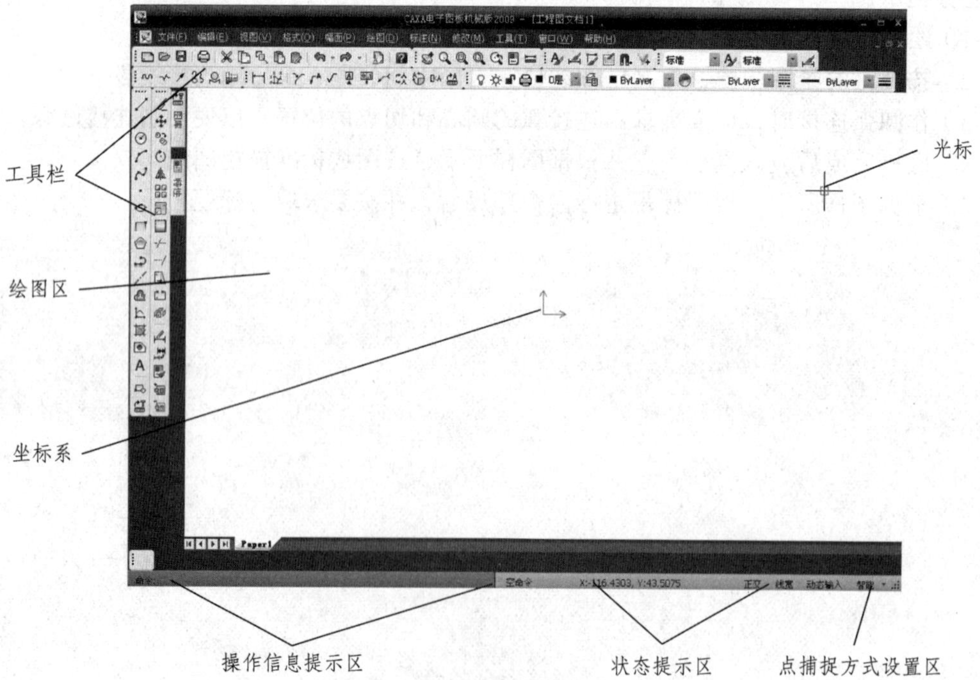

图 1.3.1

1. 绘图区

绘图区是进行绘图设计的工作区，如图 1.3.1 所示，中央设有一标准平面直角坐标。

2. 标题栏

界面最上方部分是标题栏，标题栏区域显示当前绘图文件的名称。刚开始绘图还未存盘之前，标题栏显示为“工程图文档 1”字样。

3. 菜单栏

菜单栏包括“文件”、“编辑”、“视图”、“格式”、“幅面”、“绘图”、“标注”、“修改”、“工具”、“帮助”主菜单，用鼠标单击任意一主菜单，将会弹出相应的下拉子菜单。图 1.3.2（a）所示为“修改”多层下拉子菜单，图 1.3.2（b）所示为“标注”下拉式菜单与“形位公差”对话框。

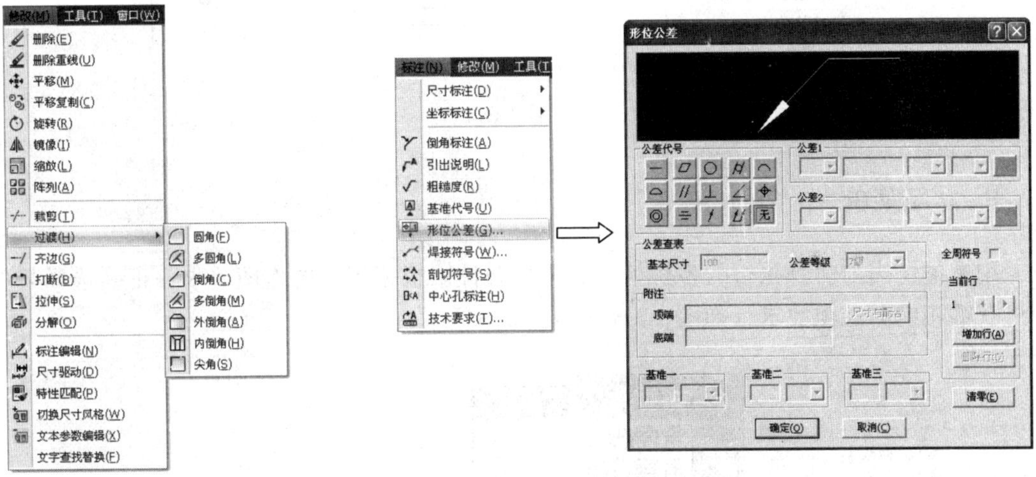

（a）　　　　（b）

图 1.3.2

4. 工具栏

下拉菜单命令中的大部分在工具栏中都有对应的按钮，用户可以通过鼠标单击工具栏相应的按钮进行操作，以提高绘图的工作效率。

系统默认状态下的工具栏有“标准”工具栏、“常用”工具栏、“设置”工具栏、“文本尺寸样式”工具栏、“绘图”工具栏、“绘图Ⅱ”工具栏、“标注”工具栏、“颜色图层”工具栏、“编辑”工具栏等，如图 1.3.3 所示。

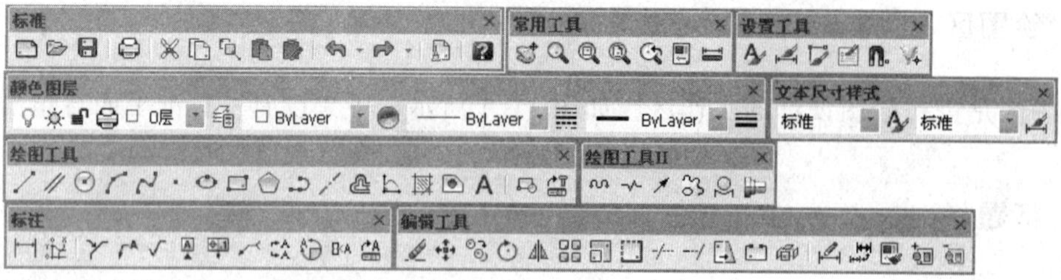

图 1.3.3

5. 状态栏

状态提示区用于显示目前系统的操作状态。

操作信息提示区用于提示当前命令执行情况或提示命令和数据，可从键盘输入；中间状态提示区用于提示当前的捕捉状态、拾取方式或显示当前光标点的坐标；点捕捉方式设置区用于设置点的捕捉方式，分别为“自由”、“智能”、“导航”、“栅格”，如图 1.3.4 所示。

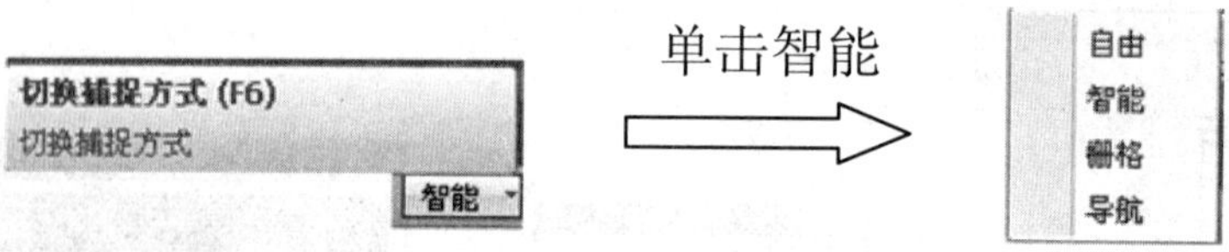

图 1.3.4

6. 立即菜单

用来描述当前命令执行的各种情况和使用条件。根据当前的作图要求，正确选择某项，即可获得相应的选项要求，如图 1.3.5 所示。

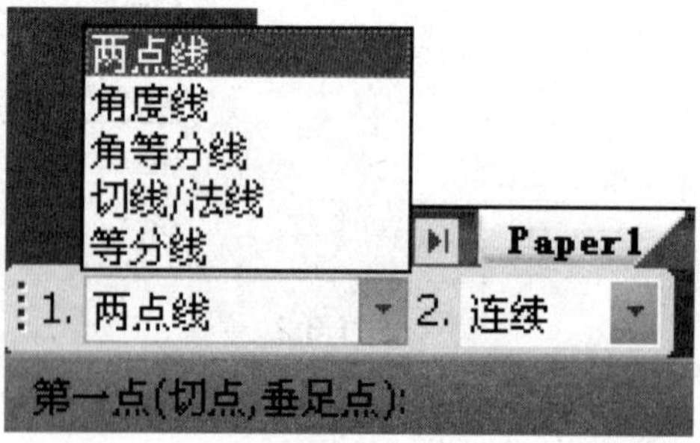

图 1.3.5

7. 工具菜单

工具菜单包括空格键的“工具点”菜单、“拾取工具”菜单。在进入“绘图”命令后需要输入特征点时，只要按下空格键，即可弹出图 1.3.6（a）所示的“工具点”菜单；当用鼠标拾取加亮的图形元素时，按下空格键可弹出图 1.3.6（b）所示的“拾取工具”菜单。

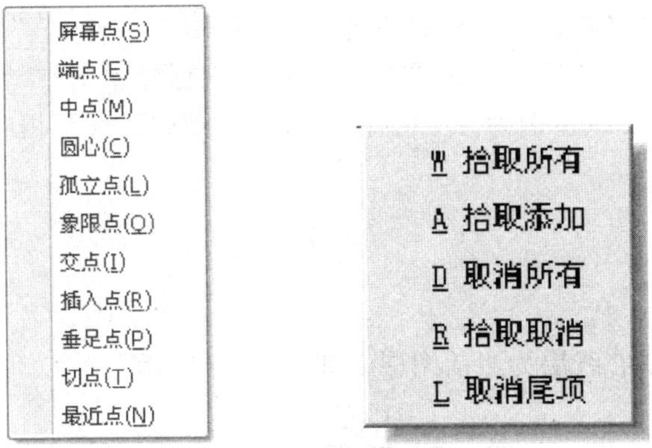

（a）　（b）

图 1.3.6

【任务实施】

一、任务条件

尝试完成图 1.3.7 所示图样的绘制。

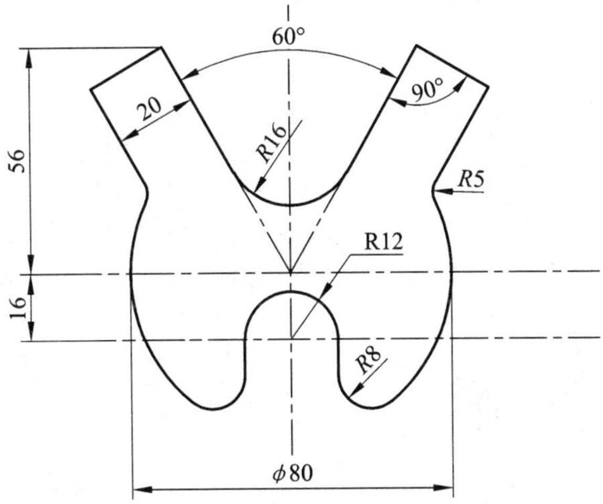

图 1.3.7

二、任务实施步骤

1. 设置绘图环境

（1）启动 CAXA 电子图板，选择“EB”样板建空白文档，进用户界面。

（2）保存文件。选择路径，填写文件名称“平面图 2”，单击“保存”按钮完成保存。

（3）图幅设置。单击“幅面”→“图幅设置”，根据样图 1.3.7 尺寸在“图幅设置”中将图纸幅面设置为 A4，图纸比例为 1∶1，图纸方向为横放，选择相应的图框及标题栏，单击“确定”结束。

2. 绘制样图

（1）切换图层至中心线层为当前图层，如图 1.3.8 所示。

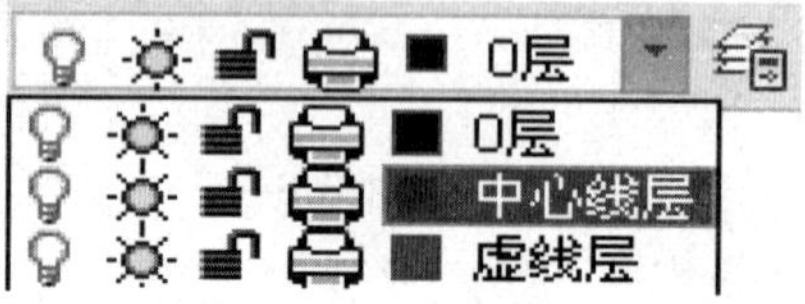

图 1.3.8

（2）绘制中心线：单击状态提示区的“正交”按钮，单击绘图工具按钮，系统提示“第一点（切点、垂足）”；在画面适当位置单击鼠标左键，根据系统提示“第二点（切点、垂足）”，鼠标移动到画面适当位置单击左键，绘出一水平中心线，单击右键完成。再以同样方式绘制一垂直中心线，如图 1.3.9（a）所示。

（3）单击按钮，系统提示“拾取直线”，光标移到水平线上单击左键，向下移动，键盘输入 16，按回车键确定，如图 1.3.9（b）所示。

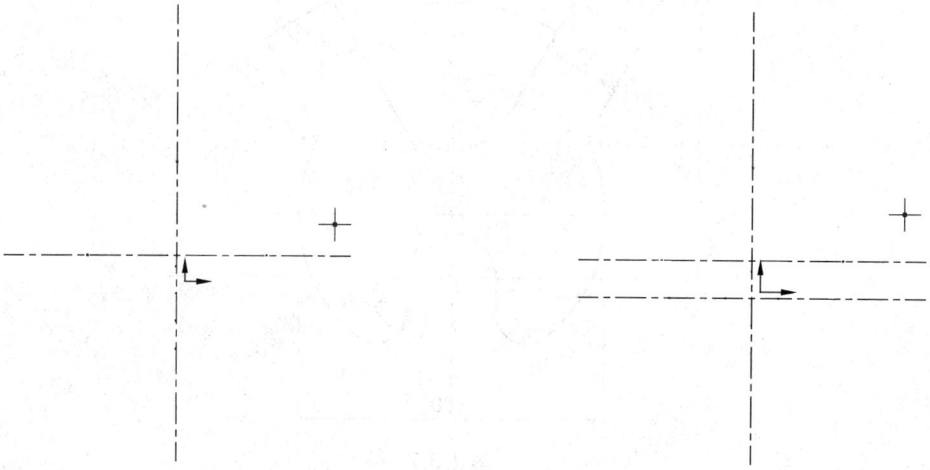

（a） （b）

图 1.3.9

（4）切换图层 0 为当前图层。

（5）单击按钮，系统提示“圆心点”；按空格键，弹出“工具点”菜单，单击交点，光标移到$\phi 80$的中心处单击左键；移动光标，键盘输入 80（注意：系统提示“输入直径或圆上一点”）；按回车键，获得$\phi 80$的圆周，如图 1.3.10（a）所示。以同样的方式完成 $R12$ 的圆周。

（6）单击绘图工具按钮，将立即菜单中的两点线设为角度线，角度改为 60°，系统提示“第一点（切点、垂足）”；按空格键，弹出“工具点”菜单；单击圆心，光标在 ϕ80 的圆周上左键单击捕捉圆心，移动光标到适当位置单击左键，绘制角度线；单击绘图工具按钮，系统提示“拾取直线”；光标移动到刚才所绘制的角度线，单击左键，向右移动光标，键盘输入 20，按回车键，绘出平行线。以同样的方式绘制水平向上距离为 56 的平行线，如图 1.3.10（b）所示。

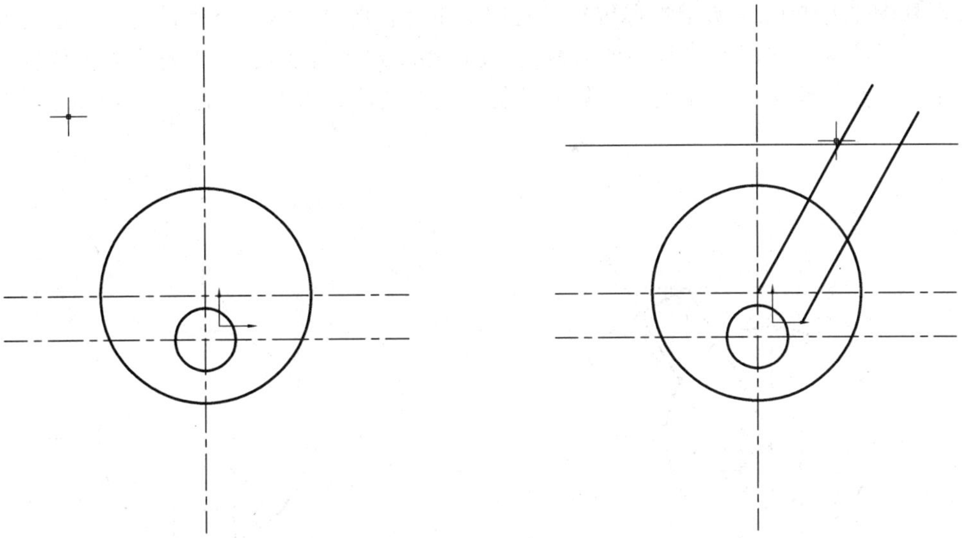

（a）　　　　（b）

图 1.3.10

（7）单击绘图工具按钮，继续绘制角度线，将立即菜单中的“与 X 轴夹角”切换成与“直线夹角”，角度设置为 90°，系统提示“拾取直线”；用鼠标左键单击前面所绘制的角度线，系统提示“第一点（切点）”；按空格键，弹出“工具点”菜单；移动光标到图 1.3.10（b）所示位置单击，向右下方移动光标，在适当位置单击左键，绘出角度线，如图 1.3.11 所示。

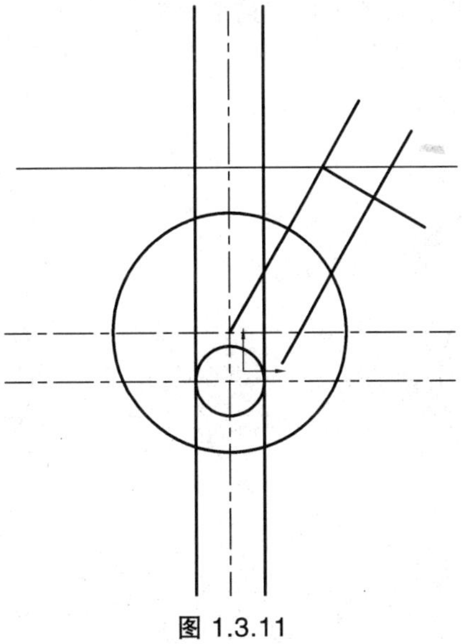

图 1.3.11

（8）单击绘图工具按钮，将立即菜单中的单向切换成双向，系统提示“拾取直线”；鼠标单击垂直中心线，按空格键，弹出“工具点”菜单；光标移到小圆周上单击左键，绘出与小圆周相切的两竖直平行线，如图 1.3.11 所示。

（9）单击编辑工具按钮，系统提示“拾取曲线”，分别左键单击刚才所绘制的竖直平行线上端，移动光标到图 1.3.12（a）所示的位置单击左键，拉短直线；单击编辑工具按钮，光标移动到图 1.3.12（a）所示光标位置，先单击左键，再单击右键删除该直线。单击编辑工具按钮，系统提示“拾取要裁剪的曲线”，光标移动到图 1.3.12（b）所示光标位置，单击左键，裁剪多余的线段。以此类推，裁剪其他多余的线段，如图 1.3.13（a）所示。

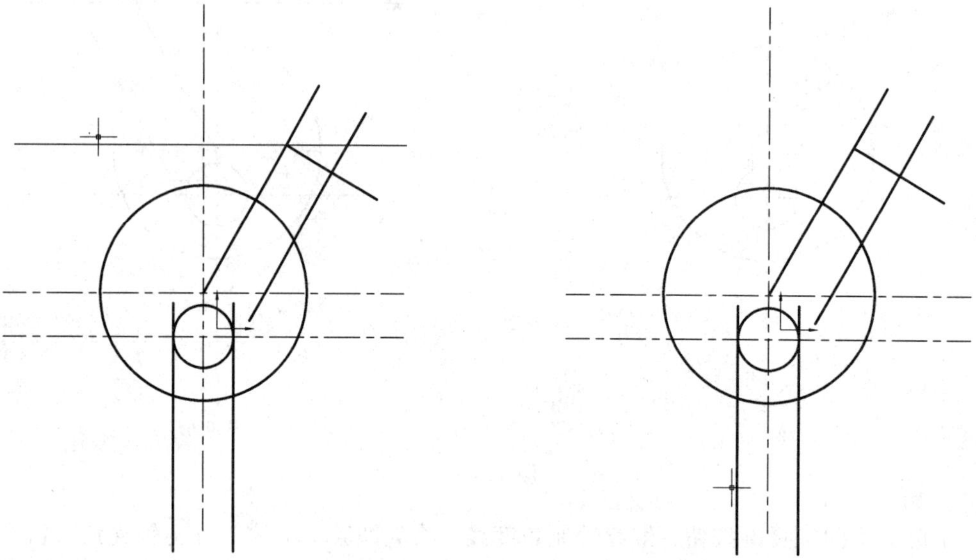

（a）　　　　　　　　　　（b）

图 1.3.12

（10）单击编辑工具按钮，系统提示“拾取元素”，光标移动到图 1.3.13（a）所示位置，选择右边的三条角度线，单击右键确定，系统提示“拾取轴线”；左键单击垂直中心线，右键单击确定，裁剪编辑后如图 1.3.13（b）所示。

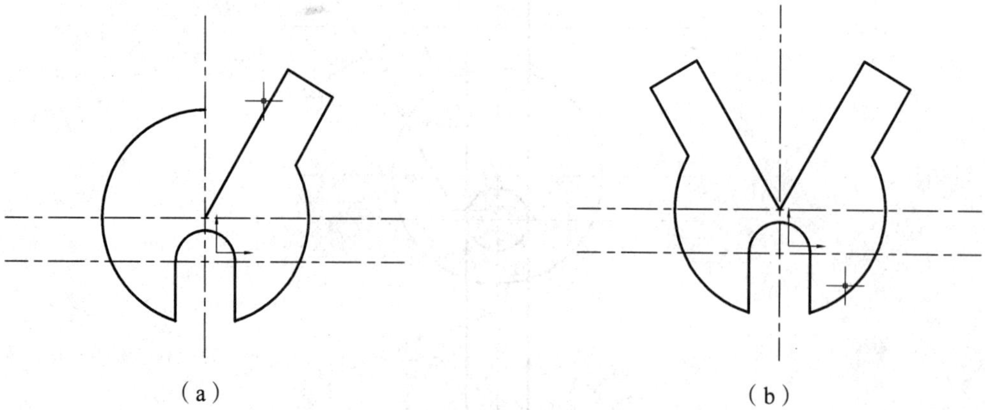

（a）　　　　　　　　　　（b）

图 1.3.13

（11）单击“修改”→“过渡”→“圆角”命令，将立即菜单中的半径设为 8，系统提示“拾取第一条曲线”；左键单击图 1.3.13（b）中右下角光标处弧线及相邻直线，绘出过渡圆角。以同样方式绘制其余过渡圆角，如图 1.3.14（a）所示。

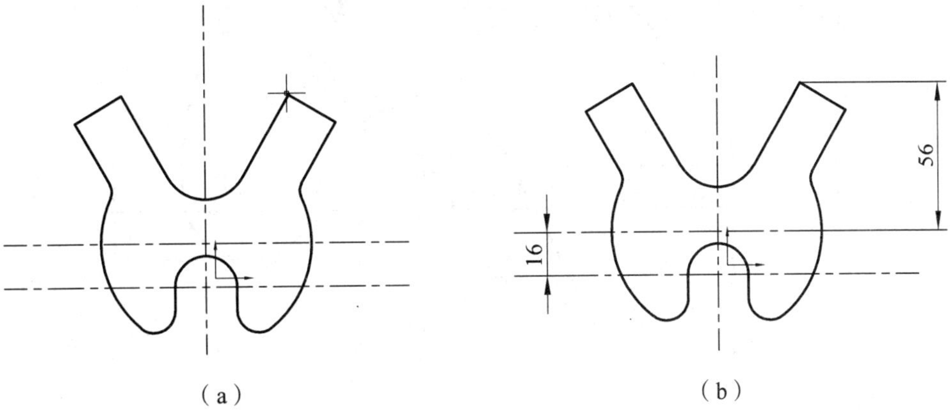

图 1.3.14

（12）单击标注工具按钮，系统提示“拾取标注元素或点取第一点”；按空格键，弹出“工具点”菜单；光标移动到图 1.3.14（a）中右上角位置，左键单击两线交点，系统提示“拾取另一标注元素或点取第二点”；左键单击第一条水平中心线，移动光标到右边适当位置，单击左键，将尺寸 56 确定到单击的位置，如图 1.3.14（b）所示。以同样的方式完成平面图样的尺寸标注，如图 1.3.7 所示。

【拓展训练】

完成图 1.3.15、1.3.16 的绘制。

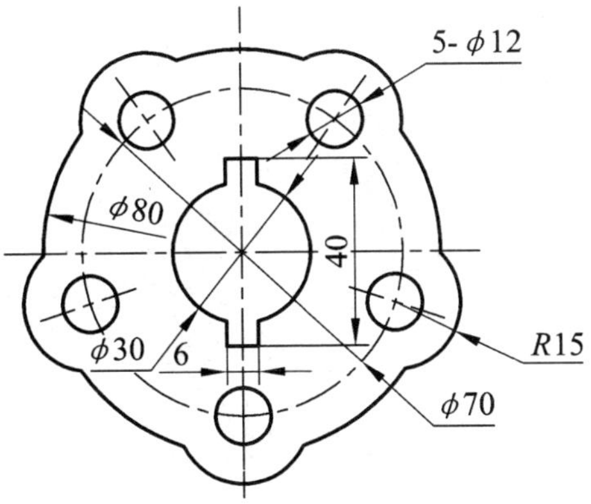

图 1.3.15

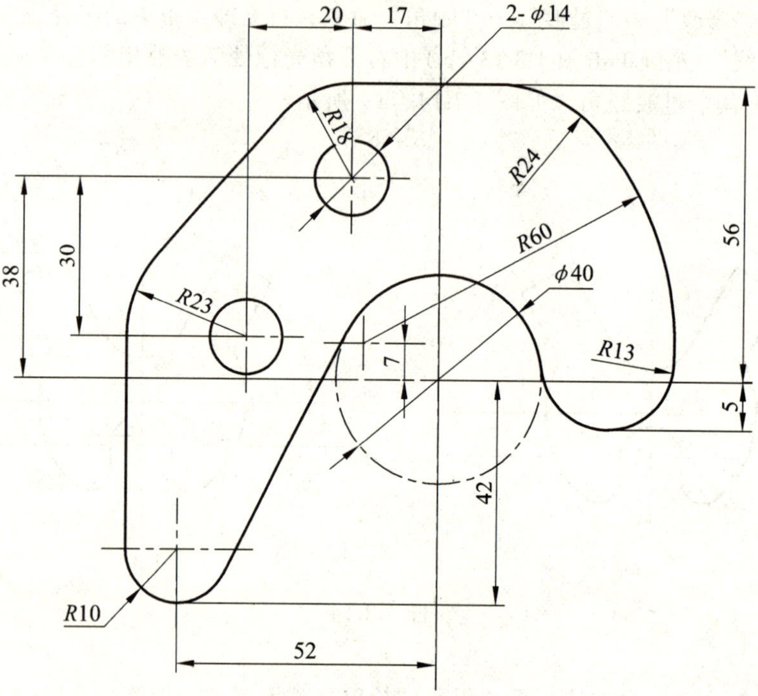

图 1.3.16

模块二　基本体

任务一　柱类形体的画法及视图特征

【任务目标】

（1）能够快速识别柱类形体。
（2）能够快速绘制柱类形体三视图。
（3）能够绘制多方位柱类形体。

【任务分析】

要完成此任务，首先要了解三视图的形成原理、画法和工具的使用。

【应知应会】

常见的基本几何形体包括平面体和曲面体两类，如图 2.1.1 所示。平面体的表面都是平面，曲面体至少有一个表面是曲面。

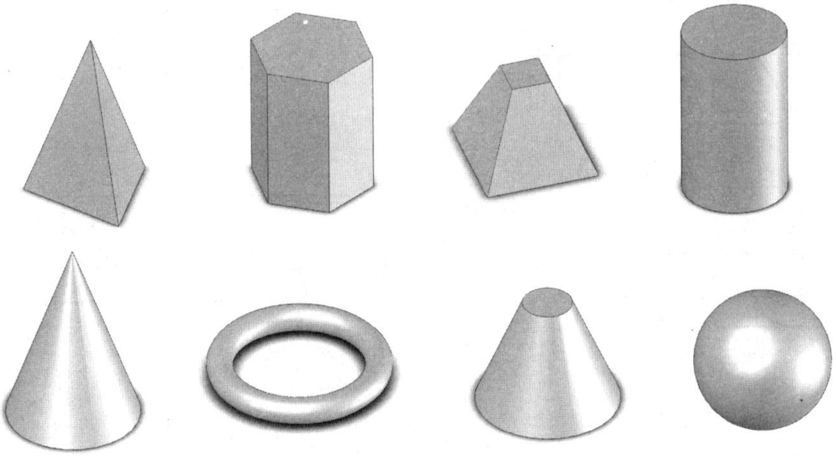

图 2.1.1

一、形体表面上的点、直线的投影

1. 形体表面上点的投影

点是最基本的、最简单的几何元素，各种各样的形体都可把它看作是由点构成。掌握点的投影规律，能更为顺利地理解线的投影特性，为后面的学习奠定必要的基础。

位于形体表面上的点 A 在三面投影体系及展开后的情况如图 2.1.2（a）、（b）、（c）所示，将形体的三视图略去，只留下点 A 的 3 个投影，便得到点 A 的投影图，如图 2.1.2（d）所示。点 A 在 3 个投影面上的投影分别记为小写字母 a、a'、a''，分别表示水平面投影、正面投影、侧面投影。从图 2.1.2（d）可以看出，点的投影仍然是点，并具有以下规律：

（1）点的正面投影和水平投影的连线垂直于 OX 轴；

（2）点的正面投影和侧面投影的连线垂直于 OZ 轴；

（3）点的水平投影到 OX 轴的距离等于侧面投影到 OZ 轴的距离。

归纳：点的三面投影连线要构成矩形框（需画出 45°角线）。

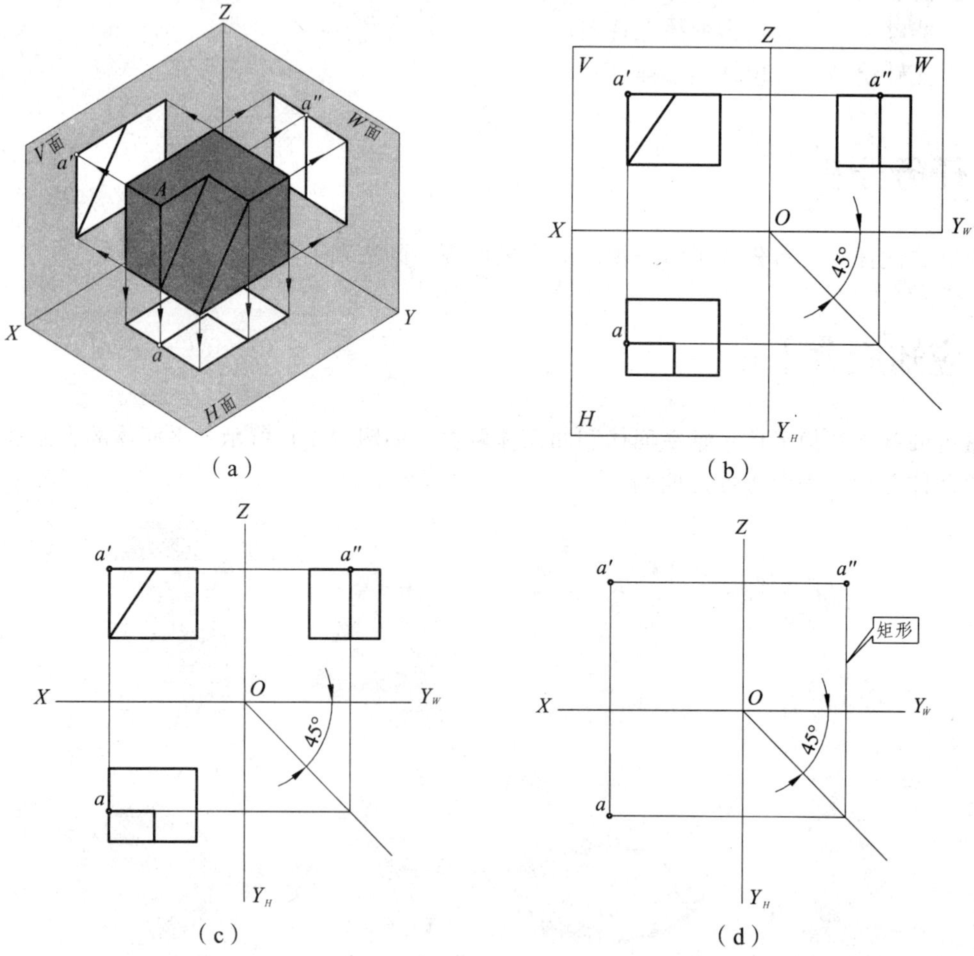

图 2.1.2

2. 形体表面上直线的投影

直线在三面投影体系中的投影是怎样的呢？首先要搞清楚直线相对于 3 个投影面的位置。按形体表面上的直线相对于投影面的位置的不同，直线可分为：投影面的平行线、投影面的垂直线、一般位置线。

（1）投影面平行线：只平行于一个投影面，倾斜于另外两个投影面的直线，其投影特性见表 2.1.1。平行于 V 面的直线称为正平线，平行于 H 面的直线称为水平线，平行于 W 面的直线称为侧平线。

表 2.1.1　投影面平行线的投影特性

种类	水平线	正平线	侧平线
直观图	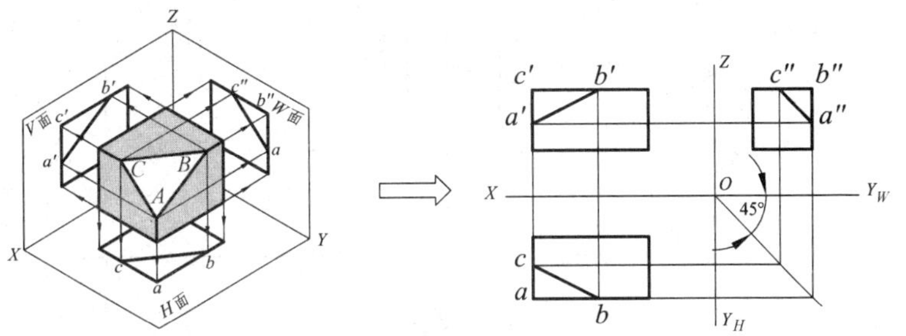		
轴测图	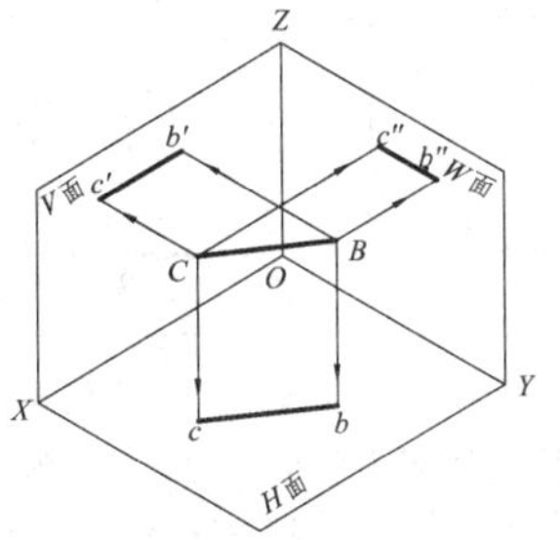	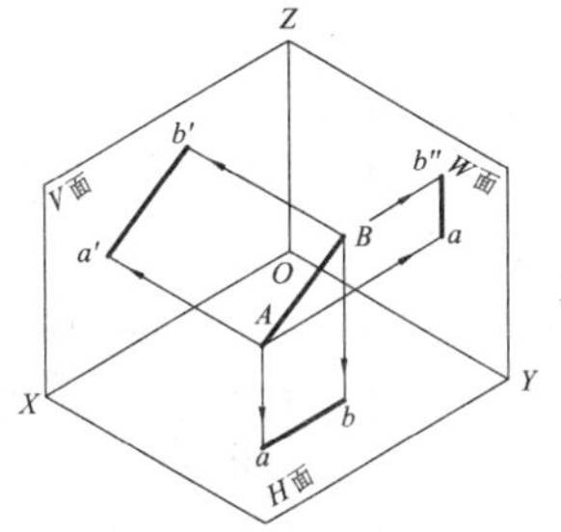	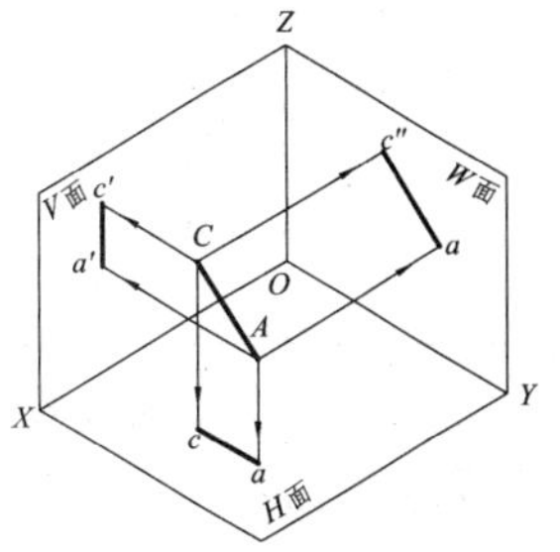
投影图	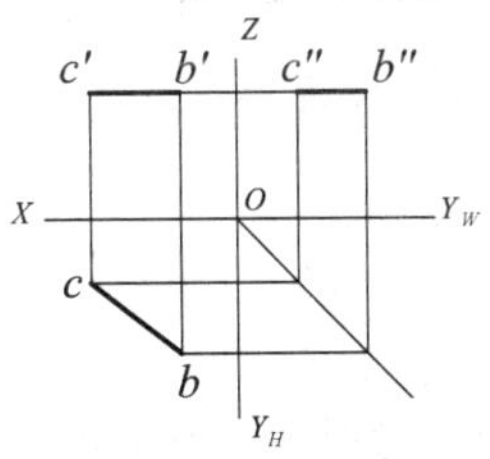	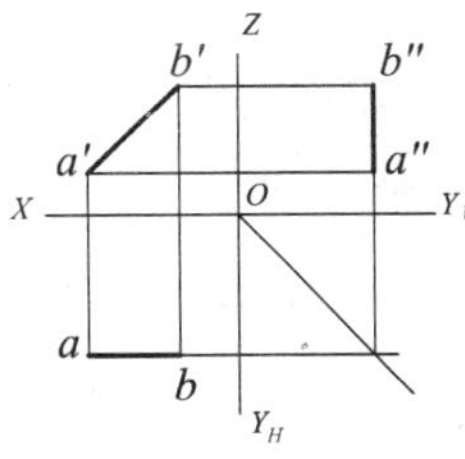	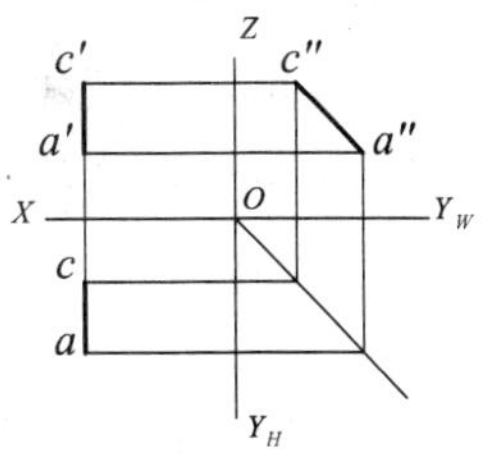
投影特性	水平面投影反映实长，位置倾斜，β、γ角为实角，其他两个投影均为水平位置	正面投影反映实长，位置倾斜，α、γ角为实角，水平投影为水平位置，侧面投影为垂直位置	侧面投影反映实长，位置倾斜，α、β角为实角，其他两个投影均为垂直位置

（2）投影面垂直线：只垂直于一个投影面，平行于另外两个投影面的直线，其投影特性见表 2.1.2。垂直于 V 面的直线称为正垂线，垂直于 H 面的直线称为铅垂线，垂直于 W 面的直线称为侧垂线。

表 2.1.2 投影面垂直线的投影特性

<table>
<tr><td>种　类</td><td>正垂线</td><td>铅垂线</td><td>侧垂线</td></tr>
<tr><td>直观图</td><td colspan="3">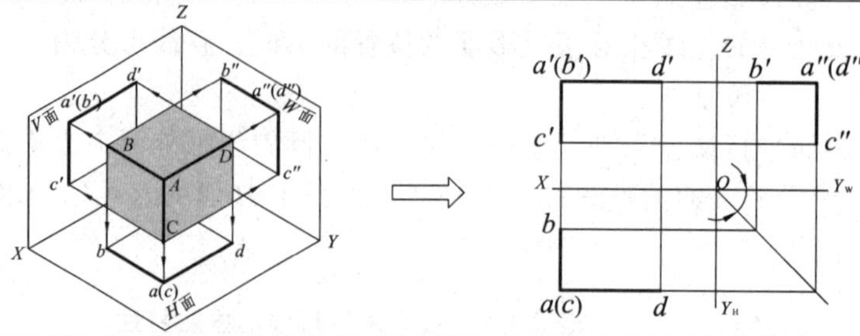</td></tr>
<tr><td>轴测图</td><td>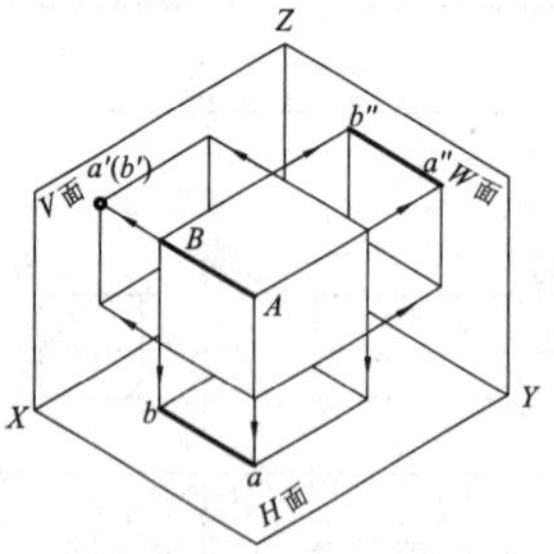</td><td>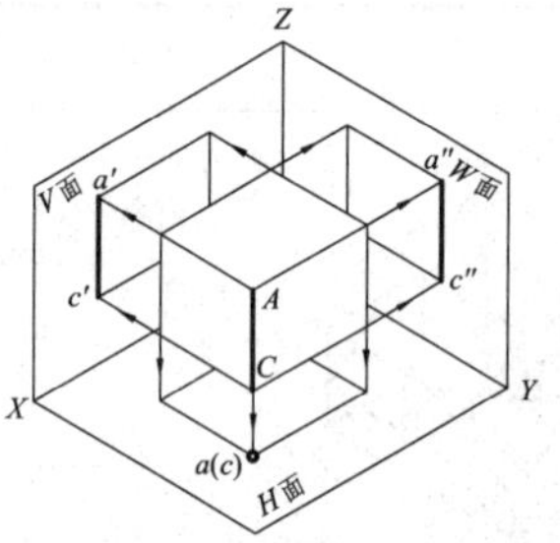</td><td>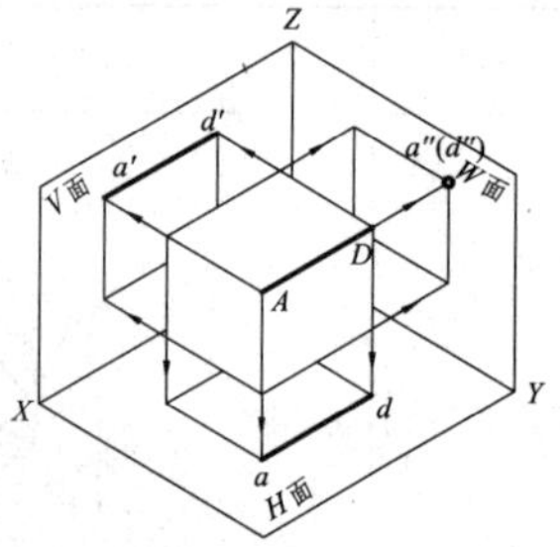</td></tr>
<tr><td>投影图</td><td>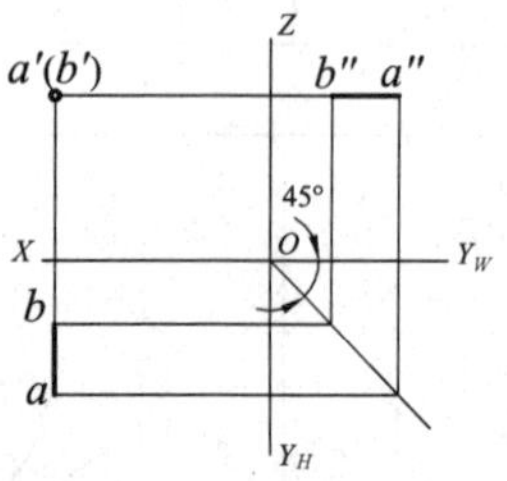</td><td>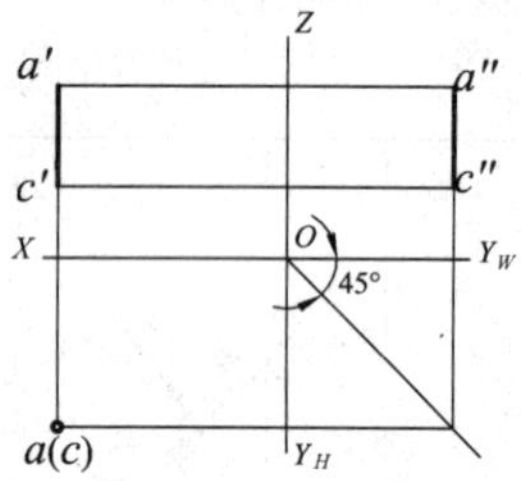</td><td>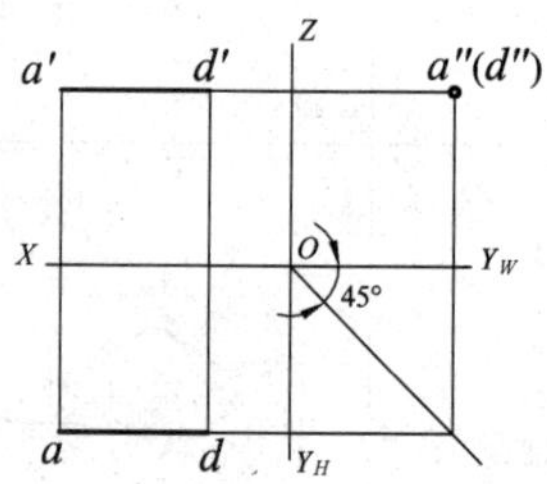</td></tr>
<tr><td>投影特性</td><td>正面投影积聚为一点，水平、侧面投影反映实长，位置与 OY 轴平行</td><td>水平面投影积聚为一点，正、侧面投影反映实长，位置与 OZ 轴平行</td><td>侧面投影积聚为一点，水平面、正面投影反映实长，位置与 OX 轴平行</td></tr>
</table>

（3）一般位置直线：与 3 个投影面都倾斜的直线称为一般位置直线。其投影特性为：3 面投影均为缩短的直线，且与投影轴都倾斜，如图 2.1.3 所示。

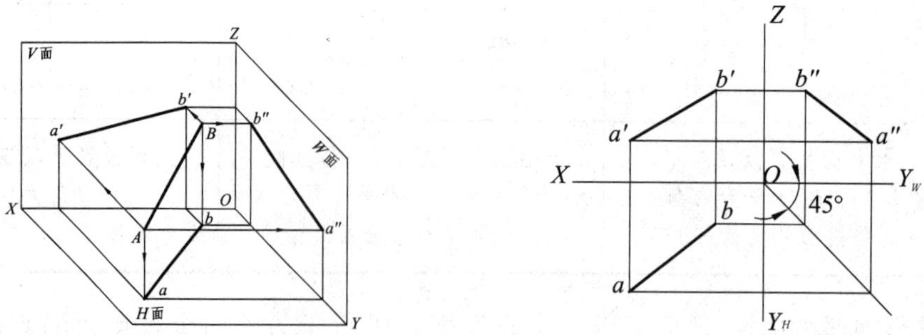

（a）　　　　（b）

图 2.1.3

【任务实施】

一、任务条件

（1）绘制图 2.1.4 所示正六棱柱及圆柱的三视图。
（2）归纳柱类形体的视图特征，完成图示柱类形体（见图 2.1.9）的三视图。
（3）运用 CAD 绘制柱体（见图 2.1.12）的三视图。

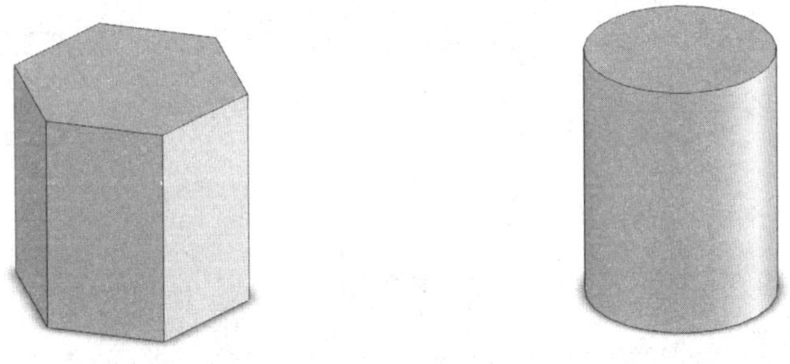

图 2.1.4

二、任务实施步骤

1. 完成正六棱柱的三视图

（1）正六棱柱的投影分析。

将六棱柱正放于三面投影体系中，如图 2.1.5（a）所示。该形体顶面及底面均平行于水平面，其投影反映实形，即为正六边形；而与正面及侧面垂直，聚积成线，分别为平行于 X 轴及 Y_W 轴的直线；六棱柱的侧面棱线均为铅垂线，其水平投影聚积成点，分别为六边形的 6 个点上，各棱线在正面及侧面的投影反映实长且平行于 Z 轴。展开后的三视图如图 2.1.5（b）所示。

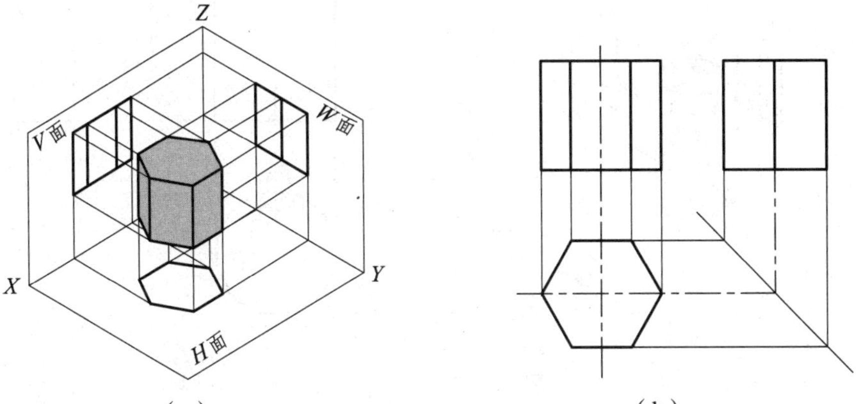

（a）　（b）

图 2.1.5

（2）正六棱柱三视图的画法。

◆ 以正六棱柱的对称中心线及底面为基准，确定各视图的位置，如图 2.1.6（a）所示。

◆ 先绘制形状特征视图，俯视图反映特征，自定外接圆尺寸，绘制正六边形。按投影规律“长对正”，自定高度尺寸，绘制主视图，如图 2.1.6（b）所示。

◆ 按“高平齐、宽相等”的投影规律绘制左视图，如图 2.1.6（c）所示。

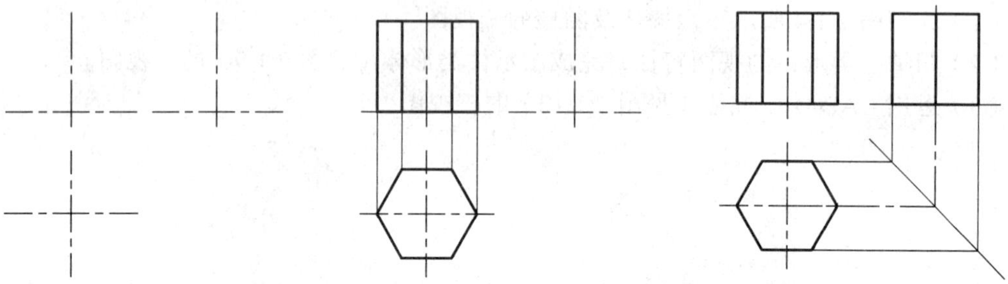

（a）（b）（c）

图 2.1.6

2. 完成圆柱的三视图

（1）圆柱的投影分析。

将圆柱正放于三面投影体系中，如图 2.1.7（a）所示。该形体顶面及底面均平行于水平面，其投影反映实形，为圆形；而与正面及侧面垂直，聚积成线，分别为平行于 X 轴及 Y_W 轴的直线；圆柱的柱面为曲面垂直于水平面，其水平投影聚积成圆周，和顶面底面的圆形重合。圆柱的正面及侧面的投影分别用其投影的极限位置的边界线作为轮廓线，如图 2.1.7（a）中的 AA_1、BB_1、CC_1、DD_1 所示。投影展开后的三视图如图 2.1.7（b）所示。

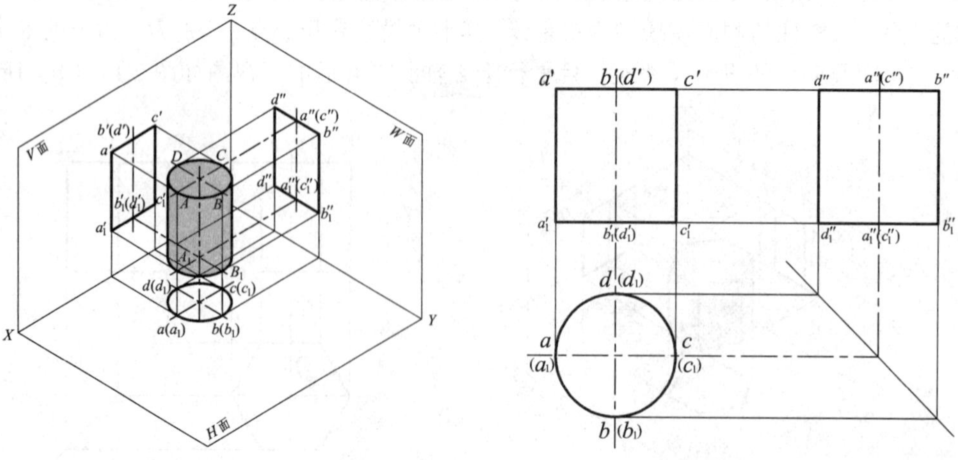

（a）（b）

图 2.1.7

（2）圆柱三视图的画法。

◆ 以圆柱的对称中心线及底面为基准，确定各视图的位置，如图 2.1.8（a）所示。

◆ 先绘制形状特征视图，俯视图反映特征，自定圆柱尺寸，绘制圆形。按投影规律“长对正”，自定高度尺寸，绘制主视图，如图 2.1.8（b）所示。

◆ 按“高平齐、宽相等”的投影规律绘制左视图，如图 2.1.8（c）所示。

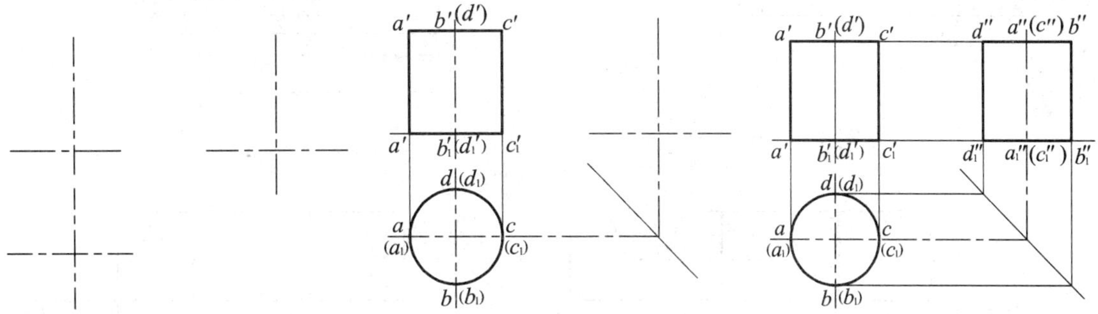

（a）（b）（c）

图 2.1.8

3. 柱类形体的三视图特征

一个视图反映柱的两平面真实形状，其他两视图均由矩形框构成。根据视图特征完成图 2.1.9 所示两柱类形体的三视图。

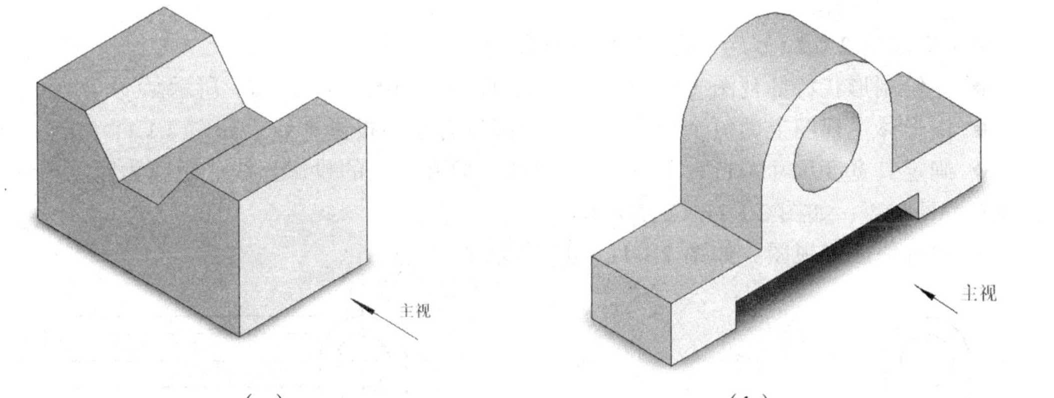

（a）（b）

图 2.1.9

（1）完成图 2.1.9（a）所示形体的三视图。

◆ 先绘制形状特征视图（左视图），尺寸自定，如图 2.1.10（a）所示。

◆ 由形体左视图上的每个拐点绘制投影连线，如图 2.1.10（b）所示。

◆ 确定其长度尺寸（自定），绘制主视图、俯视图上的投影连线，距离为长度尺寸，同时判断可见与否，如图 2.1.10（c）所示。

◆ 整理完成三视图，如图 2.1.10（d）所示。

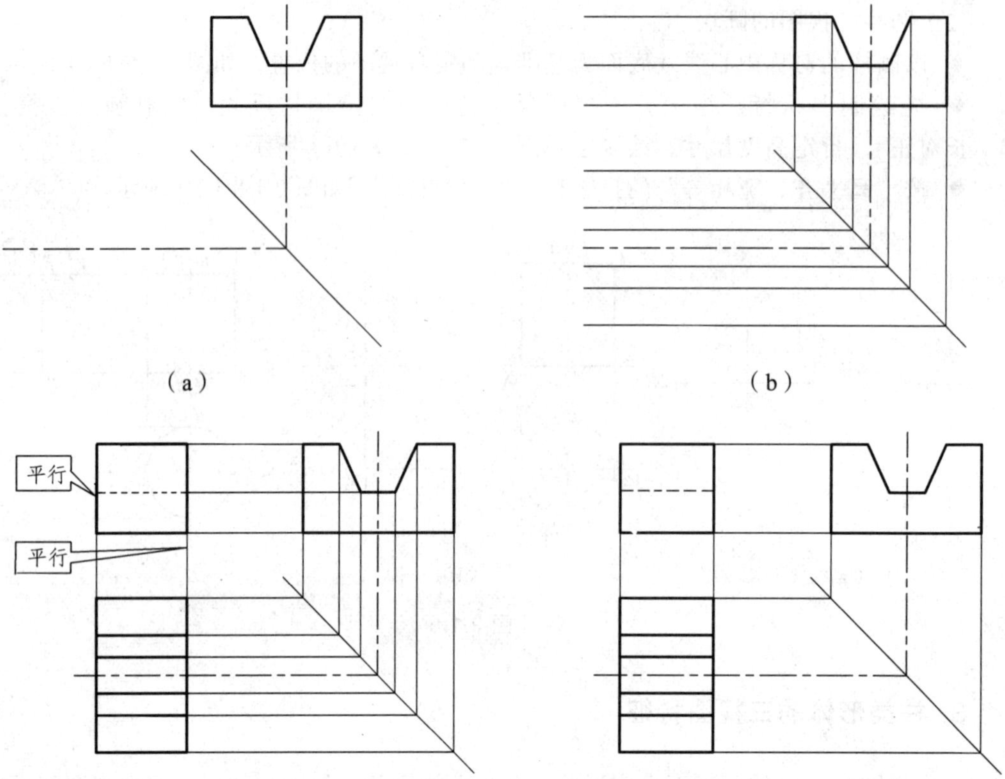

（a） （b）

（c） （d）

图 2.1.10

（2）完成图 2.1.9（b）所示形体的三视图。

◆ 先绘制形状特征视图（主视图），尺寸自定，如图 2.1.11（a）所示。

◆ 由形体主视图上的每个拐点及曲线极限位置绘制投影连线，如图 2.1.11（b）所示。

◆ 确定其宽度尺寸（自定），绘制左视图、俯视图上的投影连线，距离为宽度尺寸，同时判断可见与否，如图 2.1.11（c）所示。

◆ 整理完成三视图，如图 2.1.11（d）所示。

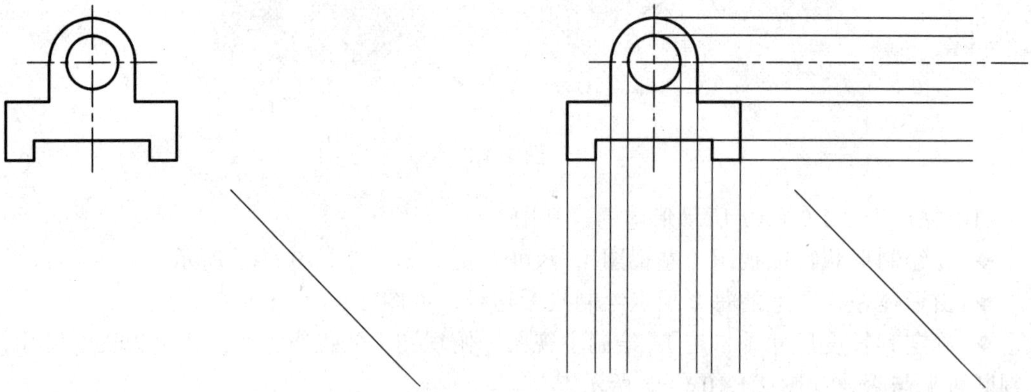

（a） （b）

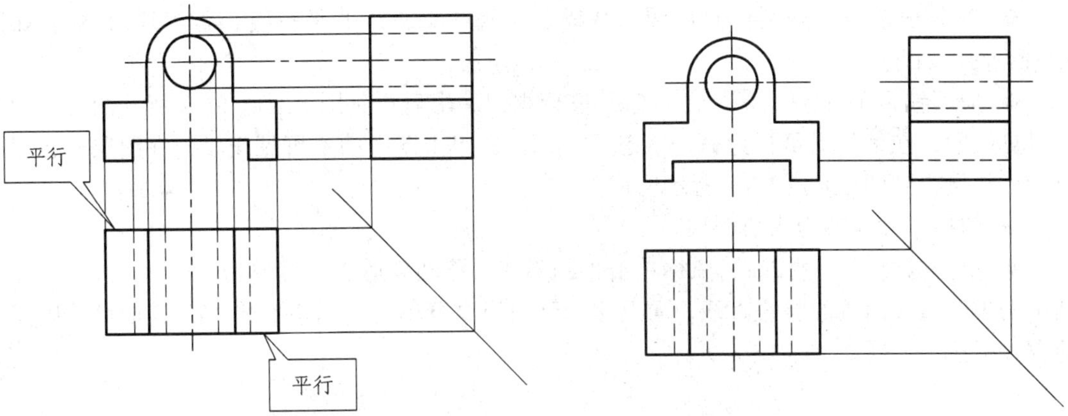

（c）　　　　　　　　（d）

图 2.1.11

（3）运用 CAD 完成图 2.1.12 所示图形的三视图。

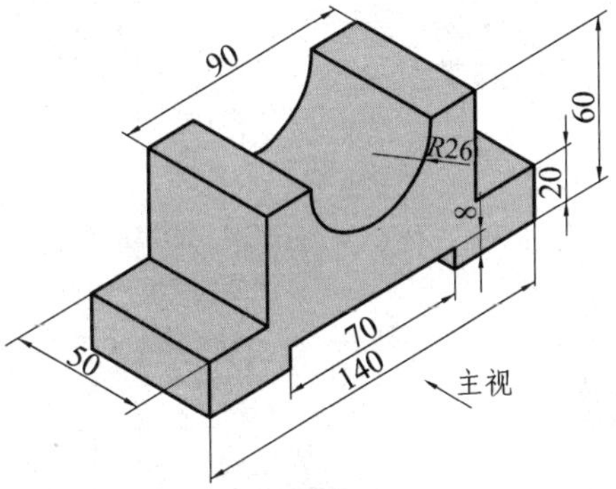

图 2.1.12

◆ 根据样图 2.1.12 中的尺寸，在“图幅设置”中将图纸幅面设置为 A4，图纸比例为 1：1，图纸方向为横放。

◆ 切换图层至中心线层为当前图层。

◆ 绘制中心线：单击状态提示区的“正交”按钮，单击绘图工具按钮，在画面适当位置绘出一垂直中心线，确定主视、俯视图的位置，如图 2.1.13（a）所示。

◆ 切换图层至 0 层为当前图层，单击绘图工具按钮，在主视图适当位置绘出相应的水平线，以确定视图的底面位置，如图 2.1.13（a）所示。

◆ 单击按钮，向上作水平线的平行线，距离为 50，如图 2.1.13（a）所示。

◆ 单击按钮，作半径为 26 的圆，如图 2.1.13（a）所示。

◆ 单击按钮，作底面水平线的平行线，分别输入尺寸“8”和“20”，如图 2.1.13（b）所示；作垂直中心线的双向平行线，输入尺寸分别为 70、90、140 的一半，如图 2.1.13（c）所示。

◆ 应用编辑工具、及 按钮，进行编辑后得出主视图，如图 2.1.13（d）所示。

◆ 单击按钮，按柱类形体视图特征，由主视图每个拐点及曲线极限位置在俯视及左视位置绘制投影连线，同时在适当位置绘制一 45°角度线，如图 2.1.13（e）所示；在俯视图适当位置绘制一水平直线，并根据投影关系绘制左视图直线，如图 2.1.13（f）所示。

◆ 单击按钮，分别作俯视图水平线、左视图垂直线的平行线，距离均为 50，如图 2.1.13（g）所示。

◆ 应用编辑工具、及按钮，进行视图编辑后得到图 2.1.13（h）所示图形。判断不可见线段，在信息提示栏为命令状态下，用鼠标单击图中的不可见线段，在图层栏将图层改为虚线层得到图 2.1.13（h）所示图形。

◆ 切换尺寸线层为当前图层。

◆ 单击标注工具按钮，鼠标单击半圆弧线，移动到适当位置单击，标注 *R*26，鼠标分别单击半圆弧线两端的竖直直线，向上移动到适当位置单击，标注尺寸 90。其他尺寸以同样的方式标注，如图 2.1.13（i）所示。

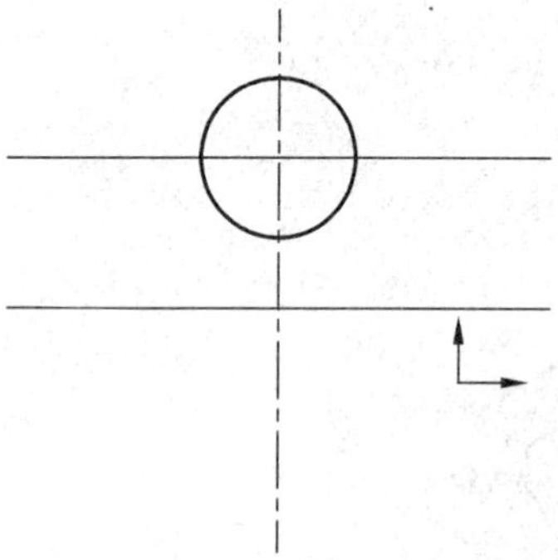

（a）

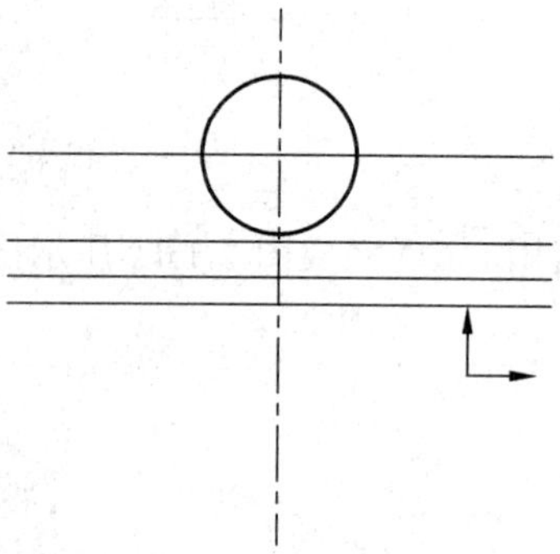

（b）

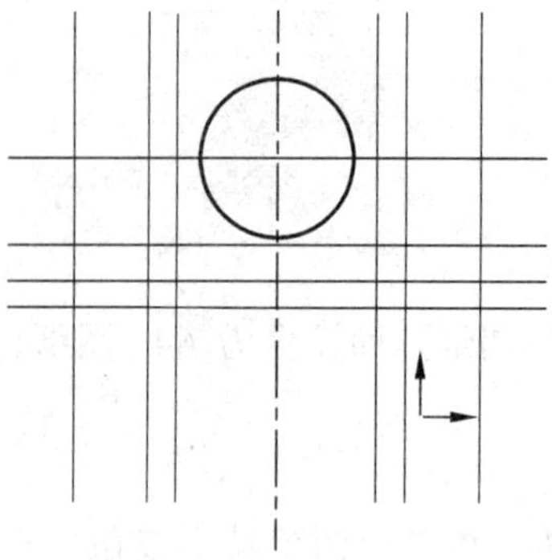

（c）

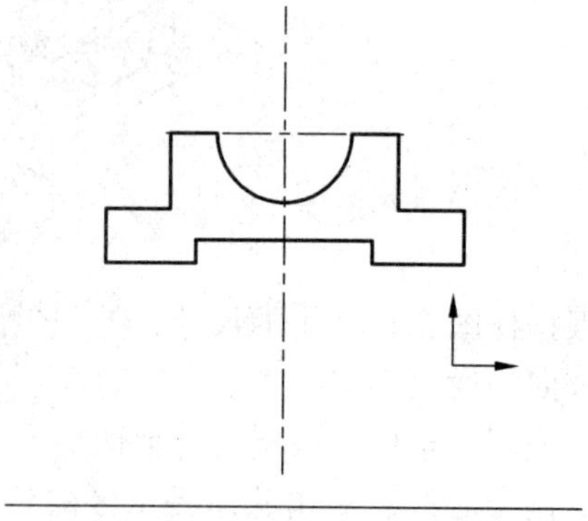

（d）

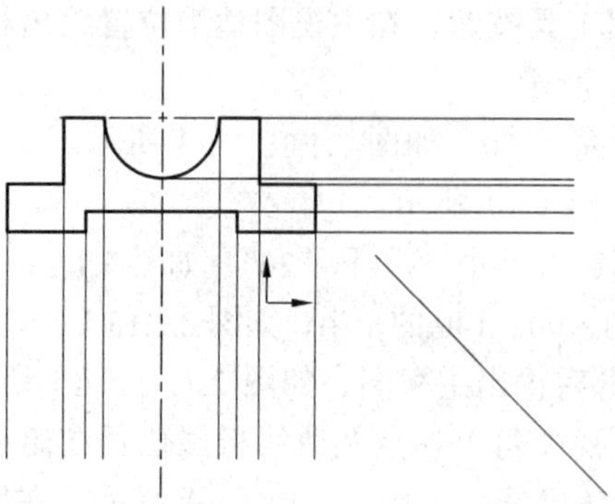

（e）

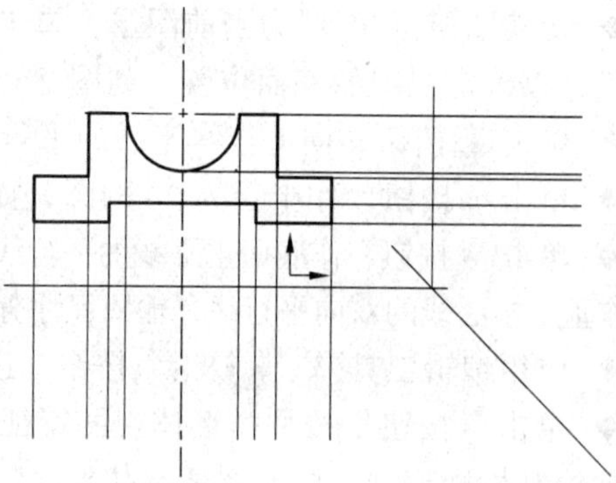

（f）

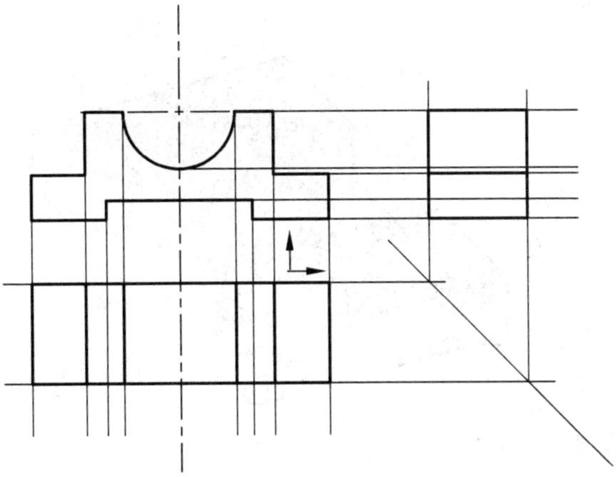

（g）

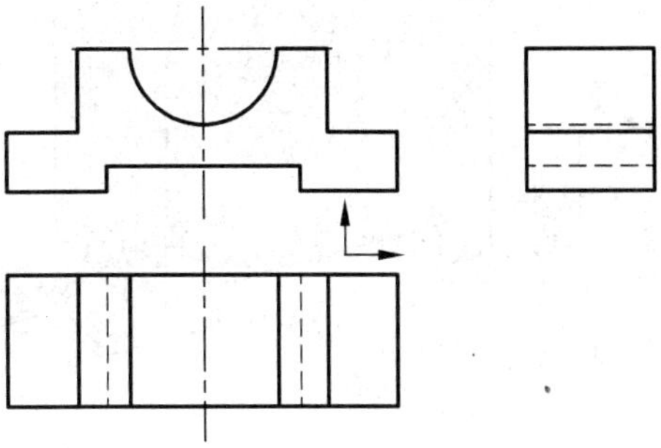

（h）

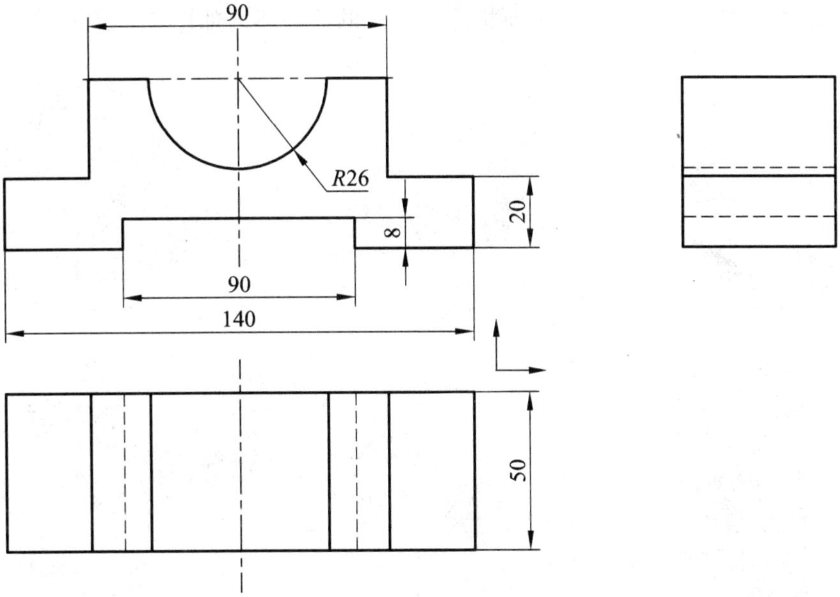

（i）

图 2.1.13

【拓展训练】

完成图 2.1.14 所示图形的三视图。

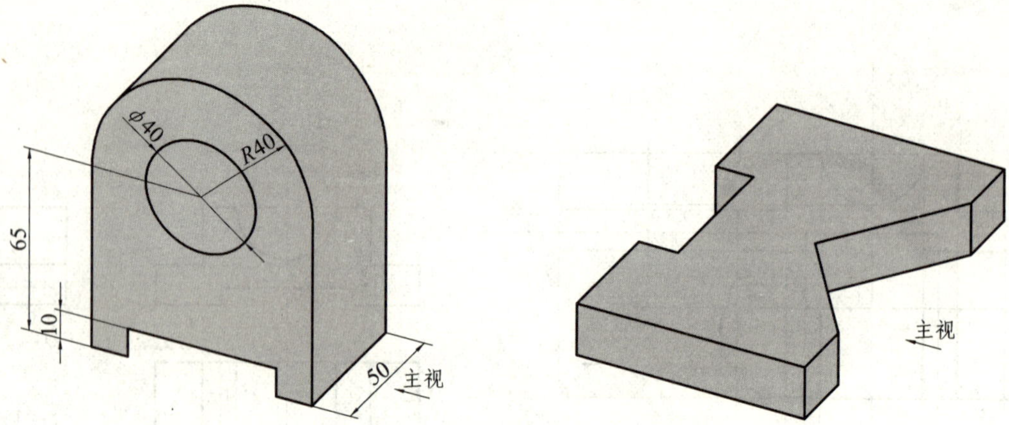

图 2.1.14

【知识链接】

柱类形体的形体特征：是有两个面相等且平行的等高体，如图 2.1.15 所示。

图 2.1.15

任务二　柱类实体制作

【任务目标】

（1）初步了解实体制作的方法。
（2）通过任务的完成初步掌握柱类形体的制作方法。
（3）能独立完成中等复杂程度的平面草图。

【任务分析】

要完成此任务，首先要能准确判断是否是柱体，其次找到柱体平面所处的位置，最后能应用 SolidWorks 实体软件完成柱体的实体制作。

【应知应会】

SolidWorks 的用户界面如图 2.2.1 所示。

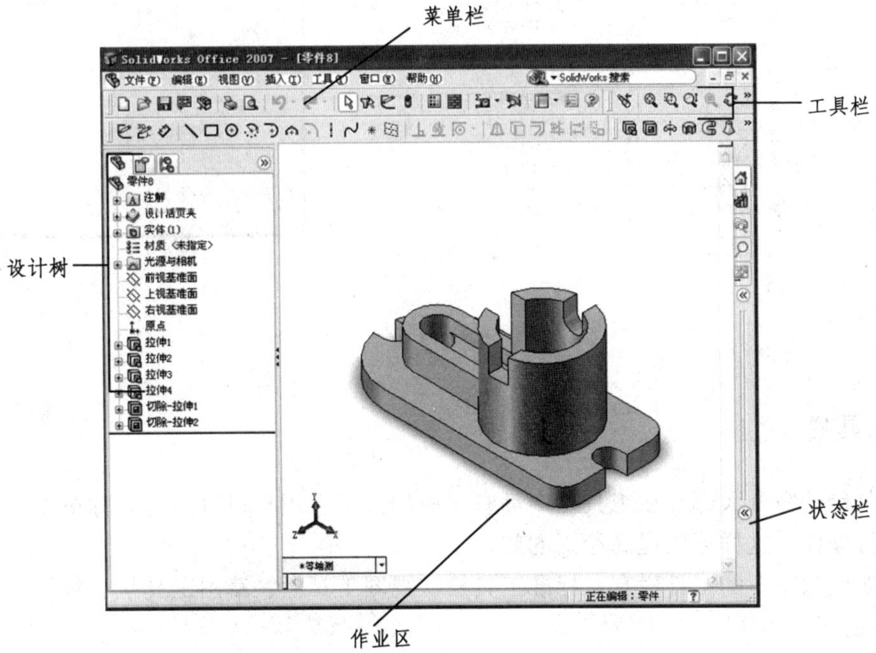

图 2.2.1

1. 作业区

作业区是进行实体绘制及制作的工作区，如图 5.1 中的空白区，中央设有一标准平面直角坐标。

2. 菜单栏

菜单栏包括“文件”、“编辑”、“视图”、“插入”、“工具”、“窗口”、“帮助”主菜单，用鼠标单击任意一主菜单，将会弹出相应的下拉子菜单。如图 2.2.2（a）所示的“插入”多层下拉子菜单以及图 2.2.2（b）所示的“工具”下拉式菜单与对话框。

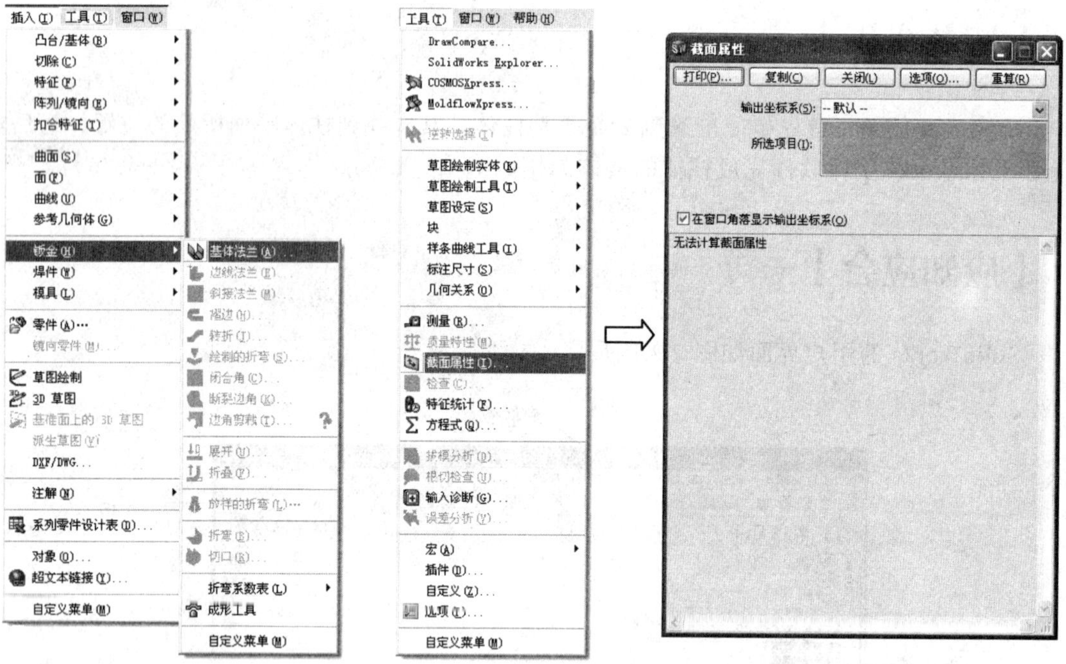

（a）　　　　　　　　　　　　（b）

图 2.2.2

3. 工具栏

下拉菜单的命令大部分在工具栏中都有对应的按钮，用户可以通过鼠标单击工具栏相应的按钮进行操作，这样可以提高绘图的效率。

系统默认状态下的工具栏有：标准工具栏、视图工具栏、草图工具栏、特征工具栏等，如图 2.2.3 所示。

图 2.2.3

4. 设计树

设计树提供激活零件、装配体或工程图的视窗，使观看实体或建造装配体以及检查工程图中的各个图纸和视图更容易，设计树和作业区域为动态链接。可在任一窗格中选择特征、草图、工程视图和构造几何体。

【任务实施】

一、任务条件

试完成图 2.2.4 所示实体模型的制作。

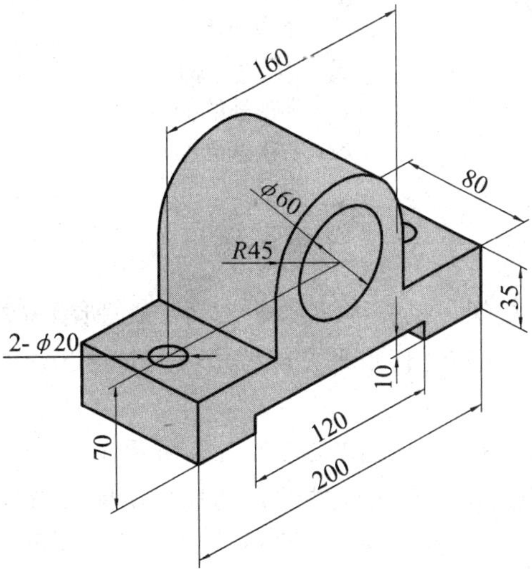

图 2.2.4

二、任务实施

（1）启动 SolidWorks，单击按钮，跳出图 2.2.5 所示对话框，单击零件，然后确定，进入用户界面。

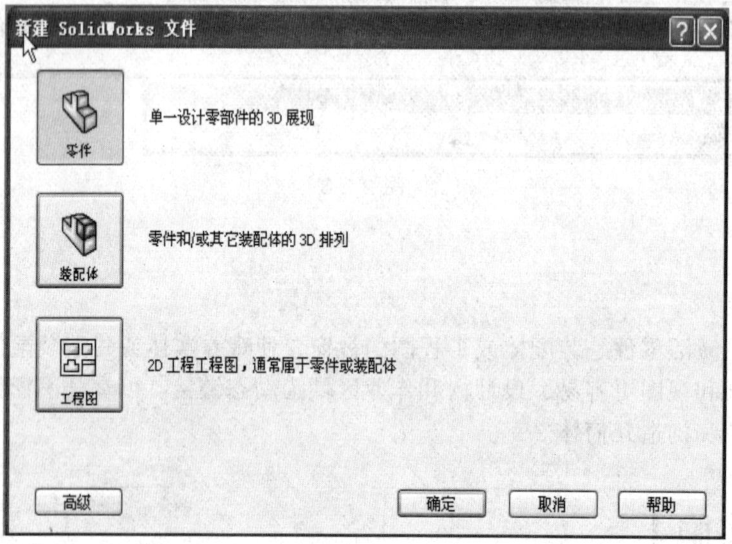

图 2.2.5

（2）制作图 2.2.4 所示实体模型。

① 点选“前视基准面”，如图 2.2.6 所示，单击工具栏“草图绘制”按钮。

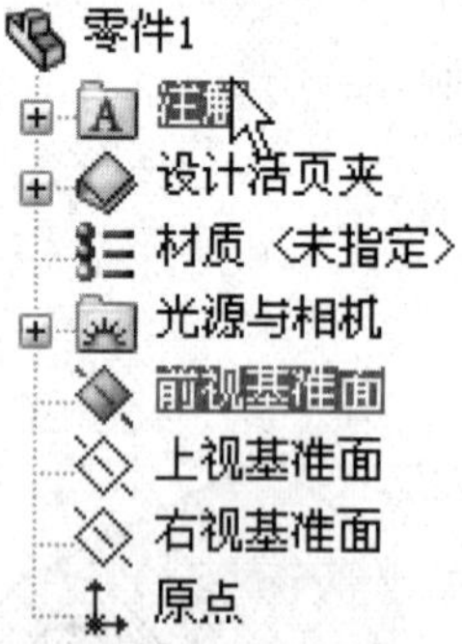

图 2.2.6

② 单击“中心线”按钮，鼠标移动到图 2.2.7（a）所示位置，当出现过坐标原点的引导线时，在适当位置按下鼠标左键；水平方向拉适当的长度，松开鼠标左键，得到水平中心线，如图 2.2.7（b）所示。

以相同的方式完成垂直中心线，如图 2.2.7（c）所示。

③ 单击“绘制圆”按钮，利用软件的自动捕捉功能，鼠标移动到两线交点位置，按下左键，拖到适当位置，松开鼠标，获得一个圆，以同样方式再作一个圆，如图 2.2.7（d）所示。

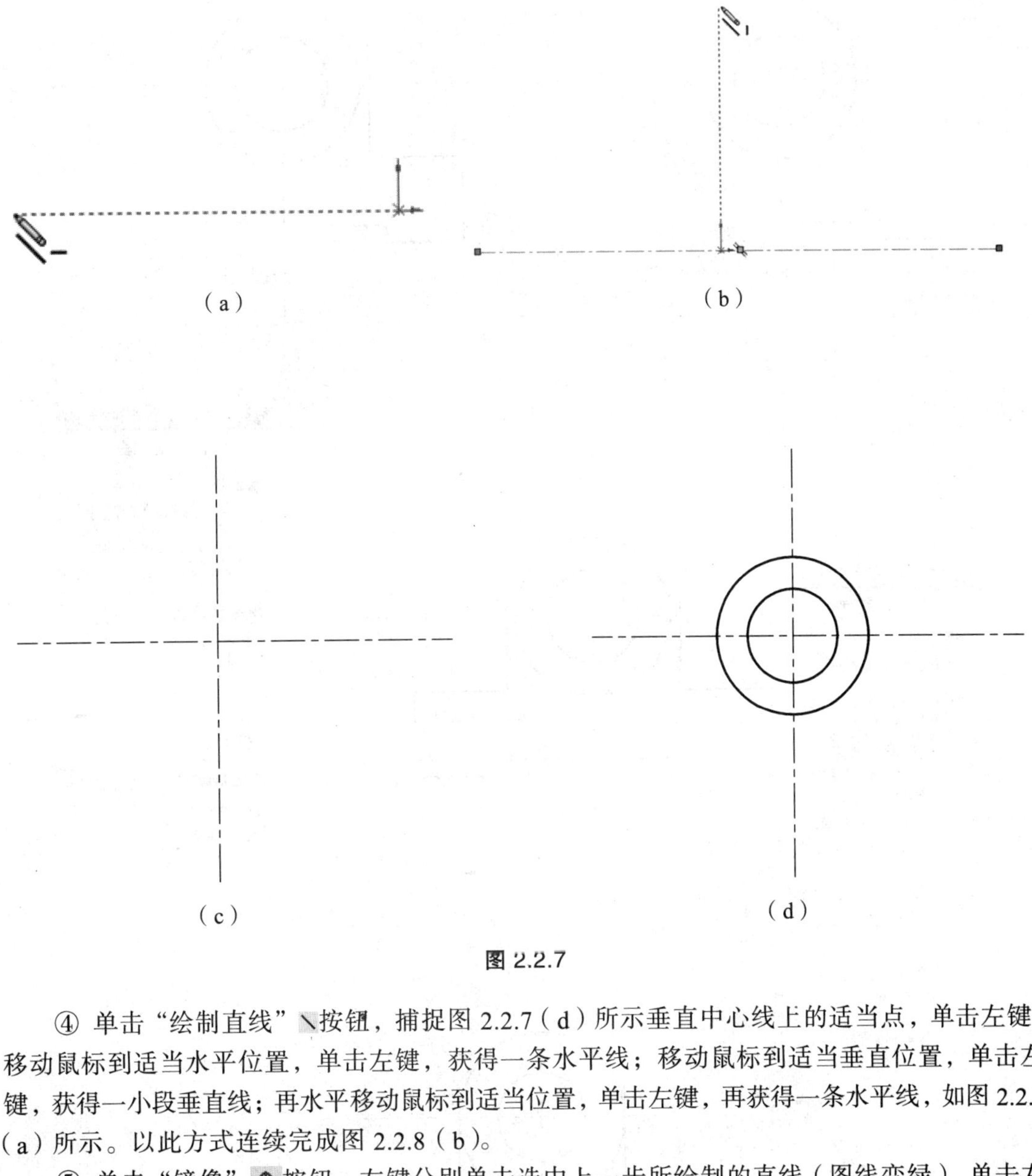

图 2.2.7

④ 单击“绘制直线”按钮，捕捉图 2.2.7（d）所示垂直中心线上的适当点，单击左键，移动鼠标到适当水平位置，单击左键，获得一条水平线；移动鼠标到适当垂直位置，单击左键，获得一小段垂直线；再水平移动鼠标到适当位置，单击左键，再获得一条水平线，如图 2.2.8（a）所示。以此方式连续完成图 2.2.8（b）。

⑤ 单击“镜像”按钮，左键分别单击选中上一步所绘制的直线（图线变绿），单击左边对话框中镜像点白框，将其点红，移动鼠标到垂直中心线位置单击，然后单击确认，如图 2.2.8（c）所示。

⑥ 单击“添加几何关系”按钮，左键单击大圆周及左边垂直线（图线变绿），在左边对话框中单击“相切”按钮，如图 2.2.8（d）所示。重复上述步骤，完成右边相切，然后单击确认，如图 2.2.8（e）所示。

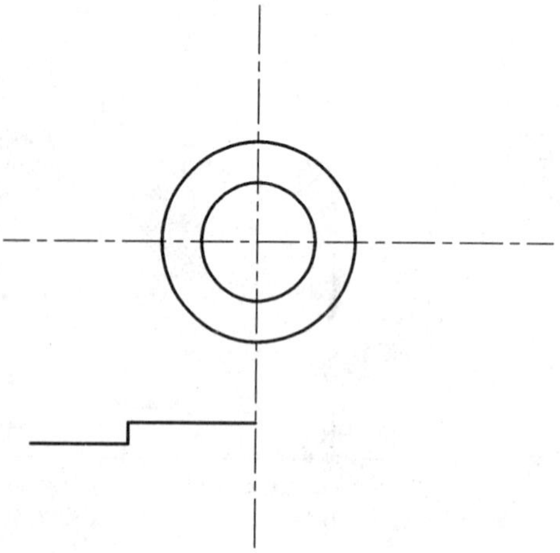

（a）

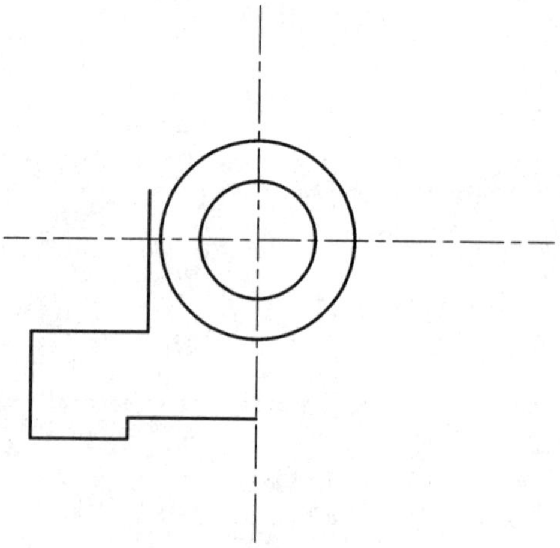

（b）

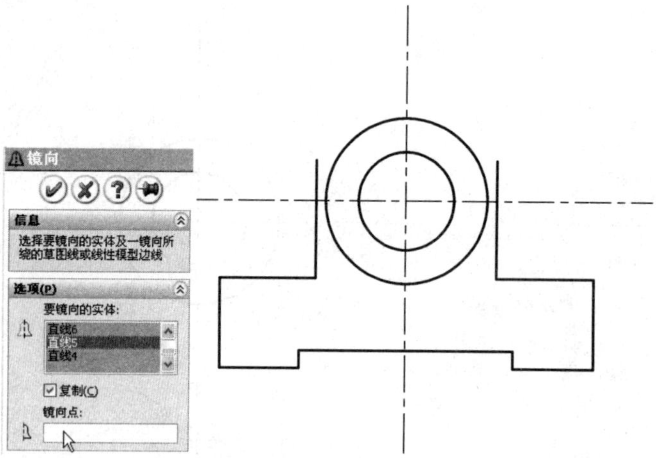
镜向
信息
选择要镜向的实体及一镜向所绕的草图线或线性模型边线
选项(P)
要镜向的实体:
直线6
直线5
直线4
复制(C)
镜向点:

（c）

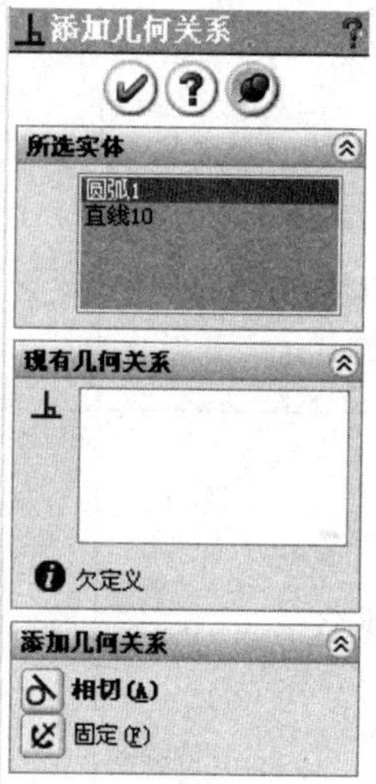
添加几何关系
所选实体
圆弧1
直线10
现有几何关系
欠定义
添加几何关系
相切(A)
固定(F)

（d）

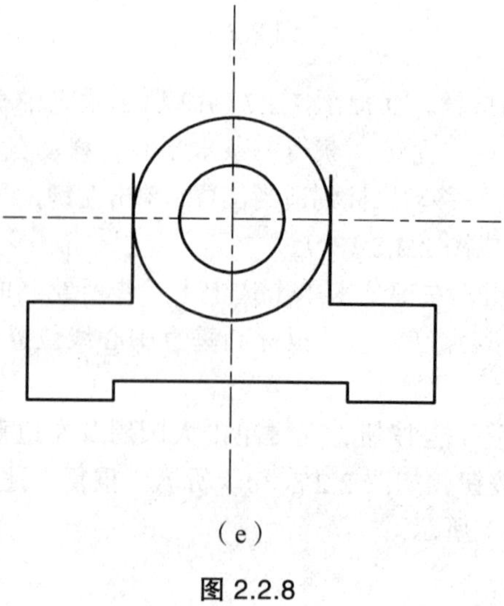

（e）

图 2.2.8

⑦ 单击“剪裁”按钮，单击左边对话框中的“剪裁到最近端”，如图 2.2.9（a）所示；鼠标移动到需剪裁线段处，线段发红，单击便可裁剪，最终裁剪图样如图 2.2.9（b）所示。

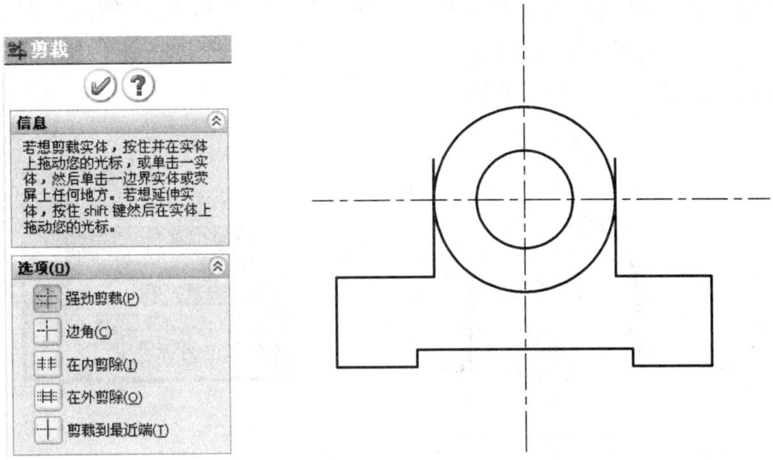

（a）

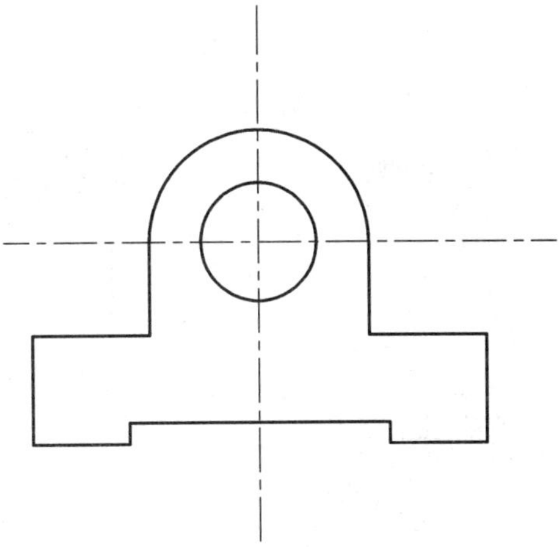

（b）

图 2.2.9

⑧ 单击“智能尺寸”按钮，移动鼠标到小圆周上单击，移动鼠标将尺寸放到适当的位置单击，跳出图 2.2.10（a）所示对话框，输入“60”，单击“确定”，获得尺寸ϕ60，如图 2.2.10（a）所示。移动鼠标到半圆周上单击，输入“45”，单击“确定”，获得尺寸 *R*45，如图 2.2.10（b）所示。单击底面线及矩形槽的水平线，输入“10”，单击“确定”，获得尺寸 10，如图 2.2.10（c）所示。以同样的方式完成其他尺寸标注，如图 2.2.10（d）所示。

由上述作图过程我们可以了解，此种图形的制作过程为尺寸驱动方式，即最终是由尺寸定义图形大小。

⑨ 单击特征工具栏“拉伸凸台”按钮，将图 2.2.11（a）所示对话框中椭圆框的内容分别设为“两侧对称”、“80.00 mm”，单击确定，获得实体模型，如图 2.2.11（b）所示。

⑩ 鼠标单击图 2.2.11（b）光标所示的位置，以该面作为另一绘制草图的平面，单击按

钮，然后单击“标准视图”按钮，展开子按钮，单击“正视于”按钮，如图 2.2.11（c）所示，将该草图面正放于作业区，如图 2.2.11（d）所示。

⑪ 单击按钮，过原点作水平和垂直中心线，如图 2.2.11（d）所示。单击及按钮，完成水平中心线上对称的两圆，如图 2.2.11（e）所示。单击按钮，标注两圆尺寸，如图 2.2.11（f）所示。（注意：标注中心距时，应单击圆周。）

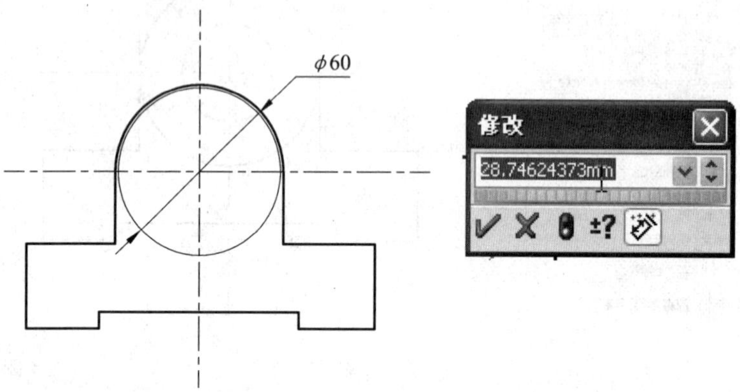

（a）

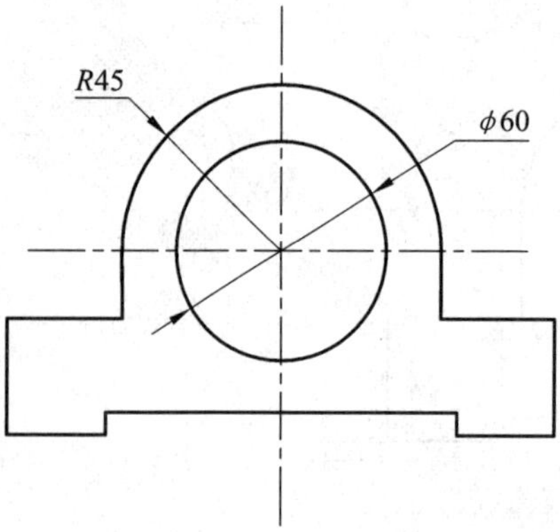

（b）

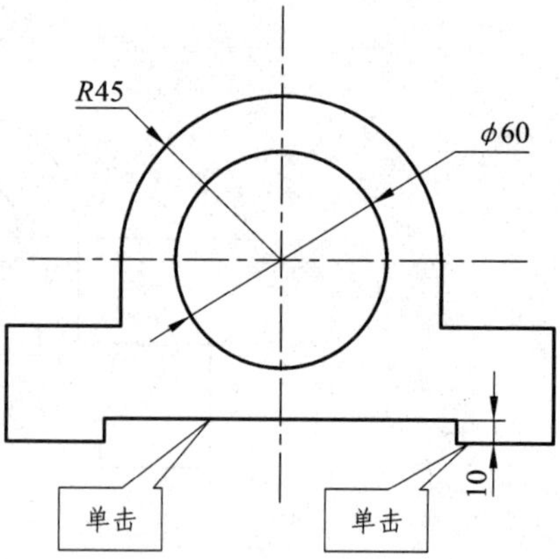

（c）

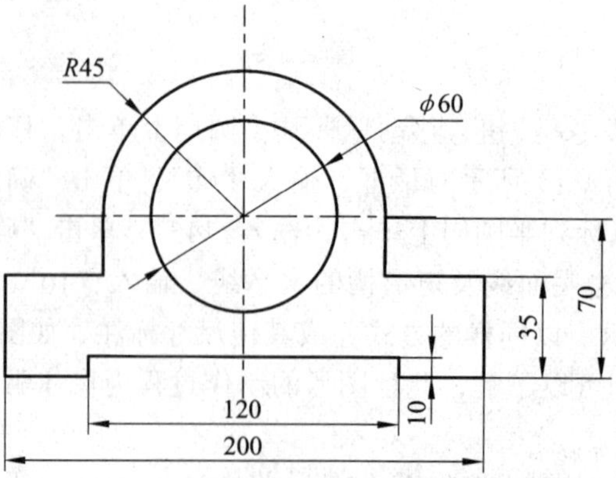

（d）

图 2.2.10

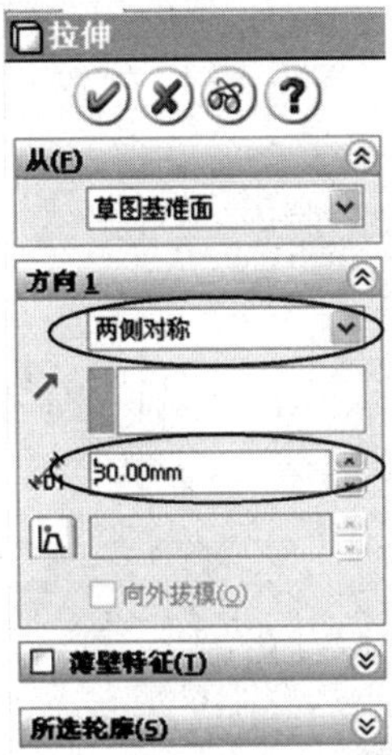

（a）

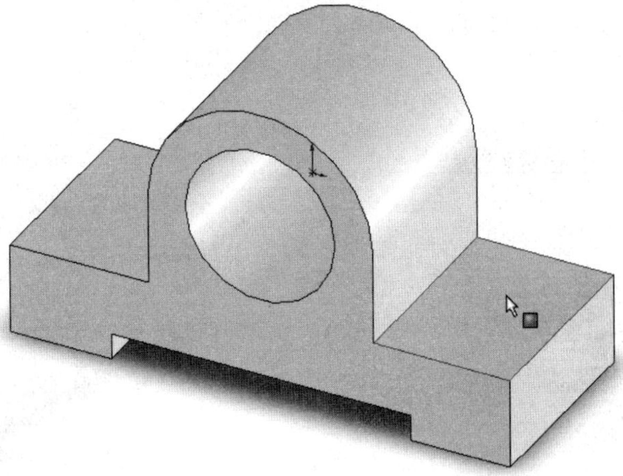

（b）

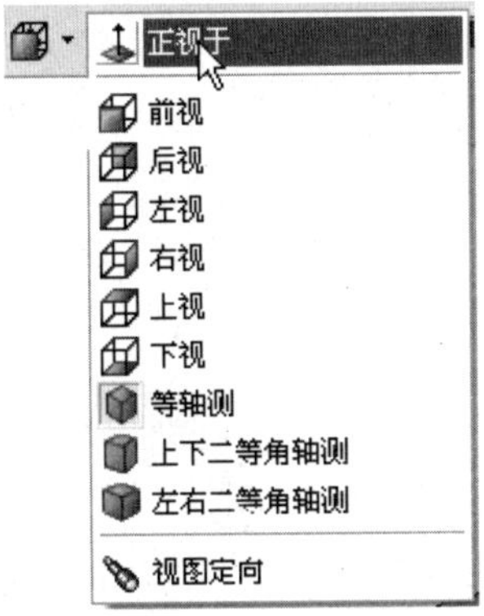

（c）

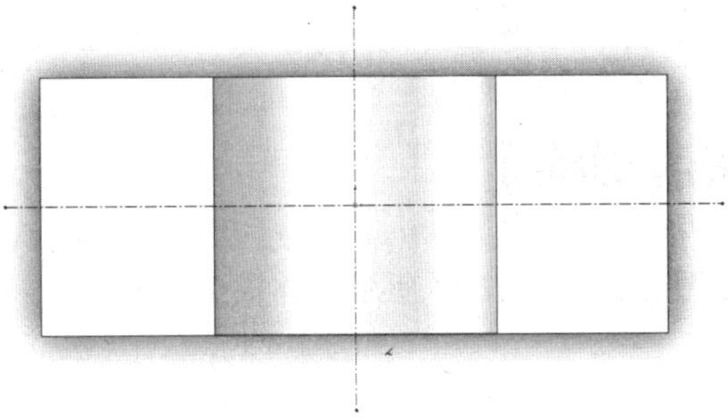

（d）

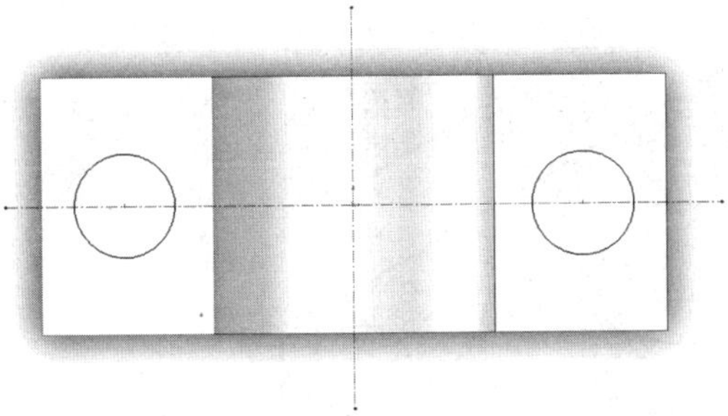

（e）

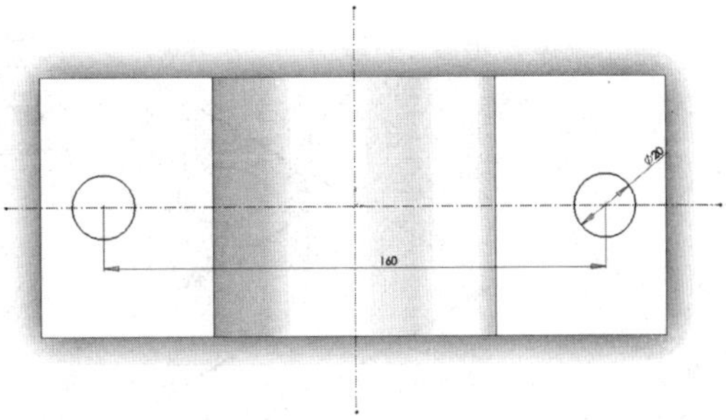

（f）

图 2.2.11

⑫ 单击“拉伸切除”按钮，将图 2.2.12（a）所示对话框中椭圆框的内容设为“完全贯穿”，单击确定。

单击按钮，展开子按钮，单击“等轴测”，获得实体模型，如图 2.2.12（b）所示；单击“旋转视图”按钮，在作业区按下鼠标左键，拖动鼠标，可观察实体各个方位。至此该图样的实体模型制作完成。

（a）

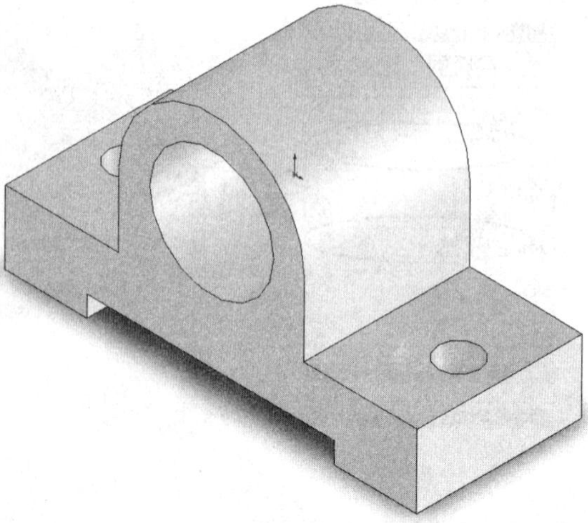

（b）

图 2.2.12

【拓展训练】

完成图 2.2.13、2.2.14 所示实体模型的制作。

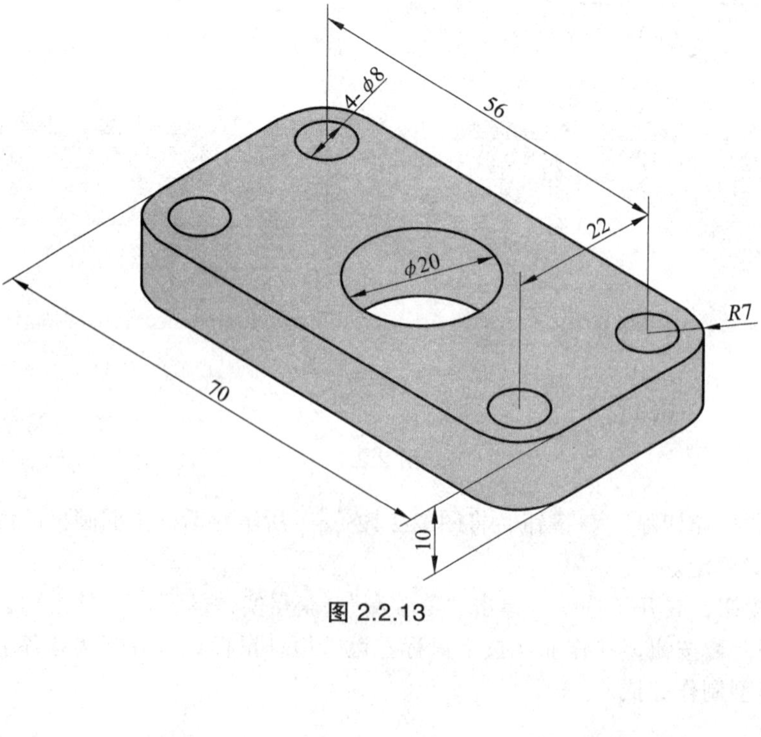

图 2.2.13

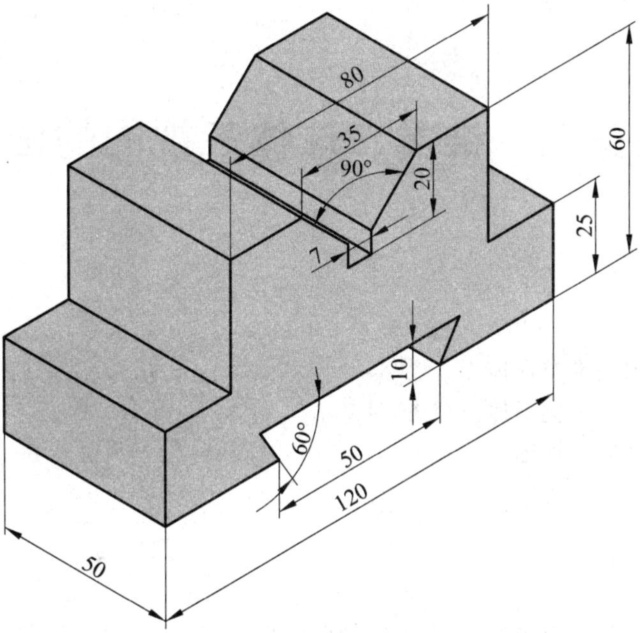

图 2.2.14

任务三　锥类、球体三视图的画法

【任务目标】

（1）能够快速识别锥类形体。
（2）能够快速绘制锥类形体三视图。
（3）能够绘制球体三视图。

【任务分析】

要完成此任务，首先要了解三视图的形成原理、画法和工具的使用。

【应知应会】

常见的锥类形体结构及球体如图 2.3.1 所示，可分为平面体和曲面体。特别是锥体，其形体结构为：其中一面为多边形的平面，且有一个公共顶点。

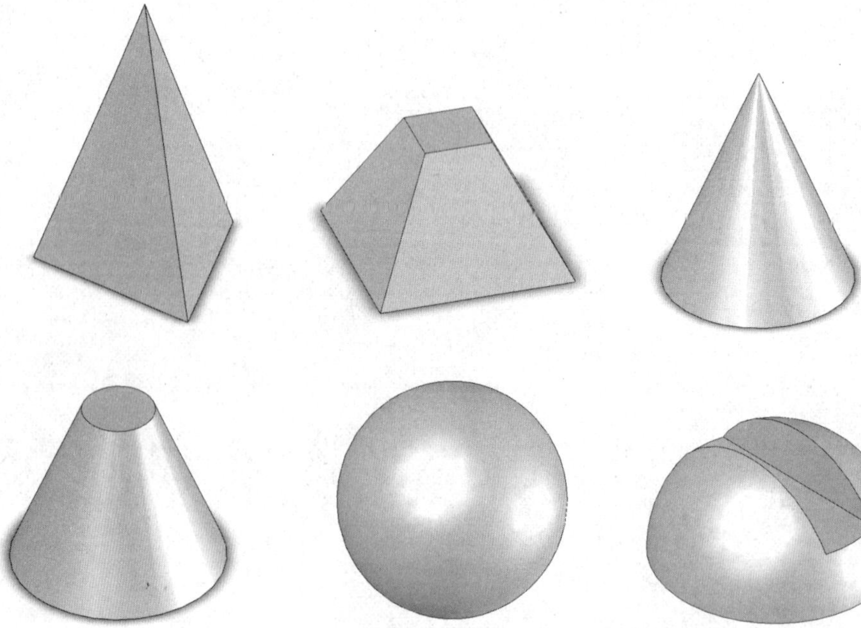

图 2.3.1

在实际工作中我们所看到的多为不完整的柱体、锥体、球体，如图 2.3.1 中的棱台、圆台、半球切槽等。需要应用三视图的投影原理、正投影的投影特性以及对形体表面上的点、直线的投影进行综合分析才能完成本任务。

【任务实施】

一、任务条件

（1）绘制图 2.3.2（a）、（b）所示正三棱锥及圆锥的三视图。
（2）归纳柱类形体的视图特征，完成图 2.3.7 所示锥类形体的三视图。
（3）分析完成图 2.3.2（c）所示球体的三视图。

（a）　（b）　（c）

图 2.3.2

二、任务实施步骤

1. 完成正三棱锥的三视图

（1）正三棱锥的投影分析。

将三棱锥正放于三面投影体系中，如图 2.3.3（a）所示，该形体底面平行于水平面，其投影反映实形，为正三角形。而与正面及侧面垂直，聚积成线，分别为平行于 X 轴及 Y_W 轴的直线。三棱锥的侧面棱线 SB 线为侧平线，侧面投影反映实长，位置倾斜，其他两个投影均为垂直位置，分别平行 OZ 轴与 OY_H 轴，其余两条均为一般位置线，三投影均为缩短的直线，且与投影轴都倾斜。展开后的三视图如图 2.3.3（b）所示。

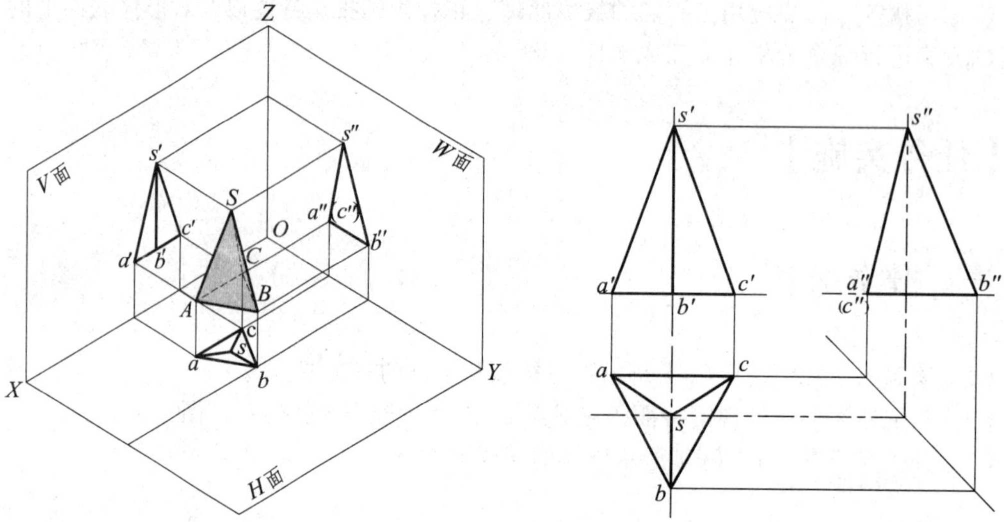

（a） （b）

图 2.3.3

（2）正三棱锥三视图的画法。

◆ 以正三棱锥的对称中心线及底面为基准，确定各视图的位置，如图 2.3.4（a）所示。

◆ 先绘制反映底面形状的特征视图，俯视图反映特征，自定外接圆尺寸，绘制正三角形，按“长对正、高平齐、宽相等”的投影规律，绘制三角形面的主视图、左视图，如图 2.3.4（b）所示。

◆ 自定高度尺寸，按点的投影规律确定顶点 S 在主视图、俯视图、左视图中的位置，如图 2.3.4（c）所示。

◆ 将顶点到底面的侧面棱线 SA、SB、SC 按同名投影相连，得到主视图、俯视图、左视图，如图 2.3.4（d）所示。

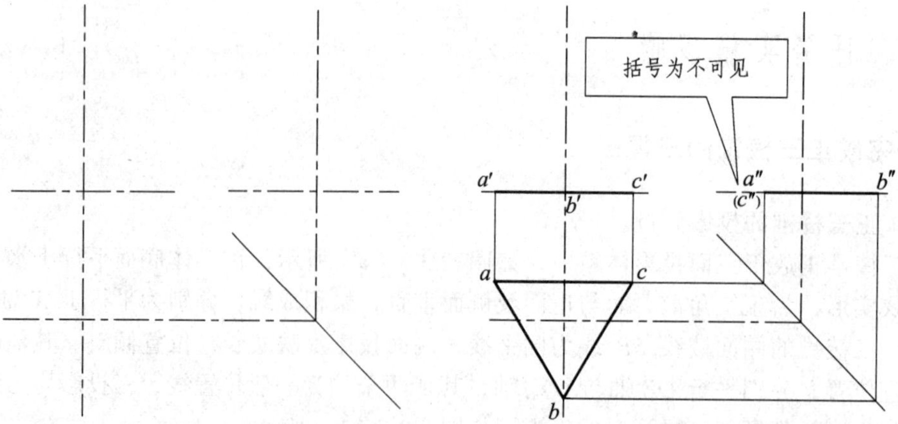

（a） （b）

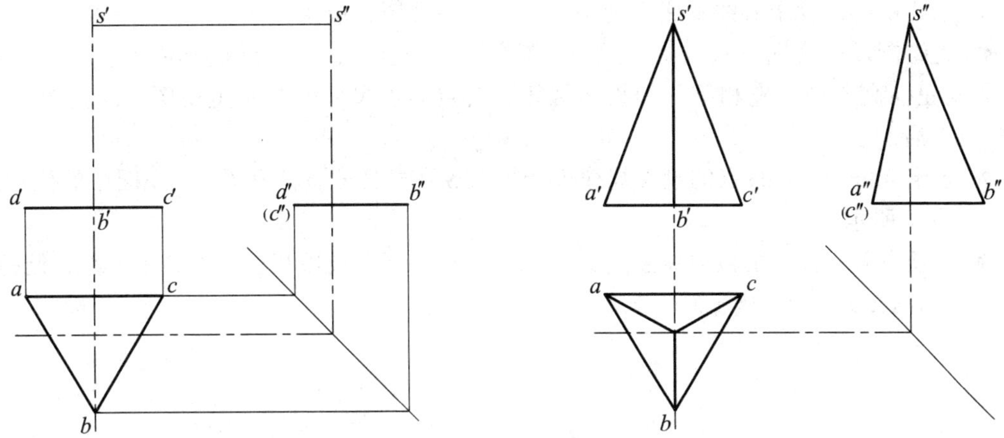

（c）　（d）

图 2.3.4

2. 完成圆锥的三视图

（1）圆锥的投影分析。

将圆锥正放于三面投影体系中，如图 2.3.5（a）所示，该圆锥底面平行于水平面，其投影反映实形，为圆形。而与正面及侧面垂直，聚积成线，分别为平行于 X 轴及 Y_W 轴的直线。圆锥的锥面为曲面，其水平外轮廓为圆周，和底面的圆形重合。圆锥的正面及侧面的投影分别用其投影的极限位置的边界线作为轮廓线，如图 2.3.5（a）中的 *SA*、*SB*、*SC*、*SD*。投影展开后的三视图如图 2.3.5（b）所示。

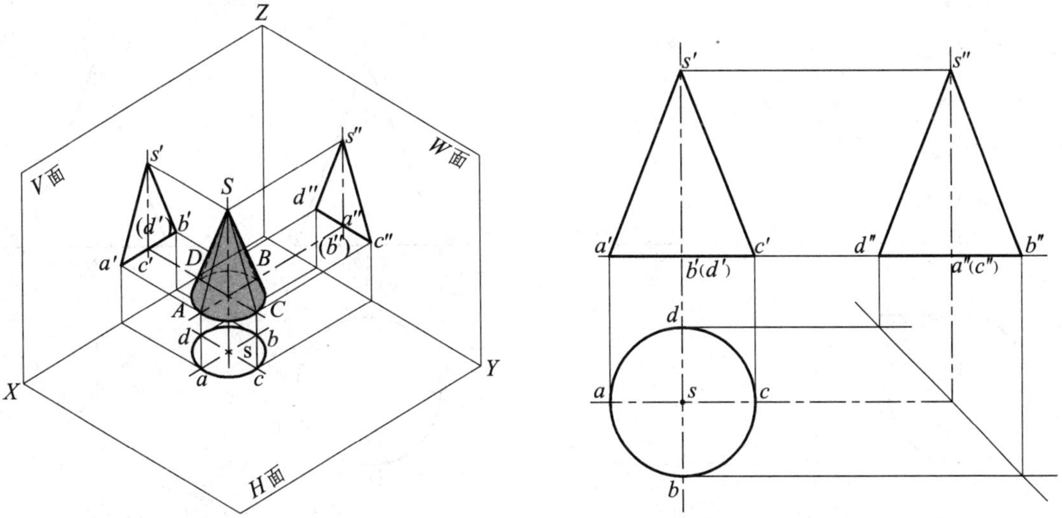

（a）　（b）

图 2.3.5

（2）圆锥三视图的画法。

◆ 以圆锥的对称中心线及底面为基准，确定各视图的位置，如图 2.3.6（a）所示。

◆ 先绘制反映底面形状的特征视图，俯视图反映特征，自定圆锥底圆尺寸，绘制圆形。按“长对正、高平齐、宽相等”的投影规律，自定高度尺寸，绘制主视图、左视图，如图 2.3.6（b）所示。

◆ 自定高度尺寸，按点的投影规律确定顶点 S 在主视图、俯视图、左视图中的位置，如图 2.3.6（c）所示。

◆ 将顶点与底面圆的极限位置点 A、B、C、D 按同名投影相连，得到主视图、俯视图、左视图，如图 2.3.6（d）所示。

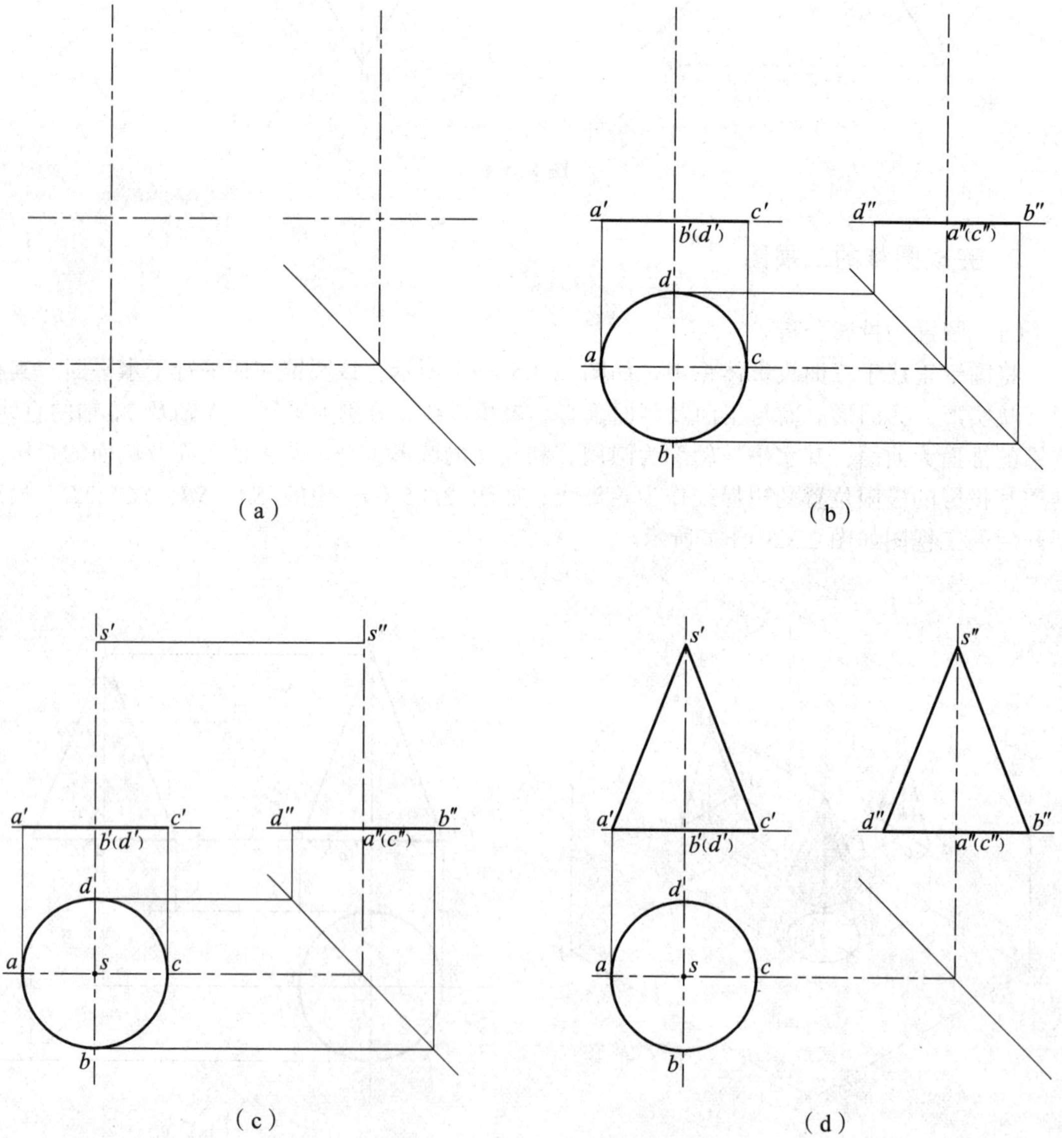

图 2.3.6

3. 锥类形体的三视图特征

一个视图反映锥底面真实形状，其他两视图均由三角形框构成。运用视图特征完成图 2.3.7 所示圆锥和四棱锥的三视图，箭头为主视图方向。

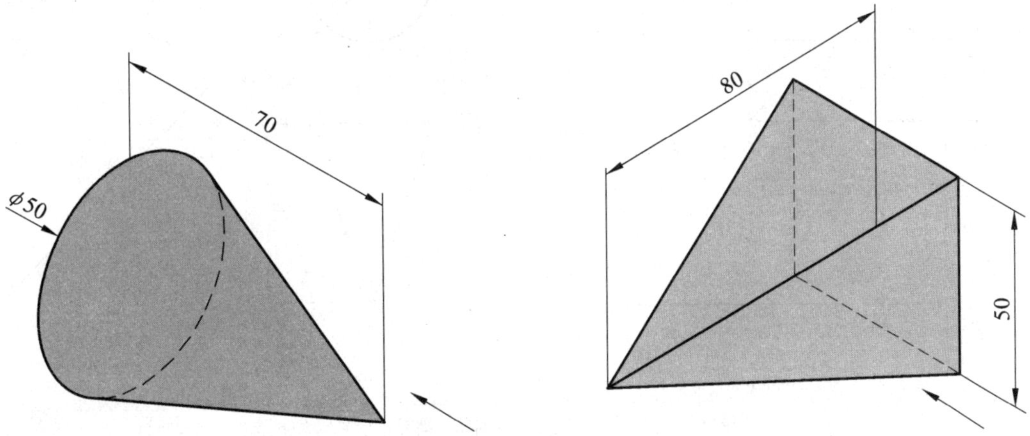

（a）　　（b）

图 2.3.7

（1）完成图 2.3.7（a）所示圆锥的三视图。

◆ 先按尺寸绘制反映底面形状特征视图（主视图），同时绘制出 45°线，如图 2.3.8（a）所示。

◆ 因底面为正平面，在左视图、俯视图中投影积聚为垂直线和水平直线，可先根据投影规律绘出，同时将中心线绘出，确定三视图的位置，如图 2.3.8（b）所示。

◆ 根据尺寸，按点的投影规律确定顶点 *S* 在主视图、俯视图、左视图中的位置，如图 2.3.8（c）所示。

◆ 将顶点与底面圆的极限位置点相连，得到主视图、俯视图、左视图，如图 2.3.8（d）所示。

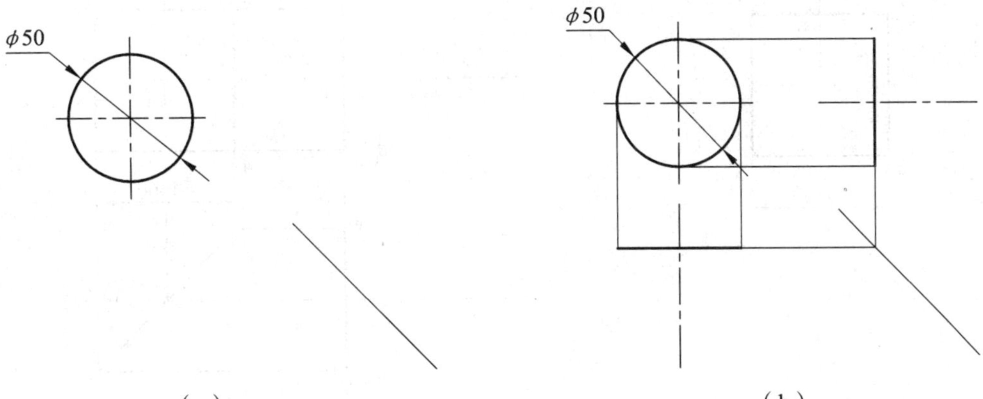

（a）　　（b）

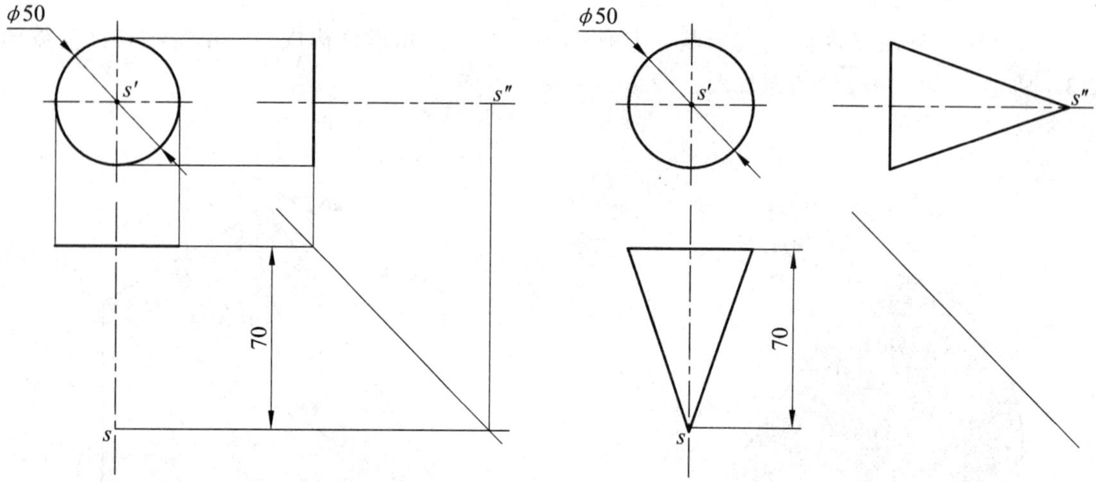

（c） （d）

图 2.3.8

（2）完成图 2.3.7（b）所示四棱锥的三视图。

◆ 先按尺寸绘制反映底面形状特征视图（左视图），用数字表示出底面相应的点（可不表示），同时绘制出 45°线，如图 2.3.9（a）所示。

◆ 因底面为侧平面，在主视图、俯视图中投影积聚为垂直的直线，根据投影规律在适当位置绘出，标出数字，同时将中心线绘出，确定三视图的位置，如图 2.3.9（b）所示。

◆ 根据尺寸，按点的投影规律确定顶点 S 在主视图、俯视图、左视图中的位置，如图 2.3.9（c）所示。

◆ 将顶点与底面四边形的每个点的同名投影相连，得到主视图、俯视图、左视图，如图 2.3.9（d）所示。

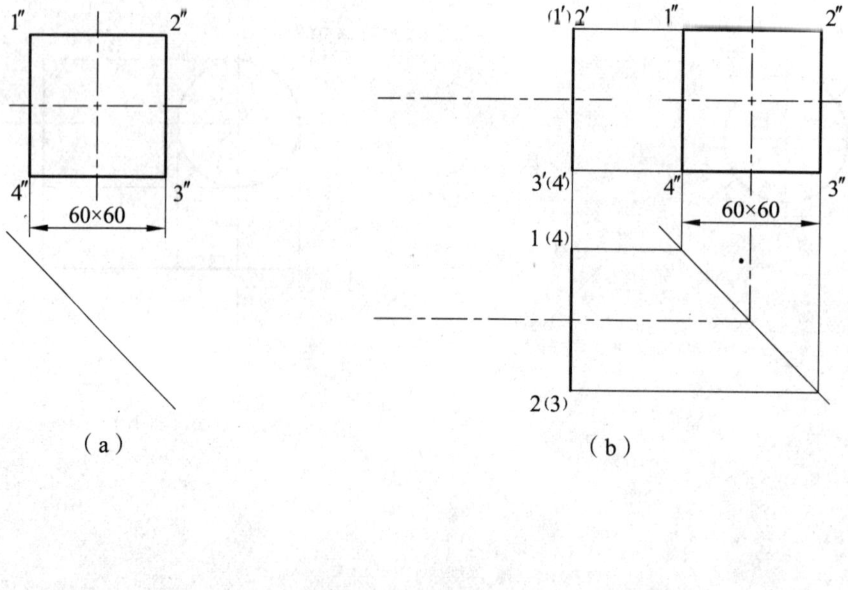

（a） （b）

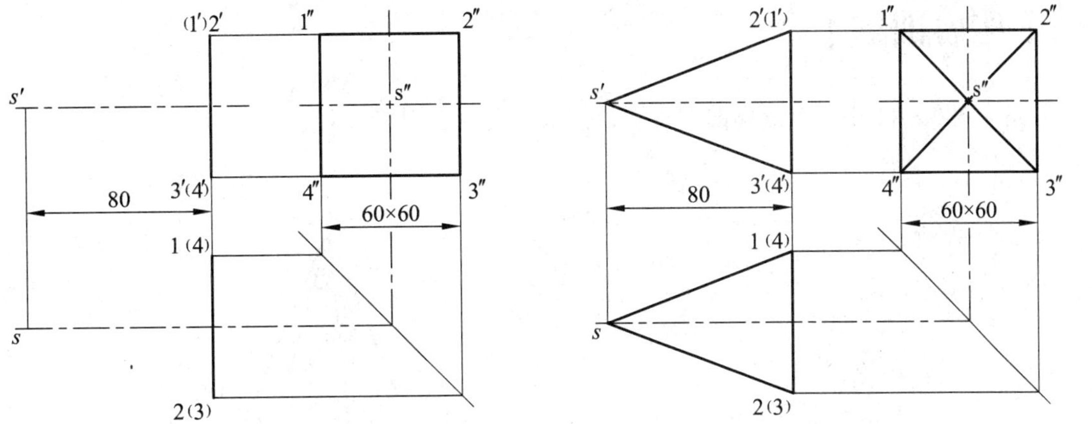

（c） （d）

图 2.3.9

4. 完成球体的三视图

（1）球体的投影分析。

将球体放于三面投影体系中，如图 2.3.10（a）所示。该球体的三个视图均为大小相等的圆，分别是从三个方向分别对球体投影所反映形状，即球体三个方向的轮廓投影。主视图可见前半球，俯视图可见上半球，左视图可见左半球。球面上的极端位置点：左右点 *A*、*C*，前、后点 *B*、*D*，上下点 *E*、*F* 均在各视图中标注，如图 2.3.10（a）所示。展开得到球体的视图，如图 2.3.10（b）所示。

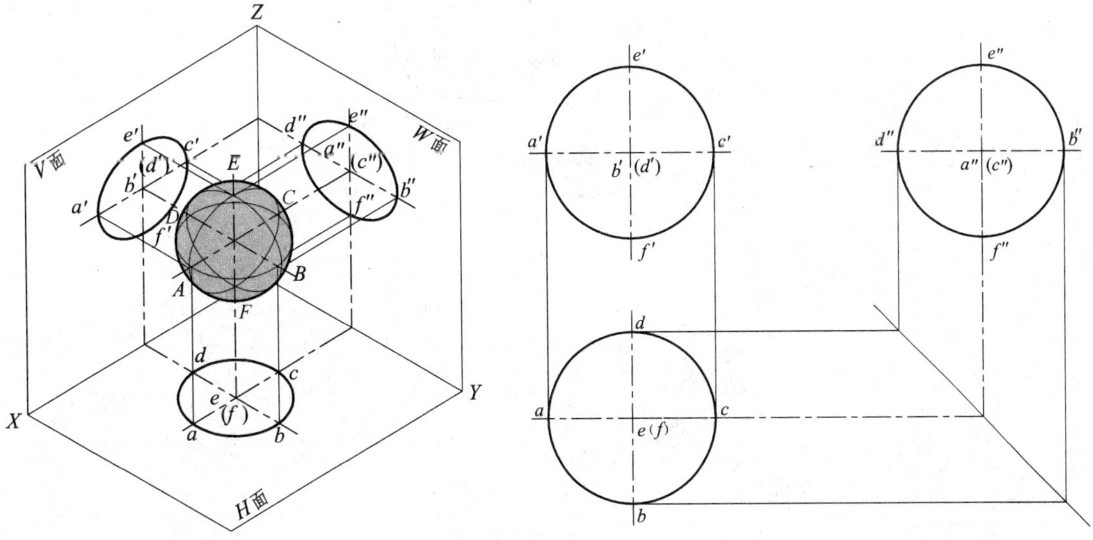

（a） （b）

图 2.3.10

【拓展训练】

完成图 2.3.11 中三个形体的三视图，箭头方向为主视图方向。

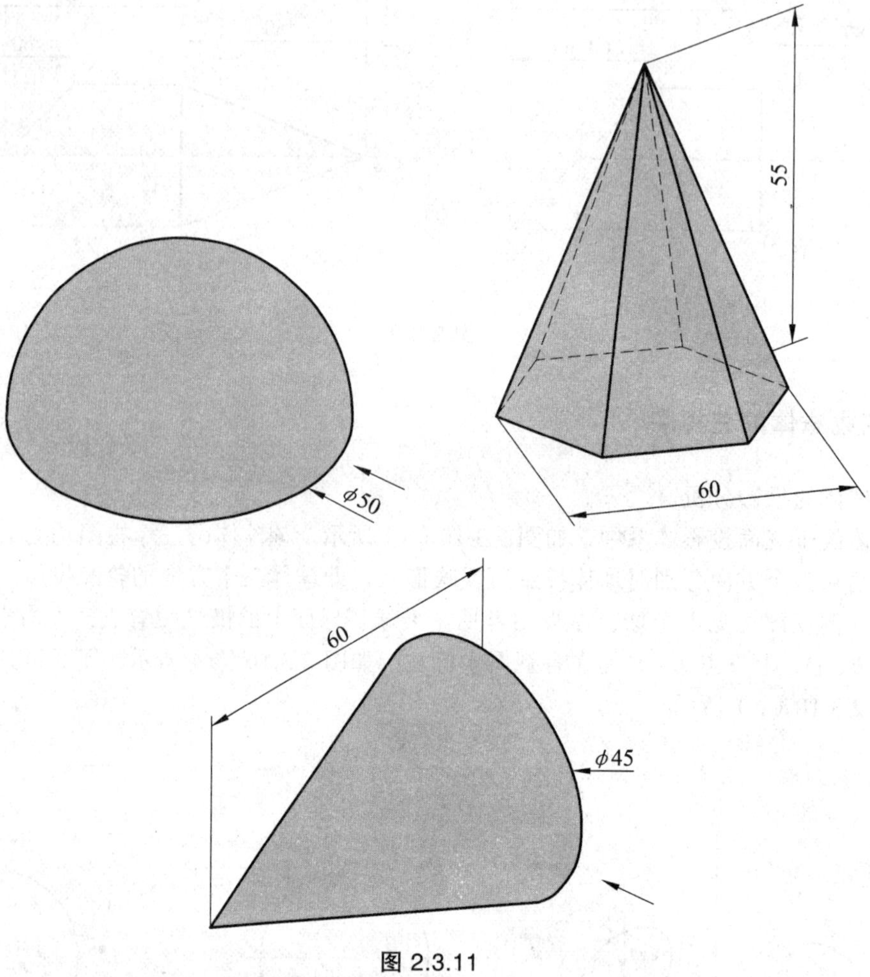

图 2.3.11

任务四 基本体的截断的画法

【任务目标】

（1）能判断截断基本体的原型。
（2）能应用点的投影规律，找出关键点的三面投影，绘制出截断基本体的三视图。

【任务分析】

要完成此任务，首先要了解何为截交线，并能大致判断截断面的形状。

【应知应会】

一、截交线

截交线：平面体切割空间形体时，平面与形体表面的交线。该平面叫截平面，如图 2.4.1 所示。

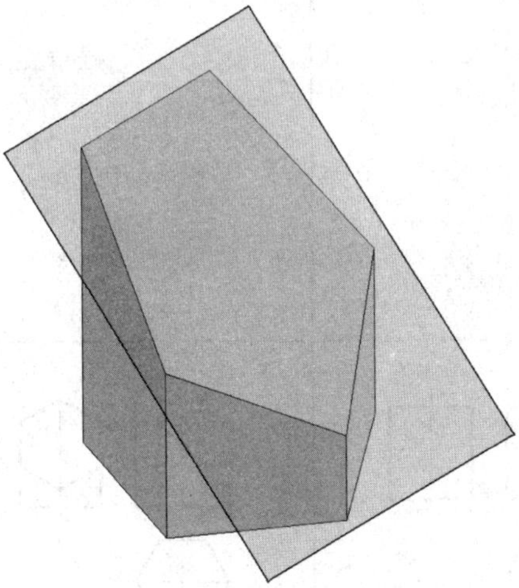

（a）

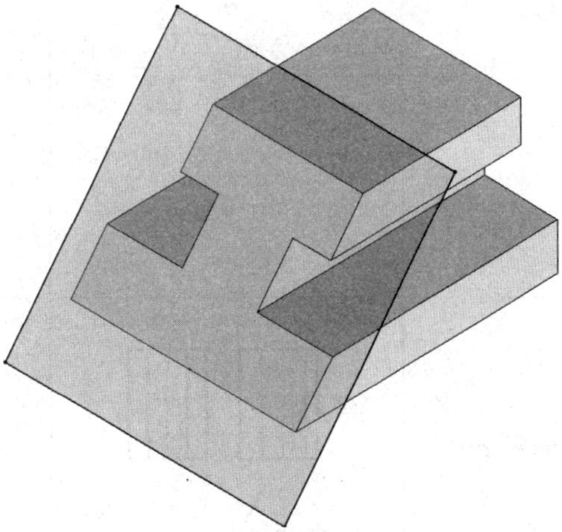

（b）

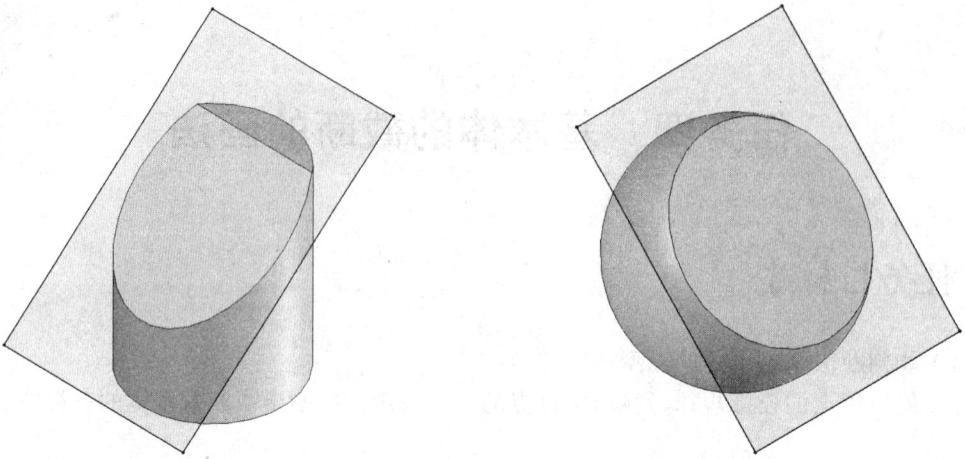

（c）　　　　（d）

图 2.4.1

截交线性质：① 截交线是封闭的，其形状取决于基本形体的形状及截平面截切位置；② 截交线是被截切形体表面与截平面的公共线，而且是截切形体表面上的线，在作图中尤为关键。

二、常见基本体截断的截交线形状（见表 2.4.1、2.4.2、2.4.3）

表 2.4.1　平面与棱柱面的截交线

截平面位置	平行于轴线	垂直于轴线	倾斜于轴线
截交线形状	矩形	正多边形	变形多边形
立体图	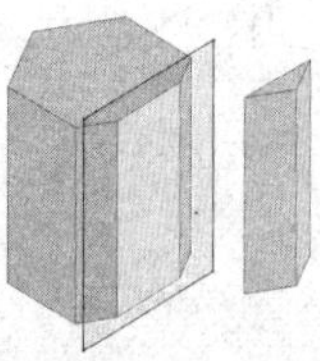	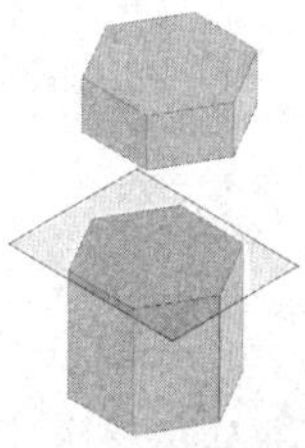	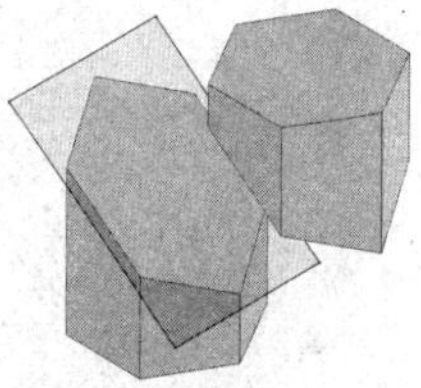
投影图	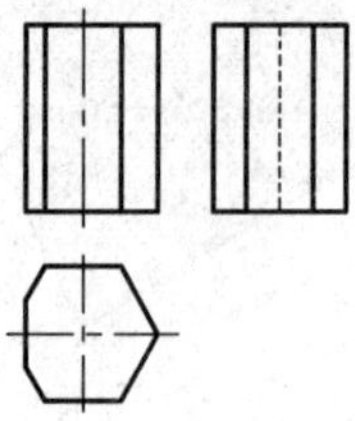	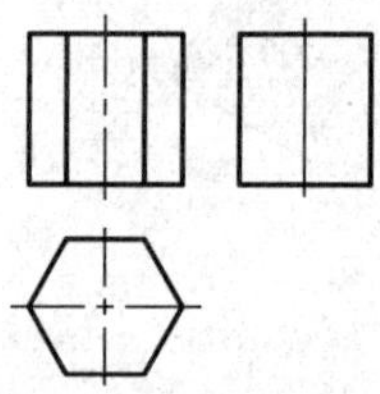	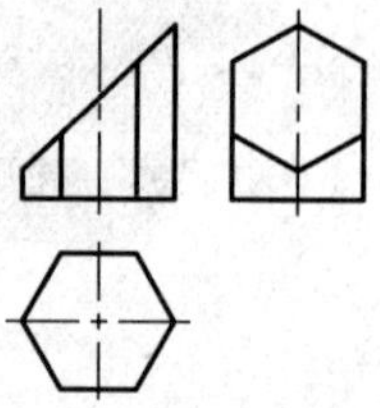

表 2.4.2　平面与圆柱面的截交线

截平面位置	平行于轴线	垂直于轴线	倾斜于轴线
截交线形状	矩形	圆形	椭圆
立体图	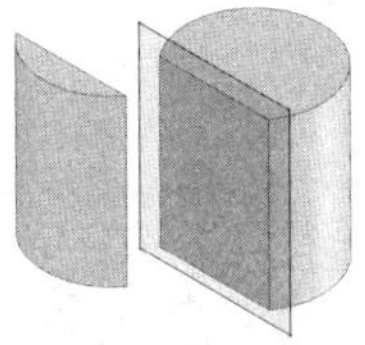	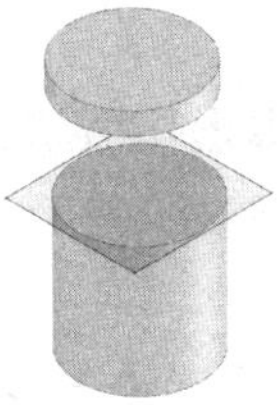	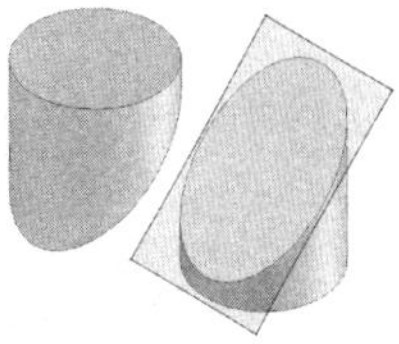
投影图	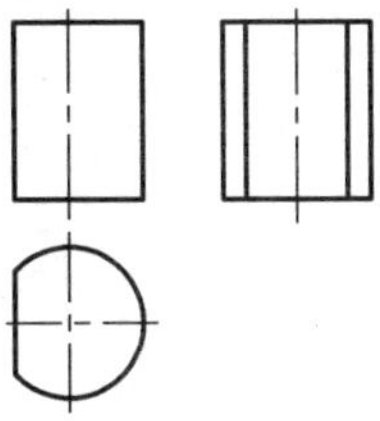	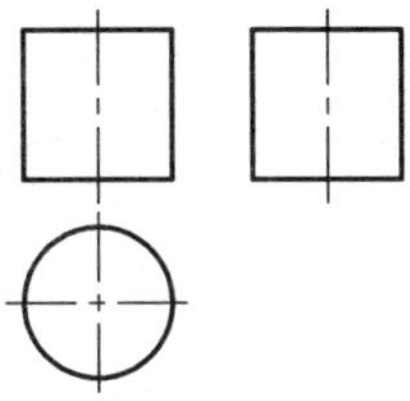	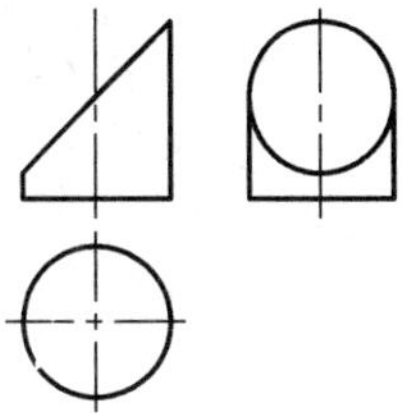

表 2.4.3　平面与圆锥面的截交线

截平面位置	过锥顶	不过锥顶			
		垂直于轴线	倾斜于轴线	与锥面某一线平行	平行于轴线
截交线形状	三角形	圆形	椭圆	抛物线	双曲线
立体图	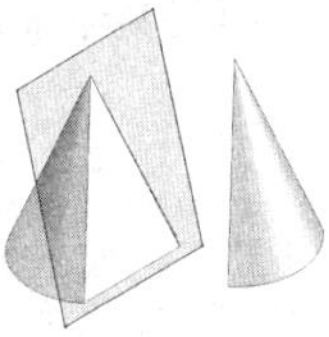		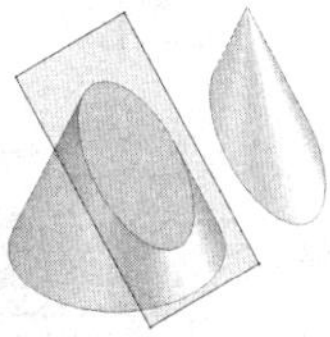	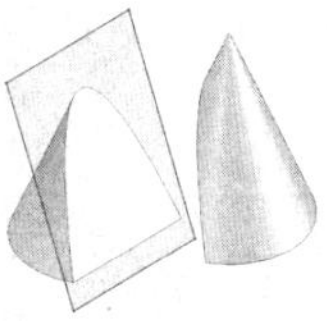	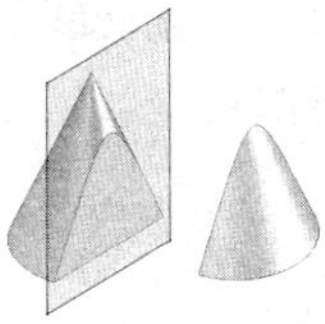
投影图	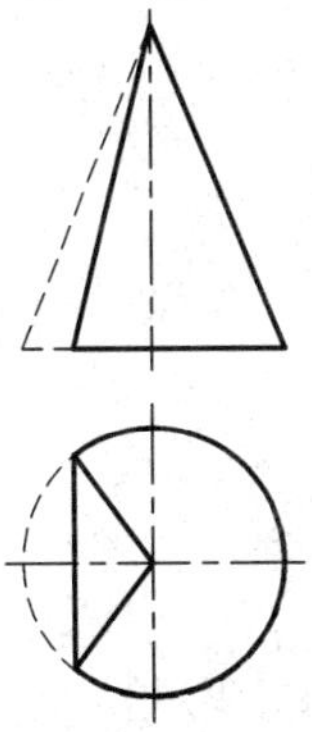	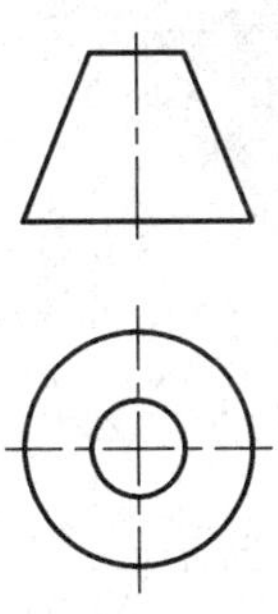	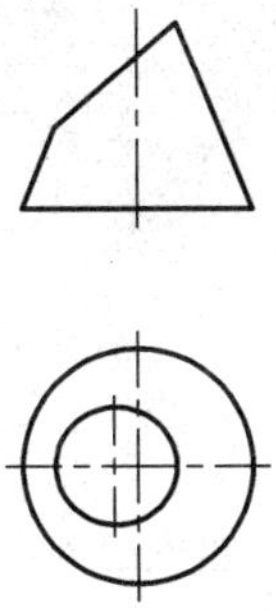	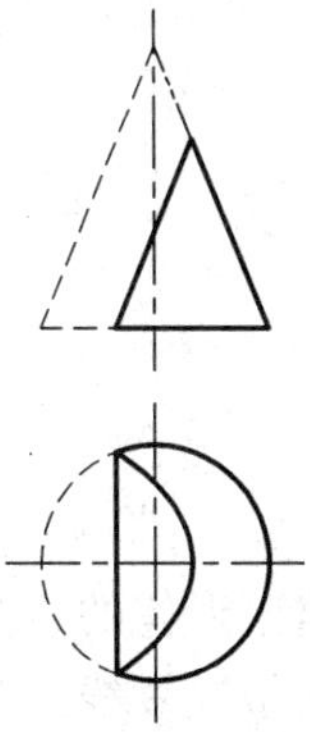	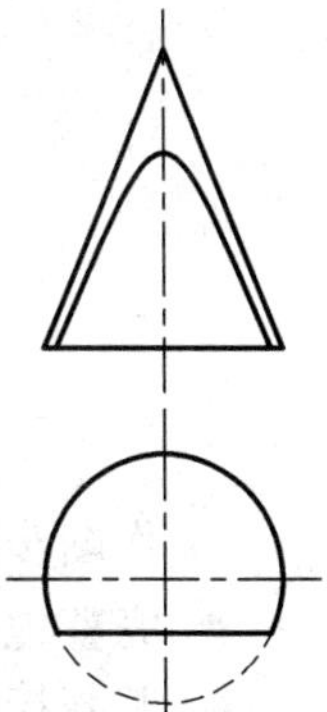

【任务实施】

一、任务条件

完成图 2.4.2 所示位置的基本形体截切的三视图。

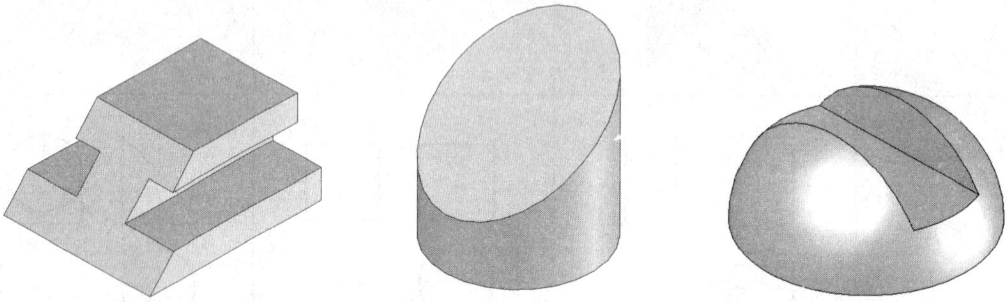

（a） （b） （c）

图 2.4.2

二、任务实施步骤

（1）完成图 2.4.2（a）所示位置的基本形体截切的三视图。

① 基本形体截切分析。

该形体属柱类形体，原形如图 2.4.3 所示。经过截切而得到截切形体，如图 2.4.2（a）所示，其截交线仍为一工字形，每个转折点都在棱线上。找出每个点的三面投影，同名投影相连便可。

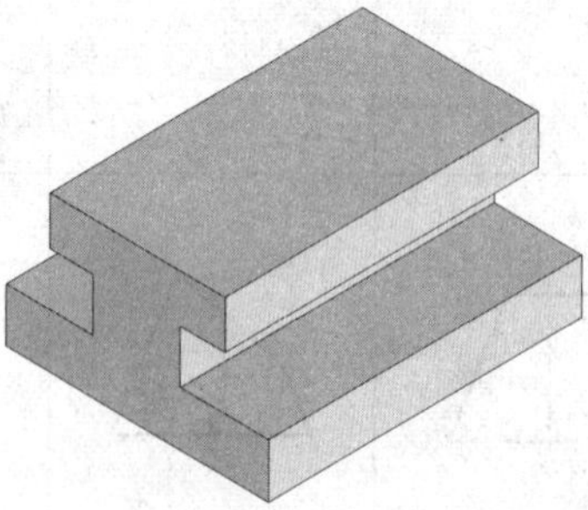

图 2.4.3

② 作图步骤。

- 完整地画出原形体的三视图，如图 2.4.4（a）所示。
- 截断后找出每线棱线的断点的三面投影[见图 2.4.4（b）中的 1、2 点]。
- 用上述方法找出其他各断点的三面投影，如图 2.4.4（c）所示。

◆ 将同名投影顺序连接，得到截交线的投影图，如图 2.4.4（d）所示。

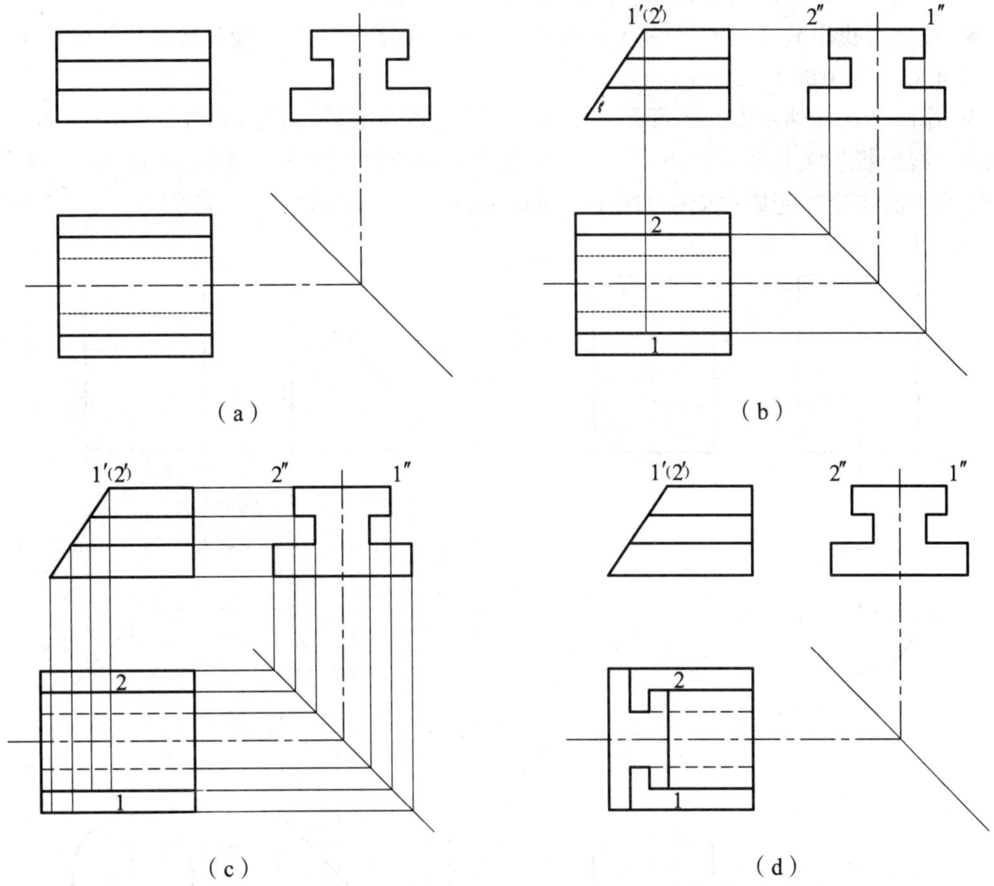

图 2.4.4

（2）完成图 2.4.2（b）所示位置圆柱截切的三视图。

① 圆柱截切分析。

该圆柱属柱类形体，原型如图 2.4.5 所示。经过截切而得到截切形体，如图 2.4.2（b）所示。其截交线为椭圆形，圆柱竖放，故截平面垂直正面，正面投影为一直线，水平投影重合在圆上，侧面投影为一椭圆。

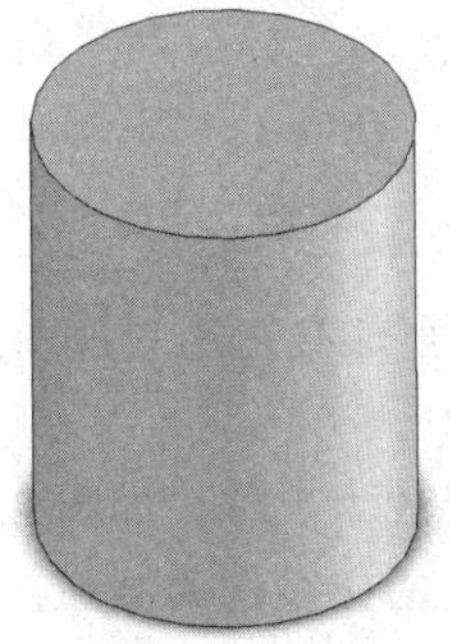

图 2.4.5

② 作图步骤。

◆ 完整画出原形体的三视图，如图 2.4.6（a）所示。

◆ 截断后找出截交线的极端点（最上、最下、最左、最右、最前和最后）的三面投影，[见图 2.4.6（b）中的 1、2、3、4 点]。

◆ 作以上点当然不够，还可作若干点，以求作图准确[见图 2.4.6（c）中 *a*、*b* 点]。先在正面截交线的投影上任取重影点 *a′*、*b′*，根据投影规律完成其三面投影，即找出 *a*、*b* 及 *a″*、*b″*，然后用曲线连接完成截交线的投影，如图 2.4.6（d）所示。

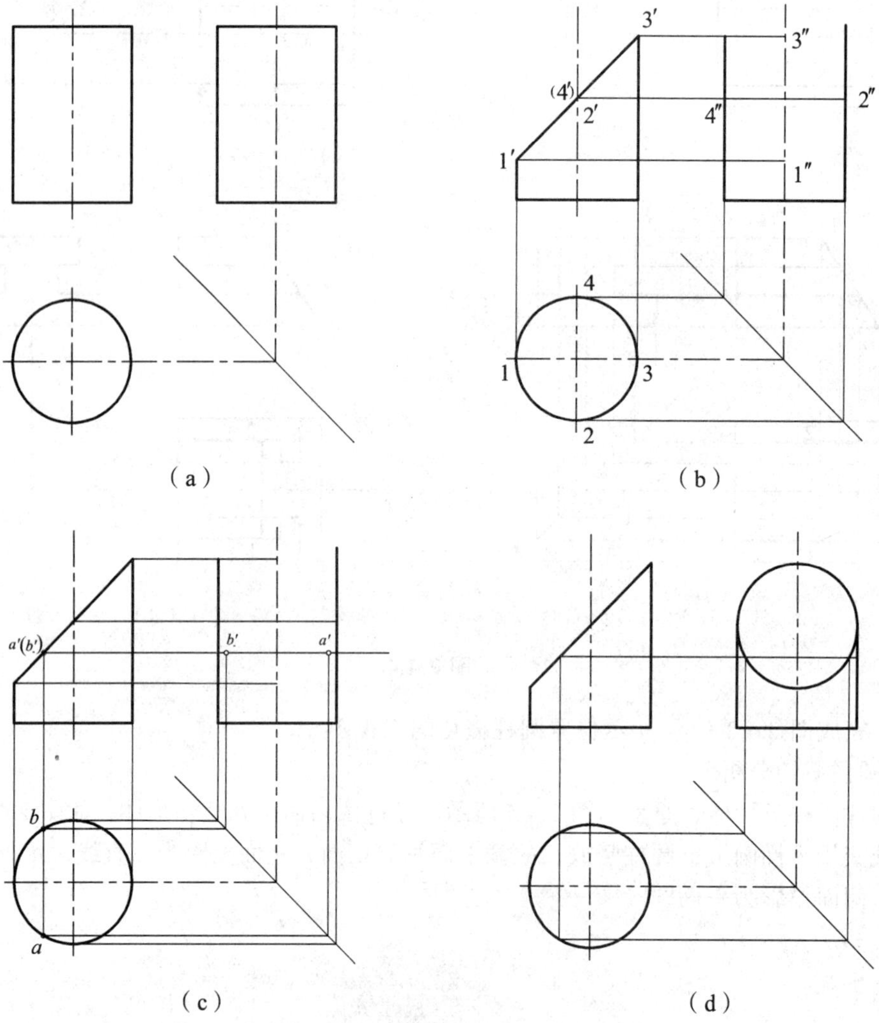

（a） （b） （c） （d）

图 2.4.6

（3）完成图 2.4.2（c）所示位置半球截切的三视图。

① 球体截切分析。

该形体的原型是球体，截切一半成为半球，如图 2.4.7 所示，在此基础上开一方槽而成。左右对称的两侧平面和水平面与球面的交线均为圆弧，截平面彼此相交的交线为直线。

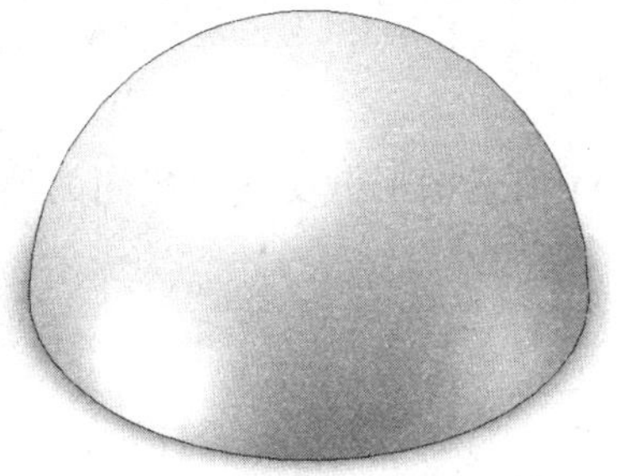

图 2.4.7

② 作图步骤。

◆ 画出半球的三视图，如图 2.4.8（a）所示。

◆ 完成侧平面的投影。因其边界由平行于侧面的圆弧和直线构成，可由正面投影作出侧面投影，水平投影根据投影关系完成，如图 2.4.8（b）所示。

◆ 完成水平面的投影。因其边界由平行于水平面的圆弧和直线构成，可由正面投影作出水平面投影，如图 2.4.8（c）所示。

◆ 注意侧面投影球体的轮廓线。由于切槽范围内的部分已不存在，所以最终的结果如图 2.4.8（d）所示。

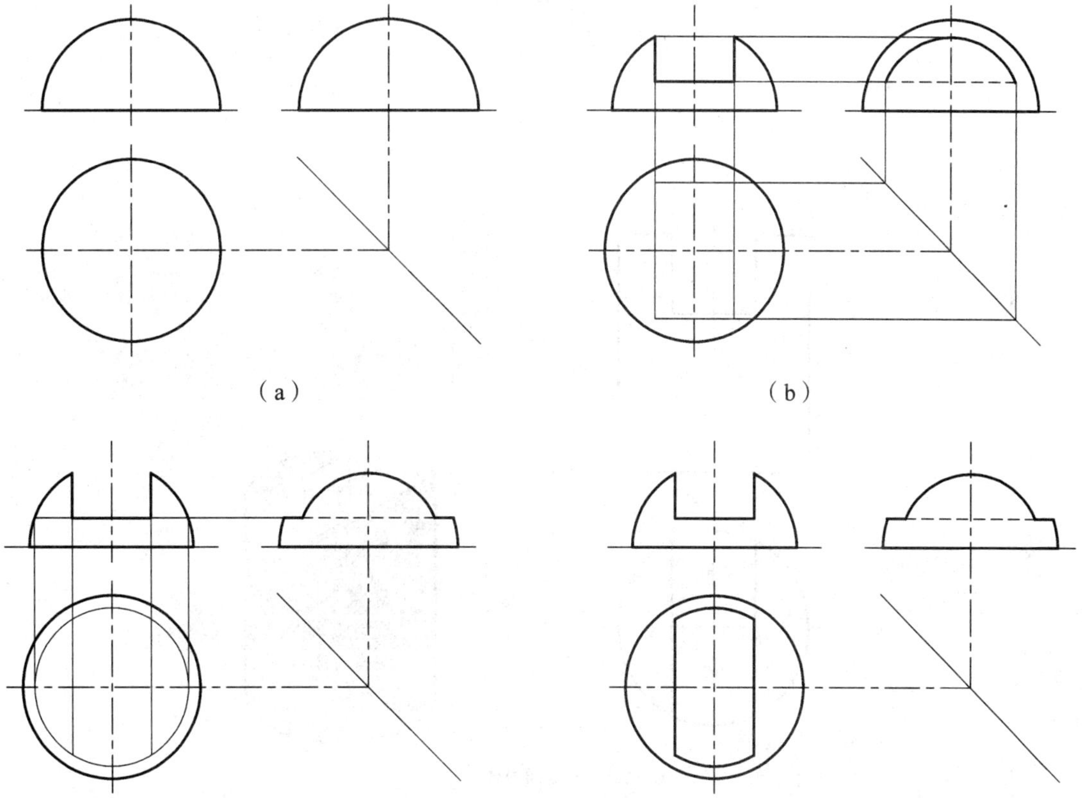

（a）　（b）　（c）　（d）

图 2.4.8

【拓展训练】

完成图 2.4.9、2.4.10、2.4.11 所示图形截交线投影图的绘制。

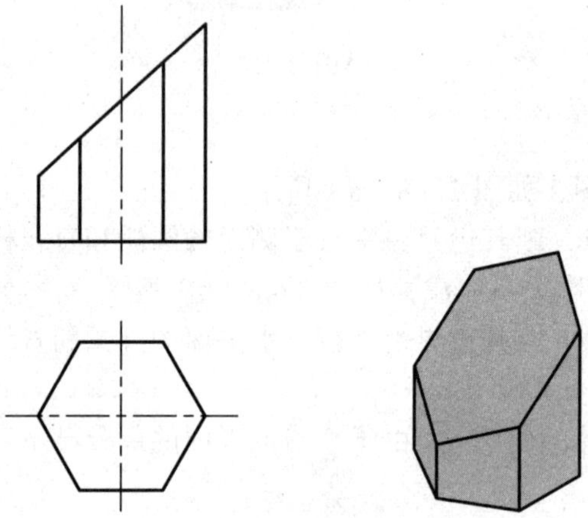

图 2.4.9

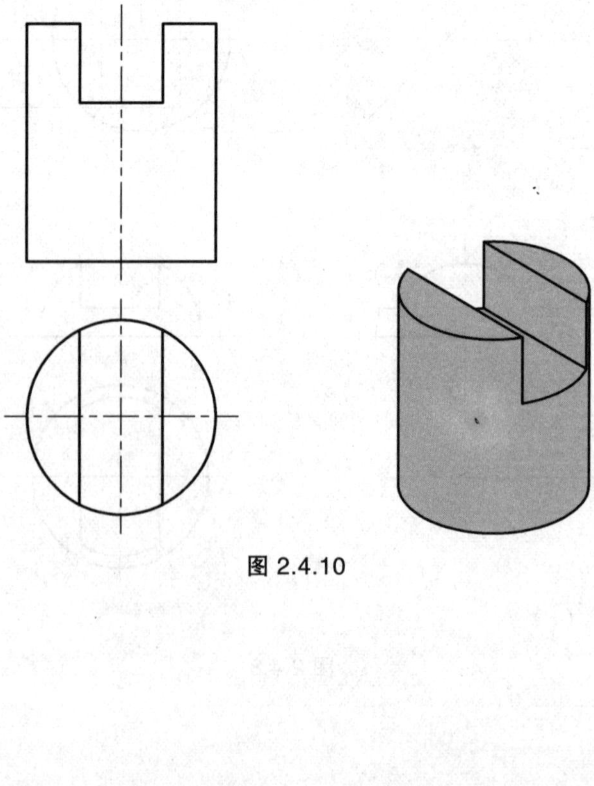

图 2.4.10

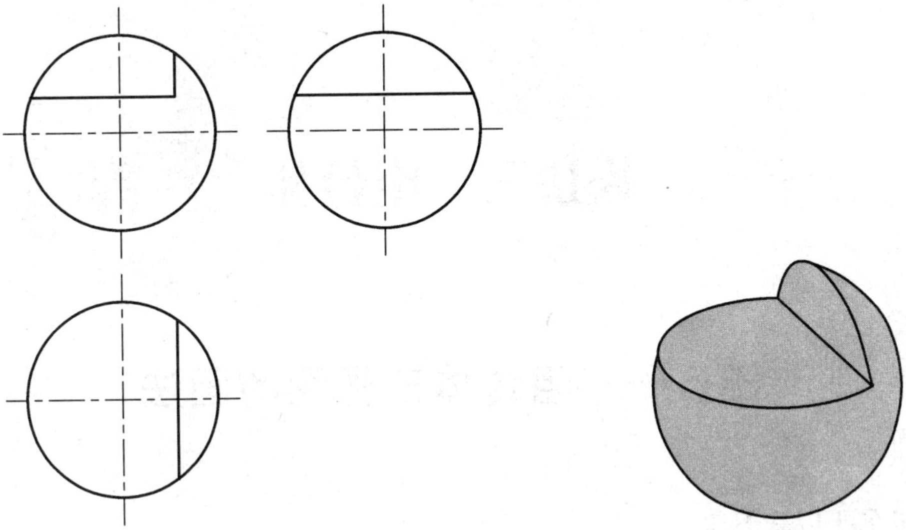

图 2.4.11

模块三　组合体

任务一　组合体三视图的画法

【任务目标】

（1）能够合理选择形体的三视图投影面。
（2）能够用平面图形（三视图）表达出立体的结构形状。

【任务分析】

要完成形体的三视图绘制，必须了解该形体的结构是由几个部分组成及各部分的组合形式。

【应知应会】

一、组合体分析

根据组合体的形状，将其分解成若干部分，弄清楚各部分的形状和它们的相对位置及组合方式，分别画出各部分的投影。

二、组合体的组合方式

1. 叠　加

（1）当两形体表面不平齐时，中间应该画线，如图 3.1.1（a）所示。
（2）当两形体表面平齐时，中间不应该画线，如图 3.1.1（b）所示。

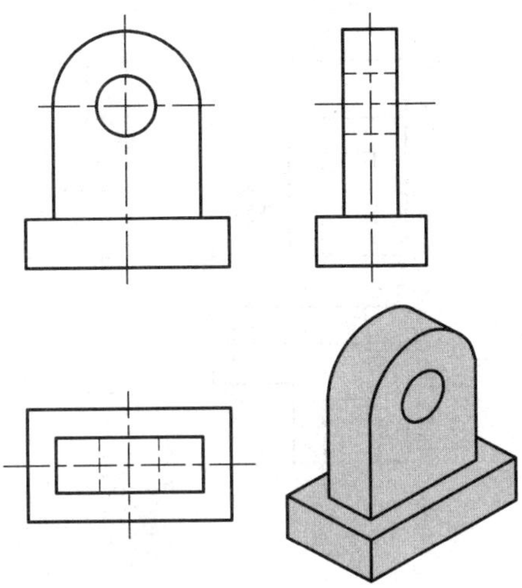

（a）表面不平齐的叠加

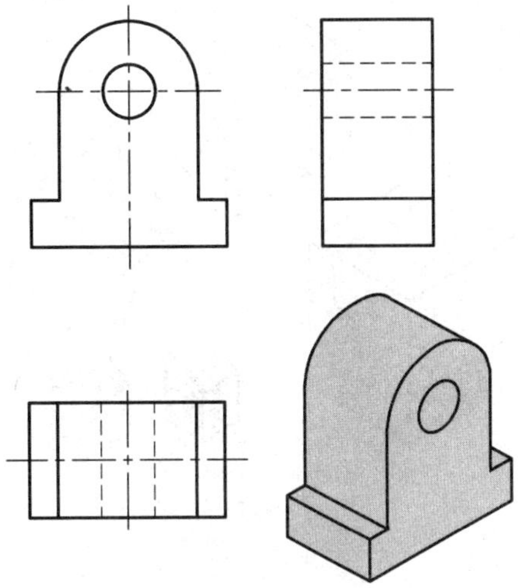

（b）表面平齐的叠加

图 3.1.1

2. 相　切

两形体表面相切时，相切处不画线；相邻平面的投影应画到切点处，如图 3.1.2 所示。

3. 相　交

两形体相交时，在相交处应画出交线，如图 3.1.3 所示。

4. 切　割

图 3.1.4 所示的形体，可看成是长方体经过切割形成的。画图时，可先画出完整的长方体的三视图，然后逐个画出被切割部分的投影。

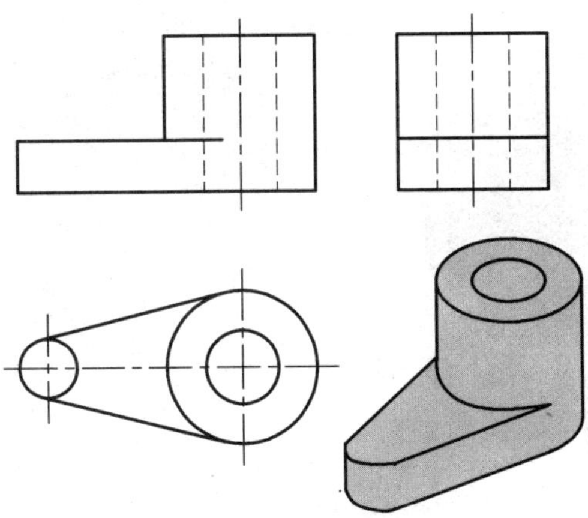

图 3.1.2　形体相切

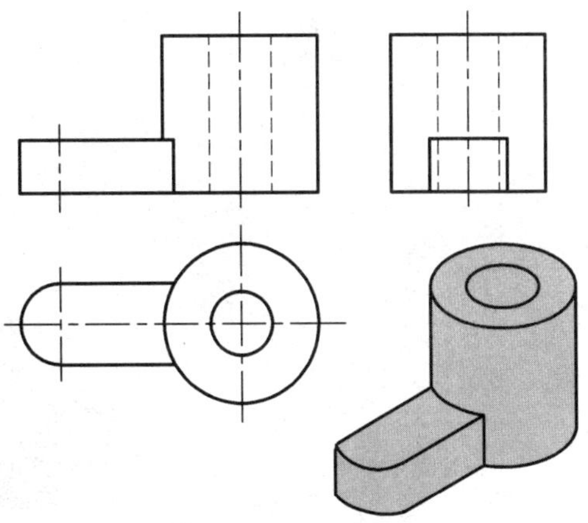

图 3.1.3　形体相交

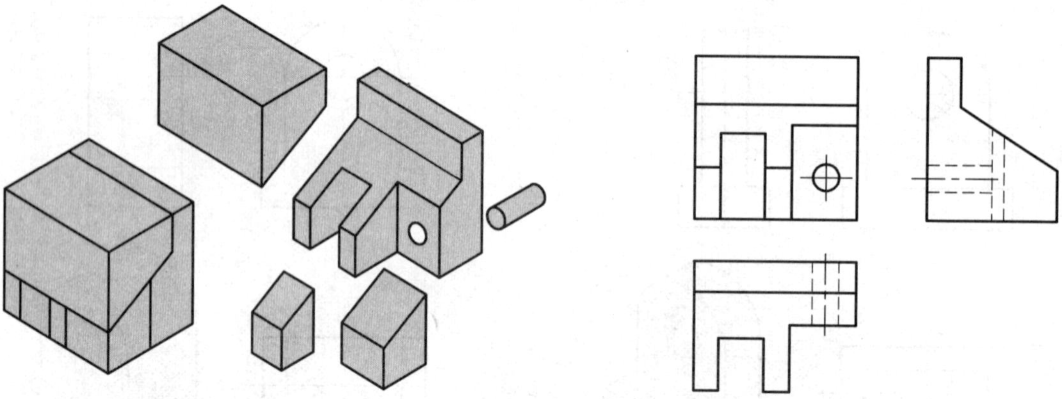

图 3.1.4

三、组合体视图的绘图步骤及要领

（1）对组合体进行形体分解，分析其组成形式——分块；
（2）弄清各部分的形状及其相对位置关系；
（3）按照各块的主次和相对位置关系，逐个画出它们的投影；
（4）分析并正确表示各部分形体之间的表面过渡关系；
（5）检查视图并加深线条。

【任务实施】

一、任务条件

选择合适的投影面，按视图投影关系，画出图 3.1.5 所示形体的三视图。

图 3.1.5

二、任务实施步骤

（1）进行形体分析。分析形体是由几个部分组成及其组成结构形式，如图 3.1.6 所示。

（2）布置视图，画出作图基准线，如图 3.1.7 所示。

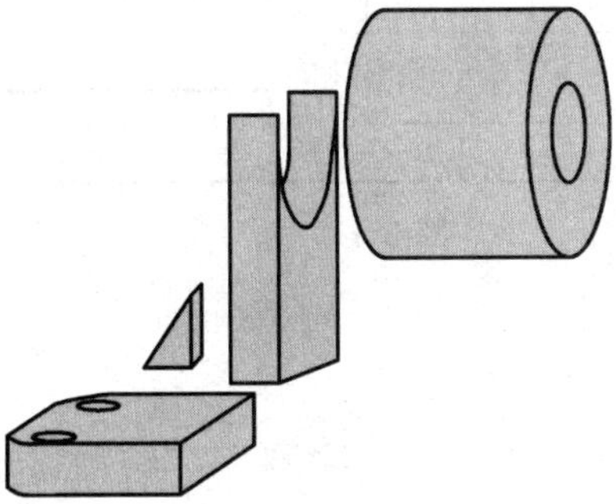

图 3.1.6

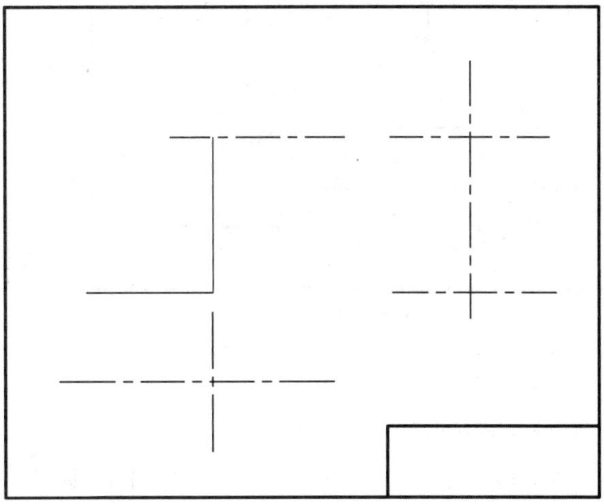

图 3.1.7

（3）画出底板轮廓线，如图 3.1.8 所示。

（4）画出圆柱三视图投影，如图 3.1.9 所示。

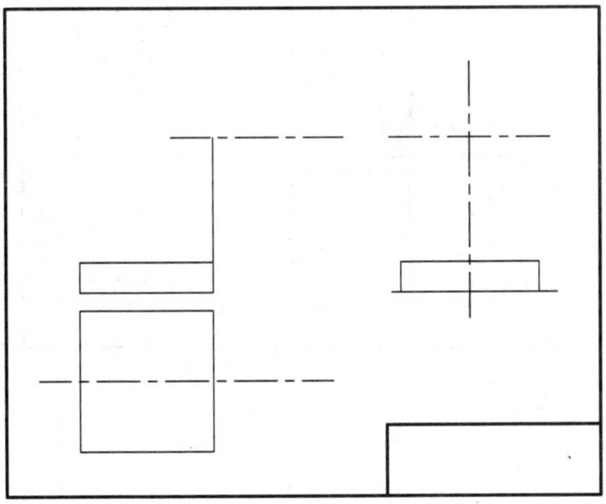

图 3.1.8

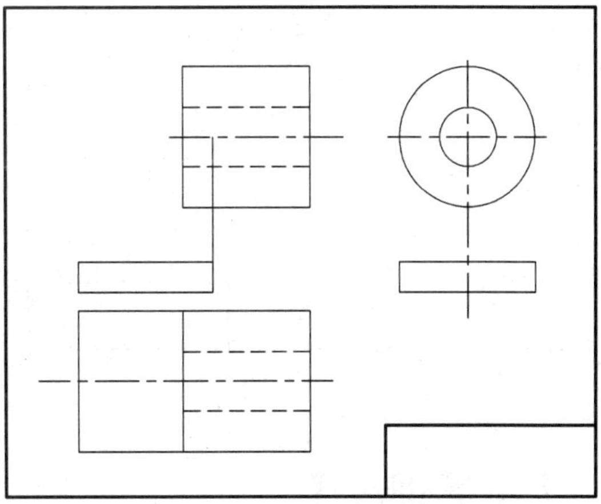

图 3.1.9

（5）画出支承板的三视图投影，如图 3.1.10 所示。

（6）画出筋板的三视图投影，如图 3.1.11 所示。

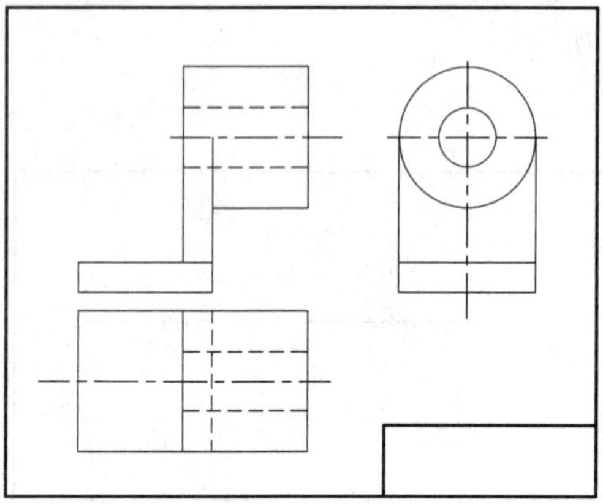

图 3.1.10

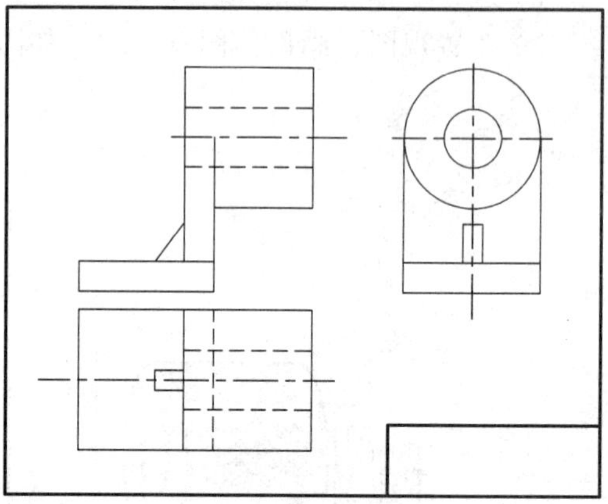

图 3.1.11

（7）补画细节部分，如图 3.1.12 所示。

（8）检查视图并加深线条，如图 3.1.13 所示。

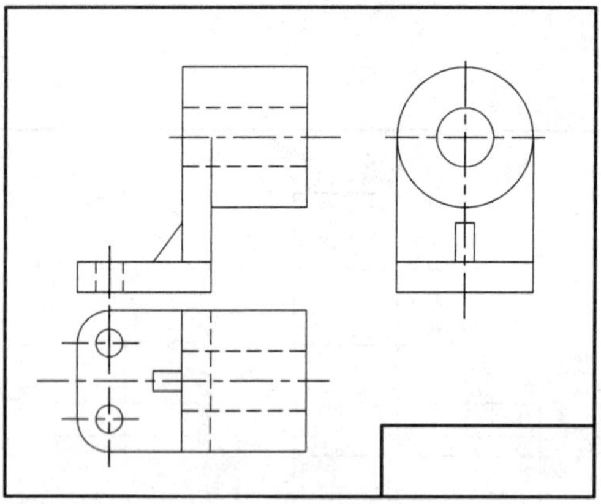

图 3.1.12

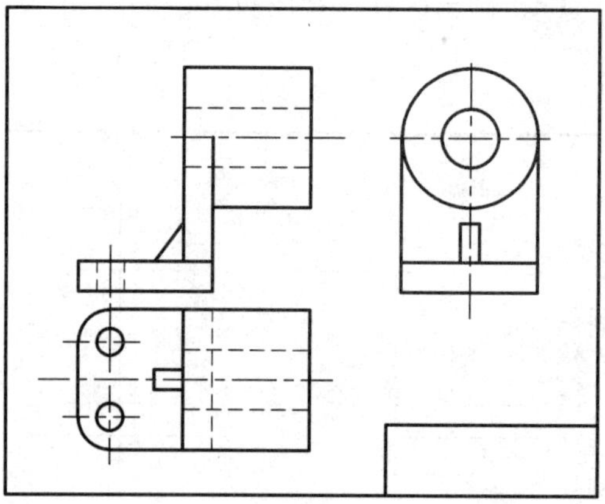

图 3.1.13

【拓展训练】

按尺寸要求，选择合适的比例关系，在 A4 图纸上画出图 3.1.14、3.1.15、3.1.16 所示形体的三视图。

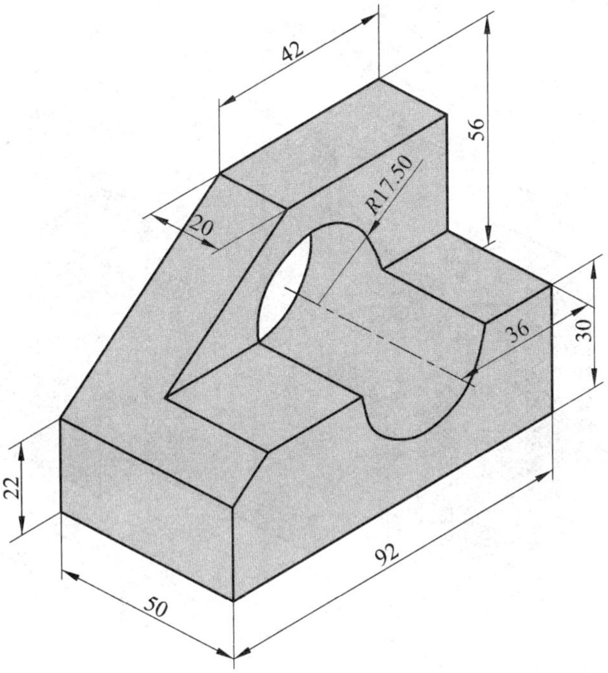

图 3.1.14

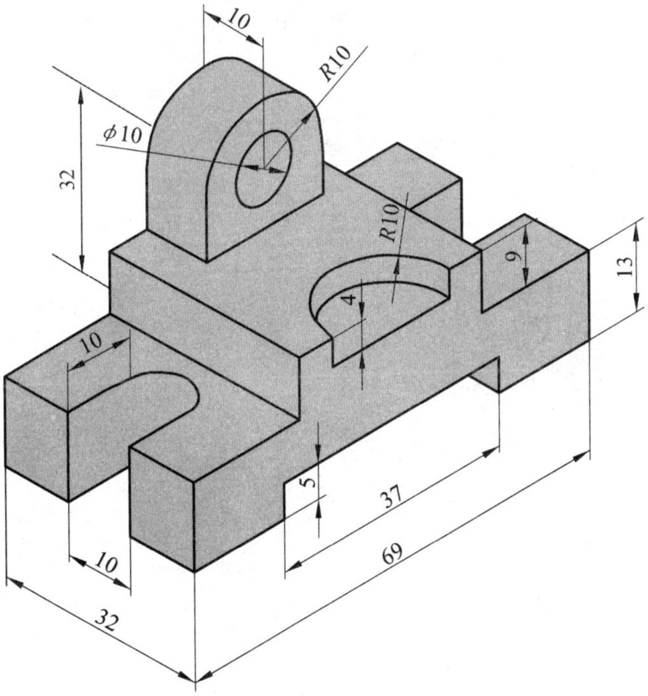

图 3.1.15

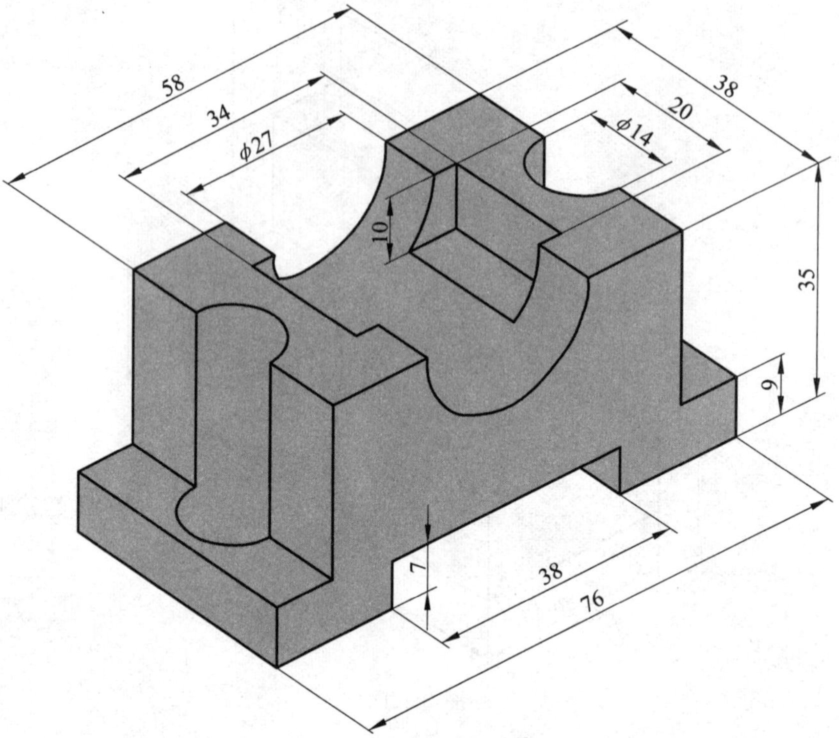

图 3.1.16

任务二　组合体三视图的尺寸标注

【任务目标】

（1）能够按视图的投影关系，正确地画出组合体的三视图。
（2）能够在平面图形上正确、完整、清晰地标注出组合体尺寸。

【任务分析】

要完成组合体的三视图绘制，必须了解该形体的结构组成形式及尺寸标注的相关规定。

【应知应会】

一、组合体尺寸标注的基本要求

（1）标注正确：标注要符合国家标准的有关规定。
（2）标注完全：标注出制造零件所需要的全部尺寸，不遗漏，不重复。
（3）标注清晰：尺寸布置要整齐、清晰，便于阅读。
（4）标注合理：标注的尺寸要符合设计要求及工艺要求。

二、标注尺寸的基本规则

（1）尺寸数值为零件的真实大小，与绘图比例及绘图的准确度无关。
（2）通常以毫米为单位，如采用其他单位时，则必须注明单位名称。
（3）图中所注尺寸为零件完工后的尺寸。
（4）每个尺寸一般只标注一次，并应标注在最能清晰地反映该结构特征的视图上。
（5）尺寸配置要合理，具体应做到以下要求：
① 功能尺寸应直接标注出来。
② 同一要素的尺寸应尽可能集中标注，如孔的直径和深度、槽的深度和宽度等。
③ 尽量避免在不可见的轮廓线上标注尺寸。

三、组合体的尺寸标注方法

将组合体分解为若干个基本体和简单体，在形体分析的基础上标注三类尺寸。

1. 定形尺寸

确定各基本体形状和大小的尺寸（长、宽、高三个方向的大小尺寸）。

2. 定位尺寸

确定各基本体之间相对位置的尺寸。

要标注定位尺寸，必须先选定尺寸基准。零件有长、宽、高三个方向的尺寸，每个方向至少要有一个基准，如图 3.2.1 所示。

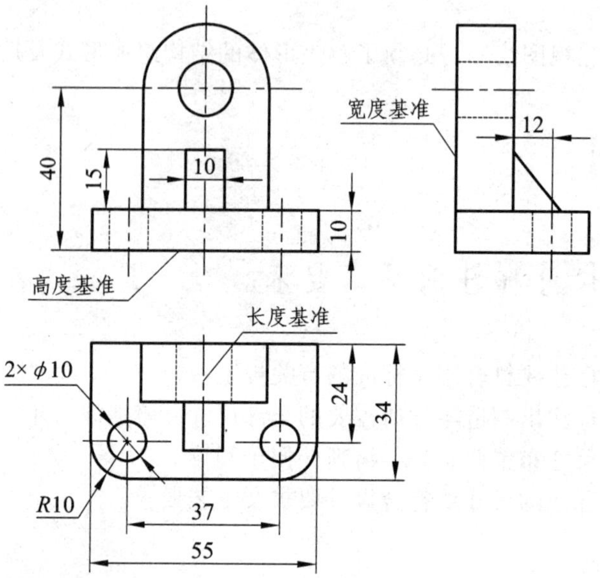

图 3.2.1 尺寸标注

3. 总体尺寸

组合体外形大小的长、宽、高三个方向的最大尺寸。

总体尺寸、定位尺寸、定形尺寸可能重合，这时需作调整，以免出现多余尺寸，如图 3.2.1 所示。

【知识链接】

（1）一些常见形体的定形尺寸如图 3.2.2 所示。

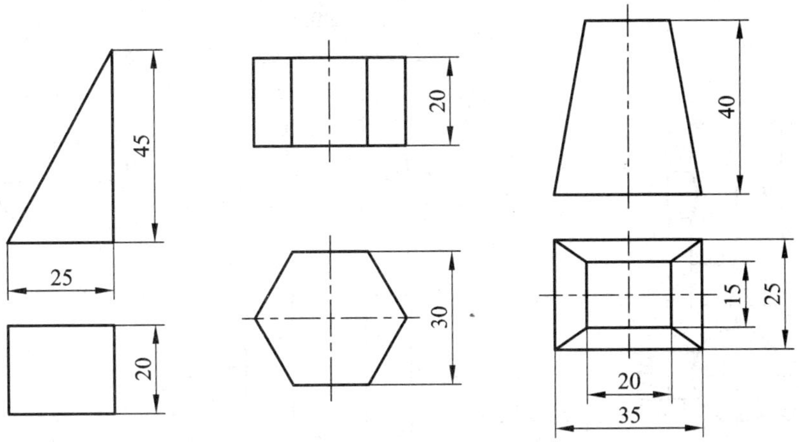

（a）基本平面立体的尺寸标注

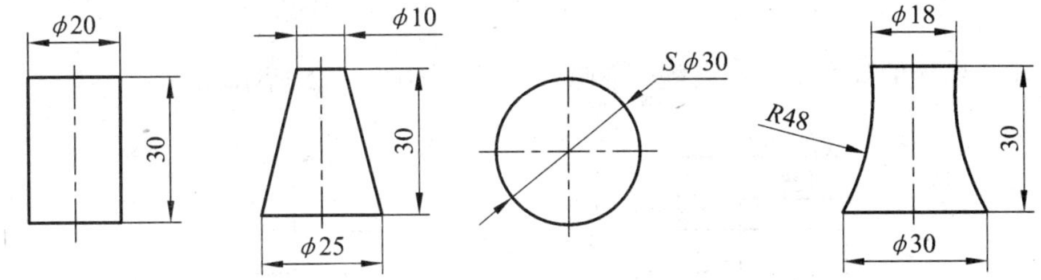

（b）基本曲面立体的尺寸标注

图 3.2.2

（2）一些常见形体的定位尺寸如图 3.2.3 所示。

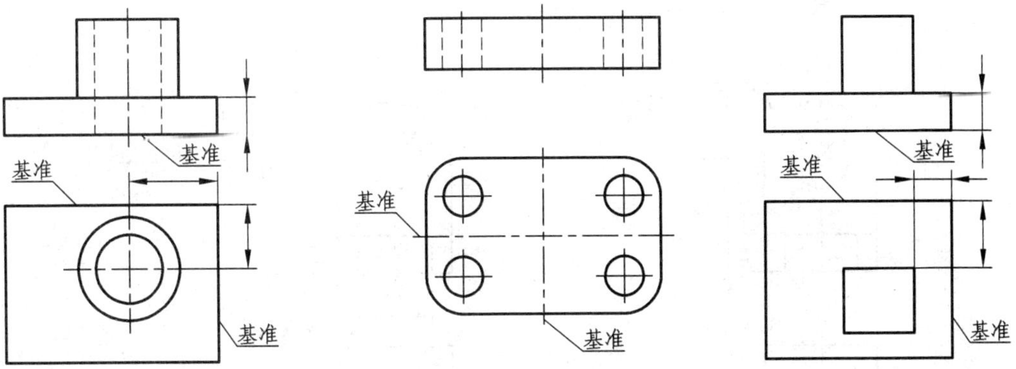

圆柱体的定位尺寸　　一组孔的定位尺寸　　立方体的定位尺寸

图 3.2.3　常见形体的定位尺寸

（3）不能在截交线和相贯线上直接标注尺寸，如图 3.2.4 所示。

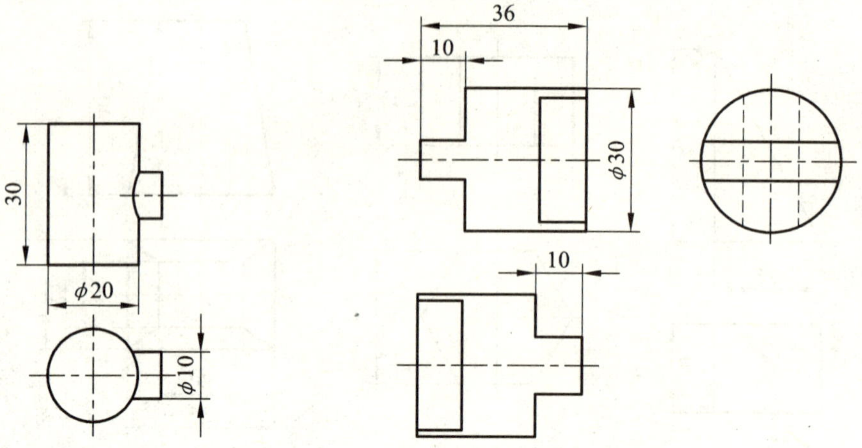

（a）　　　　　　　　　　　　（b）

图 3.2.4

（4）尺寸标注的基本要求：完整、清晰、合理，如图 3.2.5 所示。

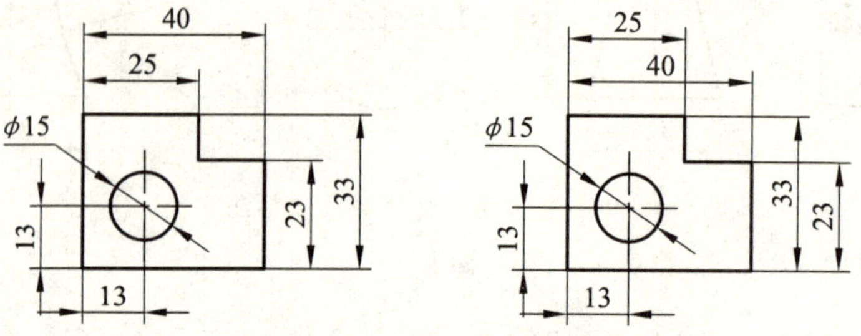

好　　　　　　　　　　不好

（a）尺寸标注要清晰

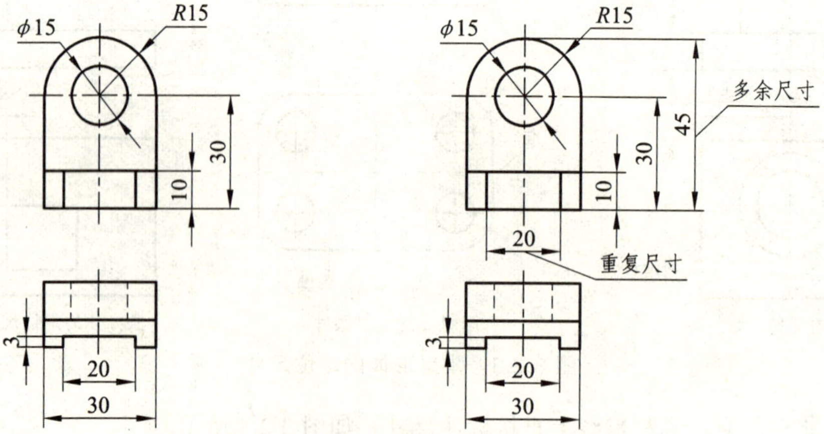

（b）尺寸标注要完整

图 3.2.5

【任务实施】

一、任务条件

选择合适的投影面，按视图投影关系，在A4图纸上画出图3.2.6所示形体的三视图，并标注出相关尺寸。

二、任务实施步骤

（1）选择图纸方向和适当的绘图比例，布置视图，画出作图基准线，如图3.2.7所示。

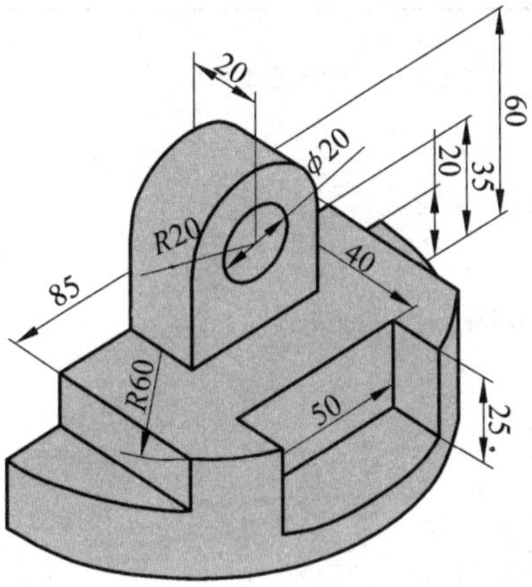

图 3.2.6

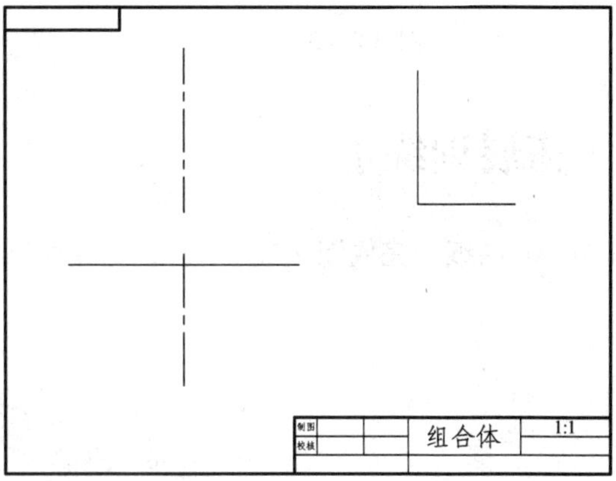

图 3.2.7

（2）画出底座的三视图投影，如图3.2.8所示。

（3）画出支座的三视图投影，如图3.2.9所示。

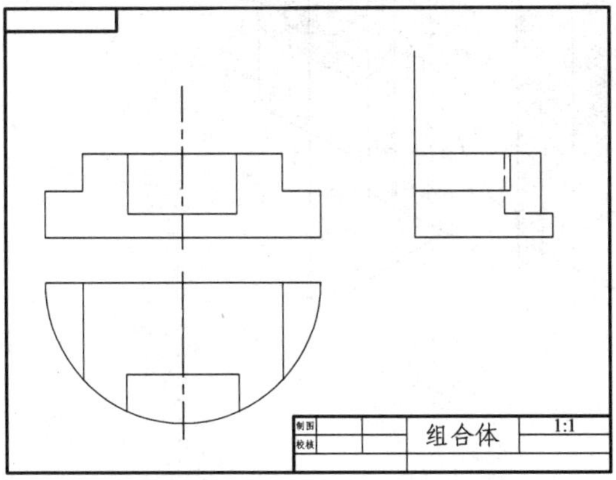

图 3.2.8

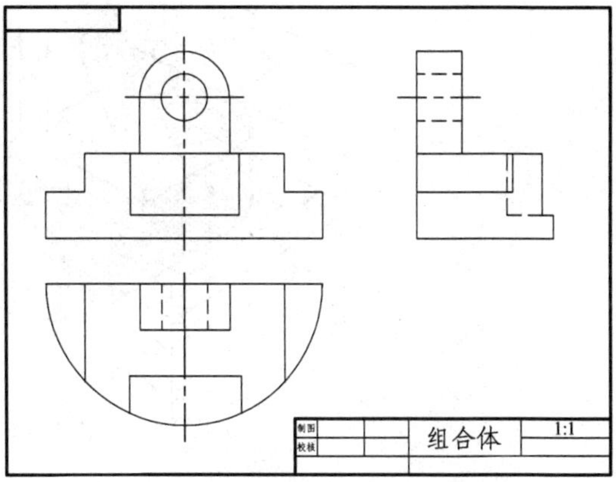

图 3.2.9

（4）检查三视图，并加深线条，如图 3.2.10 所示。

（5）按尺寸标注的要求标注尺寸，完成视图，如图 3.2.11 所示。

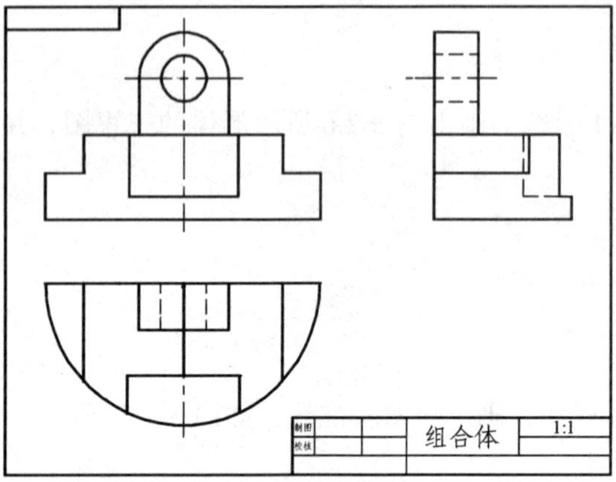

图 3.2.10

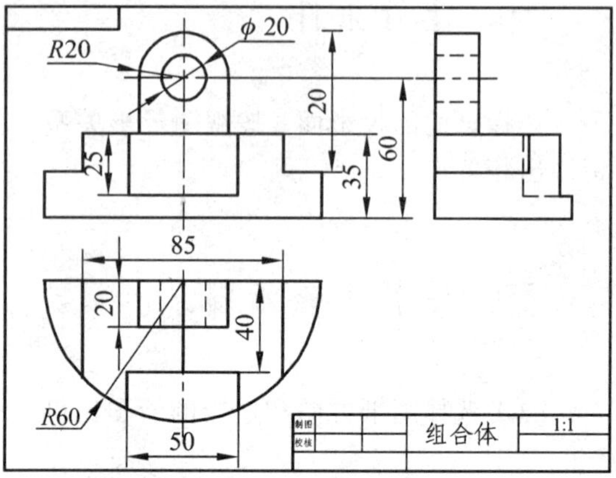

图 3.2.11

【拓展训练】

在 A4 图纸上完成图 3.2.12、3.2.13 所示组合体的三视图，并进行尺寸标注。

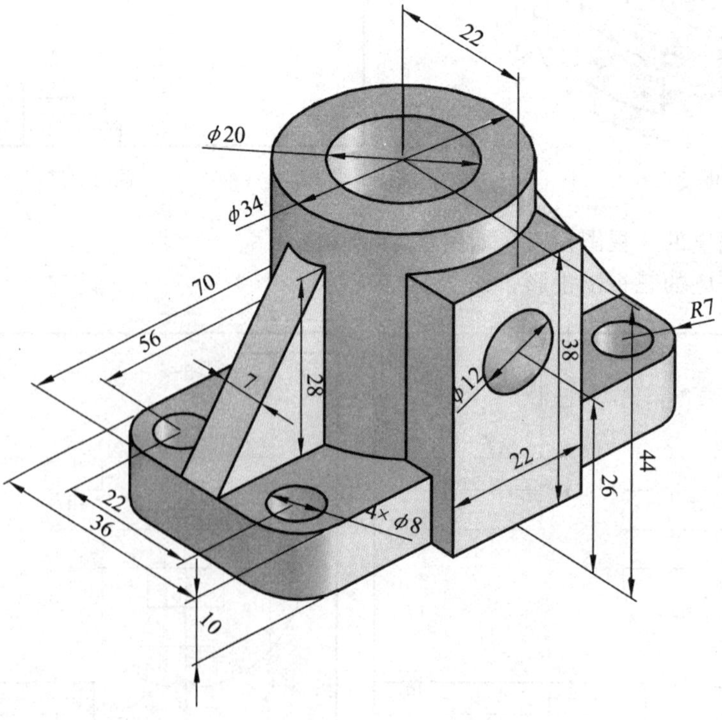

图 3.2.12

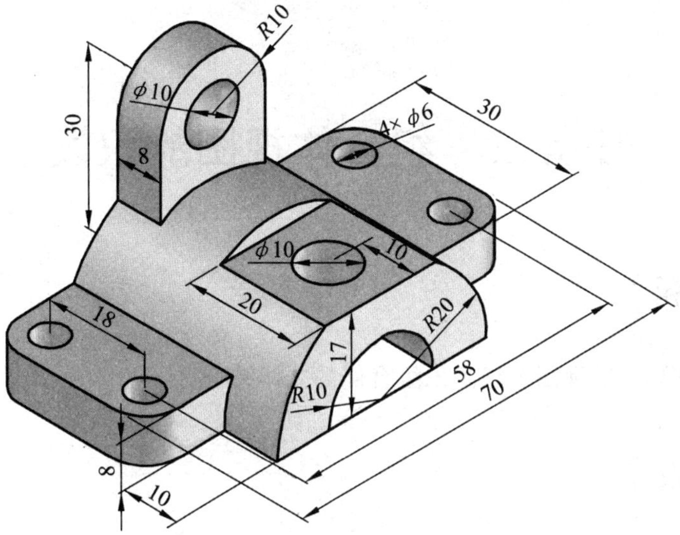

图 3.2.13

任务三　组合体视图的识读

【任务目标】

能够由平面图形（三视图）想象出组合体的立体结构。

【任务分析】

要能够由平面图形（三视图）想象出立体结构，必须了解组合体视图的识读方法。

【应知应会】

组合体视图的识读，是画图的逆过程。也就是说，看图的实质，就是通过这种“逆向”、“正向”的反复交叉的思维活动，经过分析、判断、想象，在头脑中呈现物体立体形象的过程。

一、看图时需要注意的几个问题

（1）要把几个视图联系起来进行分析，如图 3.3.1 所示。

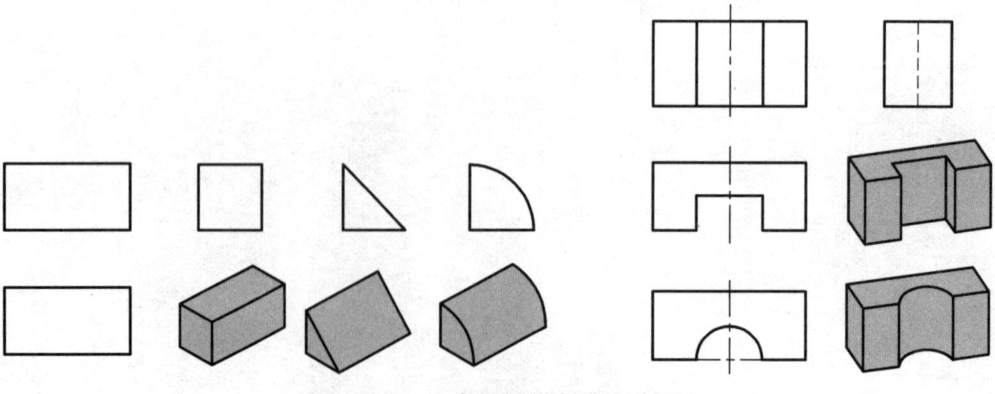

图 3.3.1　几个视图配合看图示例

（2）要注意抓特征视图。

① 形状特征视图——最能反映物体形状特征的那个视图，如图 3.3.2 所示。

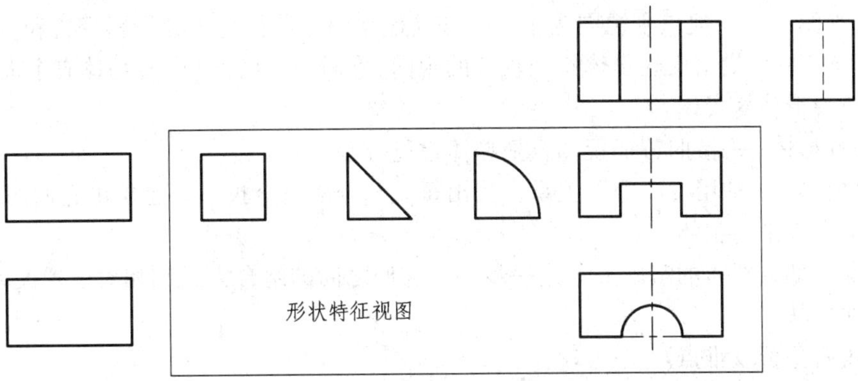

图 3.3.2　形状特征明显的视图

② 位置特征视图——最能反映物体位置特征的那个视图，如图 3.3.3 所示。

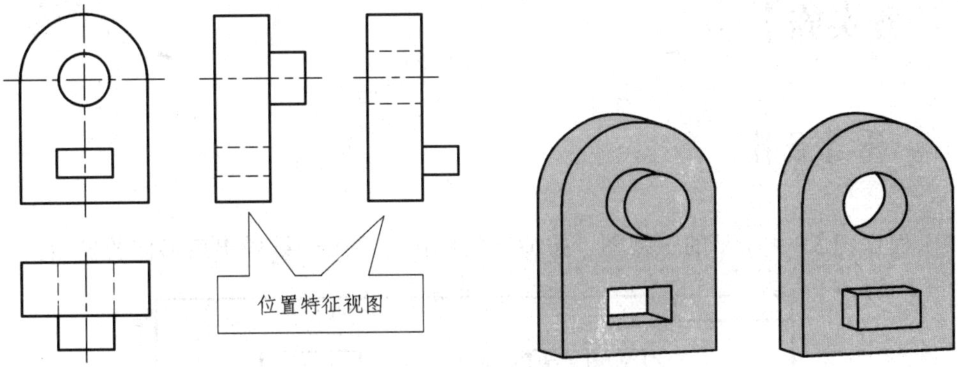

图 3.3.3　位置特征明显的视图

二、看图的方法和步骤

1. 看图的方法

（1）形体分析法。

形体分析法是看图的基本方法。看图时通过对图形进行分解，搞清楚物体的组成部分及彼此间的衔接形式，然后进行综合，才能想象出物体的正确形状。

（2）线面分析法。

将物体的表面进行分解，弄清各个表面的形状和相对位置的分析方法，称为线面分析法。

运用线面分析法看图，就是以线框分析为基础，通过分析“面”的形状和位置来想象物体的形状。线面分析法常用于分析视图中局部投影复杂之处，作为形体分析法的补充。

2. 看图的步骤

（1）看视图抓特征。

① 看视图—— 一般以主视图为主，配合其他视图，进行初步的投影分析和空间分析。

② 抓特征——找出反映物体特征较多的视图，在较短的时间里，对物体有个大概的了解。

（2）分解形体对投影。

① 分解形体——参照特征视图，把形体进行分解。

② 对投影——利用“三等”关系，找出每一部分的三个投影，想象出它们的形状。

（3）综合起来想整体。

在看懂每部分形体的基础上，进一步分析它们之间的组合方式和相对位置关系，从而想象出整体的形状。

（4）线面分析攻难点。

一般情况下，形体清晰的零件，用上述形体分析方法看图就可以解决；但对于一些较复杂的零件，特别是由切割体组成的零件，单用形体分析法还不够，还需采用线面分析法。

【任务实施】

一、任务条件

（1）根据图 3.3.4 所示的三视图，按适当的比例，用吹塑纸做出该形体的模型。

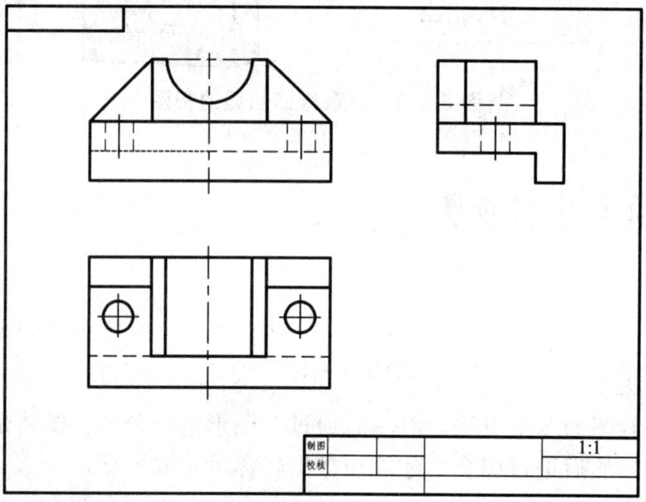

图 3.3.4

（2）准备好吹塑纸、剪刀、胶带、裁纸刀、绘图工具。

二、任务实施步骤

（1）分解形体，利用“三等”关系，找出每一部分的三个投影，想象出它们的形状。

① 左视图比较能反映出底座的形体特征，再结合主视图和俯视图，分析出底座的形体结构，如图 3.3.5 所示。

② 主视图比较能反映出支座的形体特征，再结合左视图和俯视图，分析出支座的形体结构，如图 3.3.6 所示。

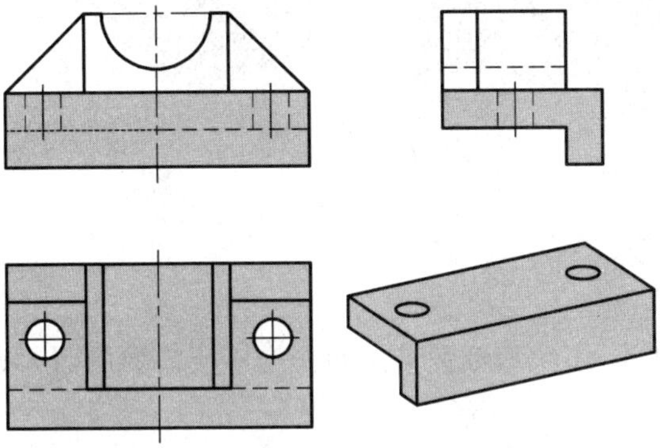

图 3.3.5　底座的结构

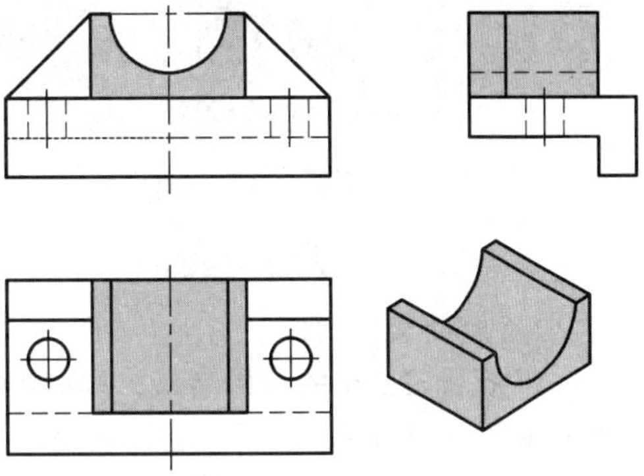

图 3.3.6　支座的结构

③ 主视图比较能反映出筋板的形体特征，再结合左视图和俯视图，分析出筋板的形体结构，如图 3.3.7 所示。

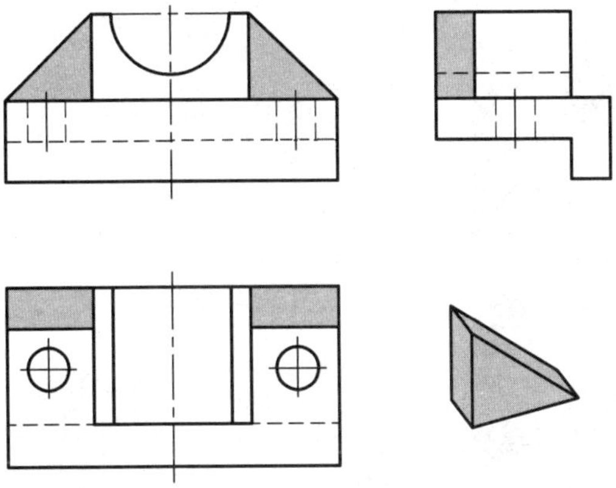

图 3.3.7　筋板的结构

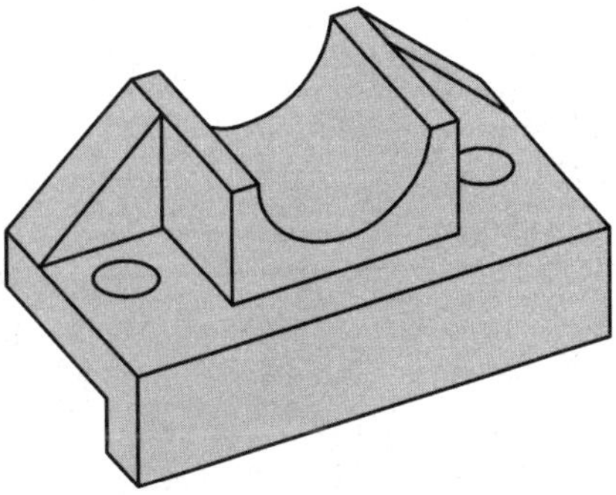

图 3.3.8　形体结构

（2）分析各部分之间的组合方式和相对位置关系，从而想象出整体的形状，如图 3.3.8 所示，并用吹塑纸做出该形体。

① 底座的实体制作：

a. 根据图 3.3.5 的分析结果，按适当的比例，用吹塑纸裁剪出制作底座所需要的面，如图 3.3.9（a）所示。

b. 按照各个面的相对位置关系，用胶带在吹塑纸的背面把所有能粘接的面连接起来，以保证下一道工序能够正常完成，如图 3.3.9（b）所示。

c. 把吹塑纸翻到正面，按照各个面的相对位置关系，用胶带加以固定，完成底座的制作，如图 3.3.9（c）所示。

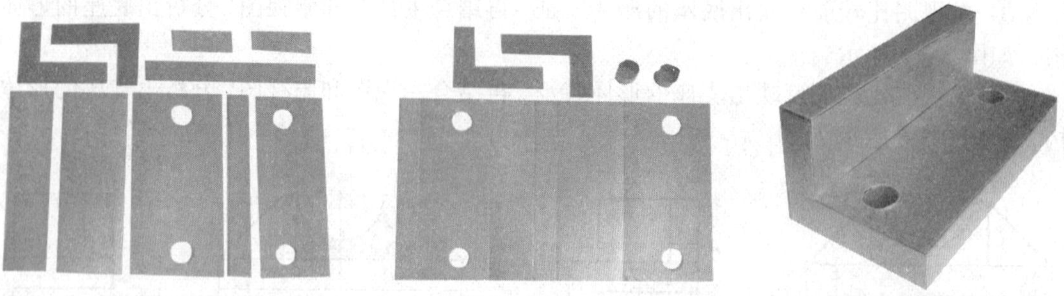

（a）　　（b）　　（c）

图 3.3.9

② 支座的实体制作：

a. 根据图 3.3.6 的分析结果，按适当的比例，用吹塑纸裁剪出制作支座所需要的面，如图 3.3.10（a）所示。

b. 按照各个面的相对位置关系，用胶带在吹塑纸的背面把所有能粘接的面连接起来，以保证下一道工序能够正常完成，如图 3.3.10（b）所示。

c. 把吹塑纸翻到正面，按照各个面的相对位置关系，用胶带加以固定，完成支座的制作，如图 3.3.10（c）所示。

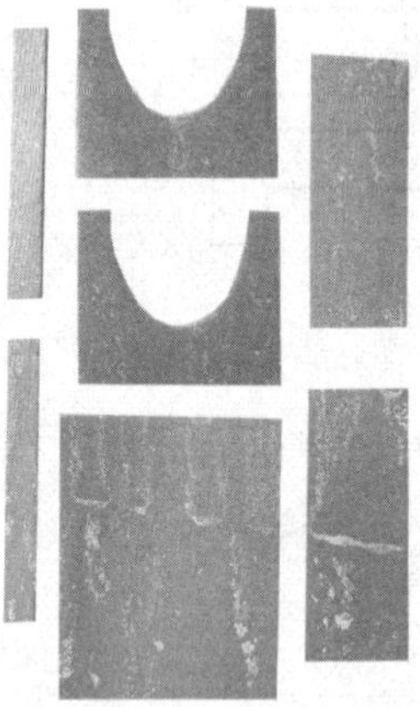

（a）

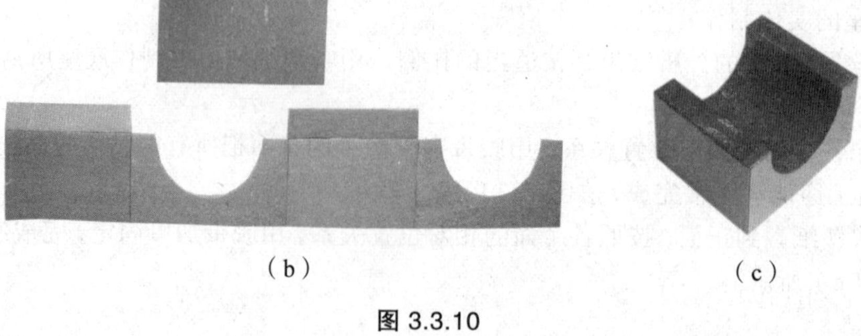

（b）　　（c）

图 3.3.10

③ 筋板的实体制作：

a. 根据图 3.3.7 的分析结果，按适当的比例，用吹塑纸裁剪出制作筋板所需要的面，如图 3.3.11（a）所示。

b. 按照各个面的相对位置关系，用胶带在吹塑纸的背面把所有能粘接的面连接起来，以保证下一道工序能够正常完成，如图 3.3.11（b）所示。

c. 把吹塑纸翻到正面，按照各个面的相对位置关系，用胶带加以固定，完成筋板的制作，如图 3.3.11（c）所示。

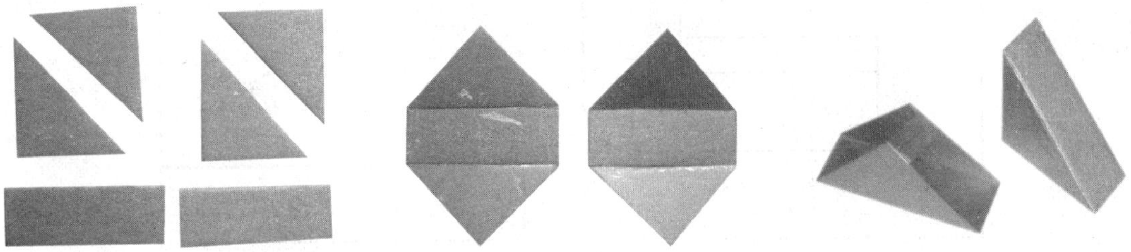

（a）　（b）　（c）

图 3.3.11

④ 把已完成的各部分实体——底座、支座和筋板——按照形体的相对位置关系，用胶带进行固定，完成形体的最后制作，如图 3.3.12 所示。

图 3.3.12

【拓展训练】

根据图 3.3.13 所示组合体三视图，按适当的比例，用吹塑纸做出该形体的模型。

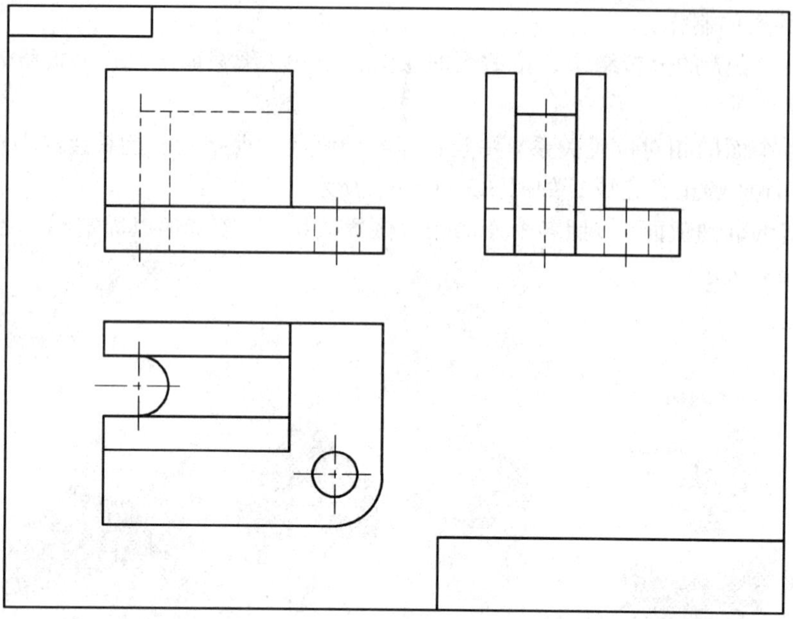

（a）

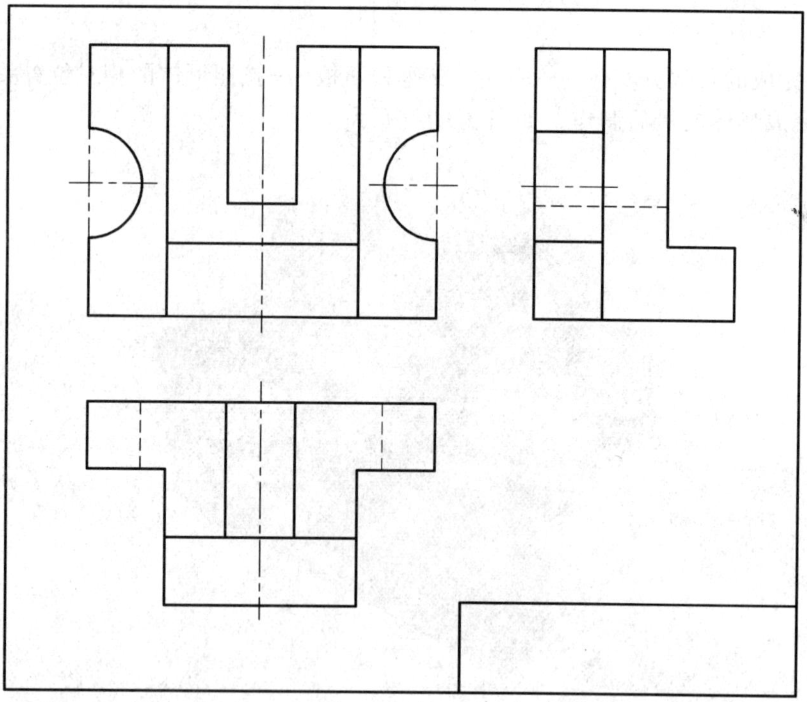

（b）

图 3.3.13　组合体三视图

任务四　组合体的实体制作

【任务目标】

能够利用 SolidWorks 软件按尺寸要求制作出组合体的实体。

【任务分析】

要能够制作出组合体的实体结构，必须能看懂组合体的结构示意图，并且能够熟练应用 SolidWorks 软件的常用命令。

【任务实施】

一、任务条件

试利用 SolidWorks 软件，按图示尺寸制作出图 3.4.1 所示的组合体。

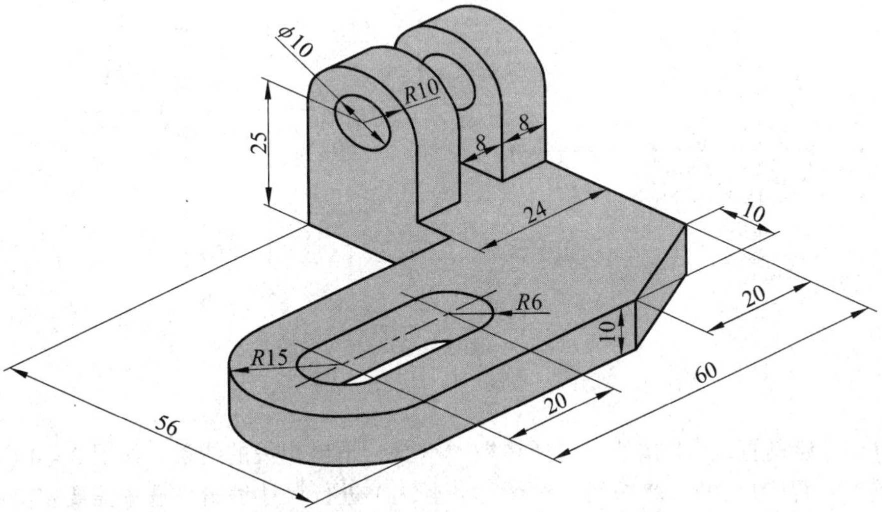

图 3.4.1

二、任务实施

（1）启动 SolidWorks 软件，选择“零件”，进入绘图界面。

（2）根据组合体结构，选择绘图基准面。点选“上视基准面”，单击工具栏“草图绘制”按钮。

① 单击“中心线”按钮，确定草图位置，选择“按绘制原样(S)”及“作为构造线(C)”。

② 在绘图区域的适当位置画出定位尺寸线，如图 3.4.2 所示。

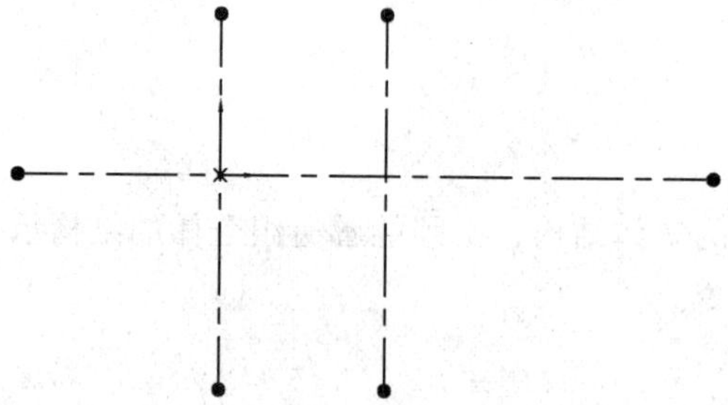

图 3.4.2

③ 单击“绘制圆”按钮，画出 3 个圆；在界面的右上角，单击“绘图工具”按钮，选择“裁剪实体”按钮，再选择“剪裁到最近端(T)”，对图 3.4.3（a）进行编辑，编辑完成后单击。

④ 单击“智能尺寸”按钮，对图 3.4.3（a）进行尺寸编辑。选中需要定义的图线进行尺寸标注，如图 3.4.3（b）所示。

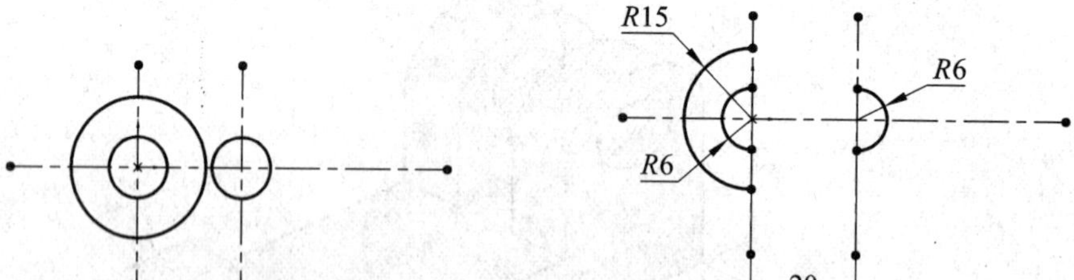

（a）（b）

图 3.4.3

⑤ 单击“绘制直线”按钮，选择“按绘制原样(S)”，画出相关的线条，如图 3.4.4（a）所示。

⑥ 单击“智能尺寸”按钮，对图 3.4.4（a）进行尺寸编辑。选中需要定义的图线进行尺寸标注，如图 3.4.4（b）所示。尺寸编辑完成后单击按钮，完成草图绘制，如图 3.4.4（c）所示。

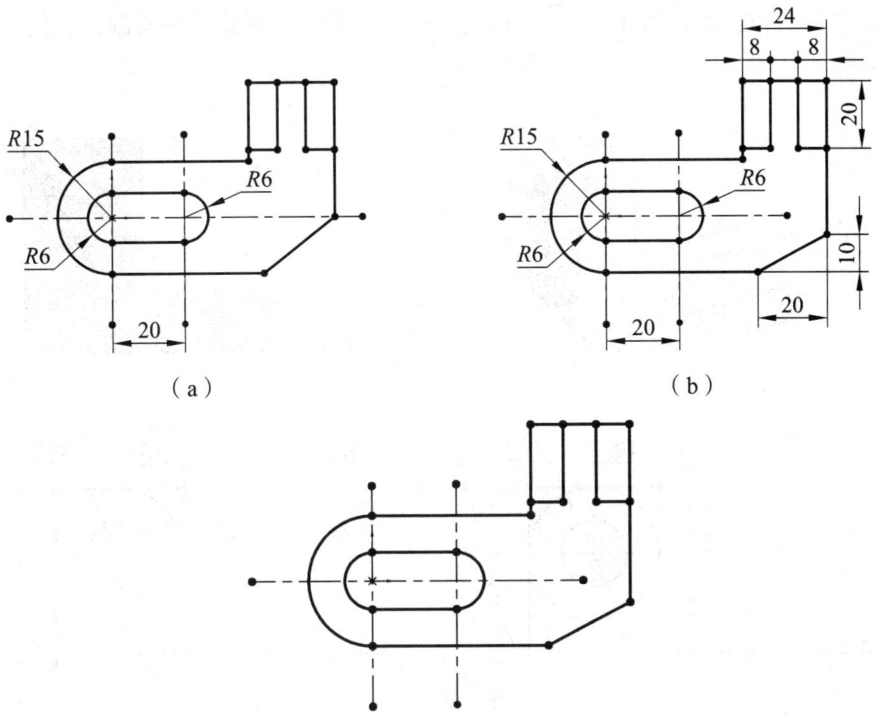

（a）　（b）

（c）

图 3.4.4

（3）形体特征的绘制。

① 单击特征工具栏“拉伸凸台”按钮，选中“草图”，选择“给定深度”，输入“10 mm”，在草图上选择对应的轮廓后，单击，如图 3.4.5（a）所示。

② 单击拉伸前面的“+”按钮，选中“草图”，单击特征工具栏“拉伸凸台”按钮，选择“给定深度”，输入“35 mm”，在右侧的草图上选择需要特征拉伸的轮廓，单击按钮，如图 3.4.5（b）所示。

（a）　（b）

图 3.4.5

③ 在形体上选择一个绘制草图的平面，如图 3.4.6（a）所示；单击下拉菜单，选择“正视于”，得到图 3.4.6（b）所示图形；单击“草图绘制”按钮，在所选平面上进行草图绘制，并进行相关的尺寸定义，得到图 3.4.6（c）所示图形；单击按钮，选择剪裁到最近端(T)，

把多余的线条裁剪掉，如图 3.4.6（d）所示；单击按钮，完成草图绘制，如图 3.4.6（e）所示。

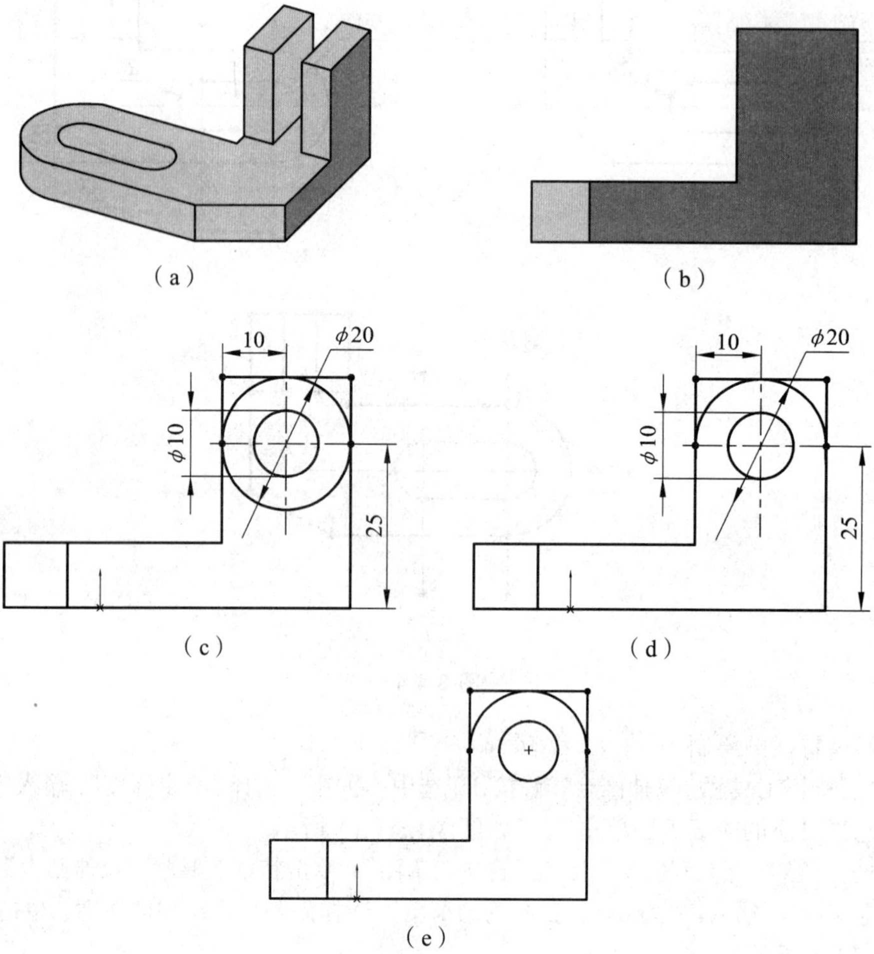

图 3.4.6

④ 单击特征工具栏“拉伸凸台”按钮，选中“草图”，选择“给定深度”，输入“24 mm”，在草图上选择对应的轮廓后，单击按钮，如图 3.4.7 所示。

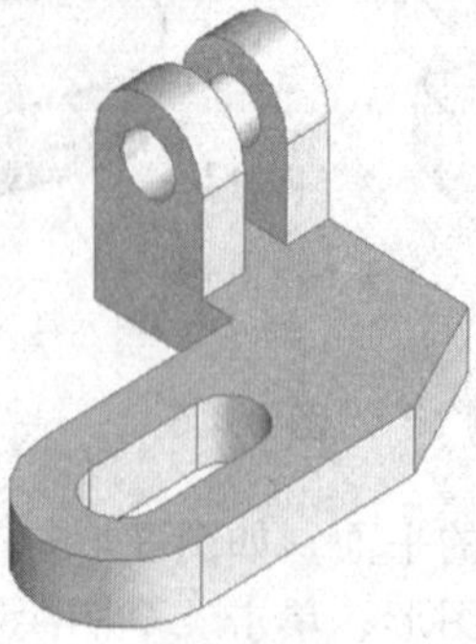

图 3.4.7

【拓展训练】

利用 SolidWorks 软件，按图 3.4.8、3.4.9、3.4.10 所示尺寸制作出这些组合体。

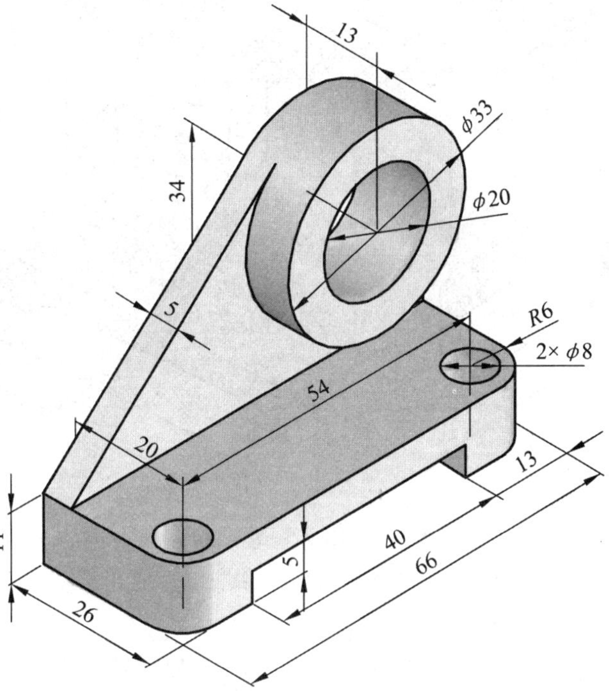

图 3.4.8

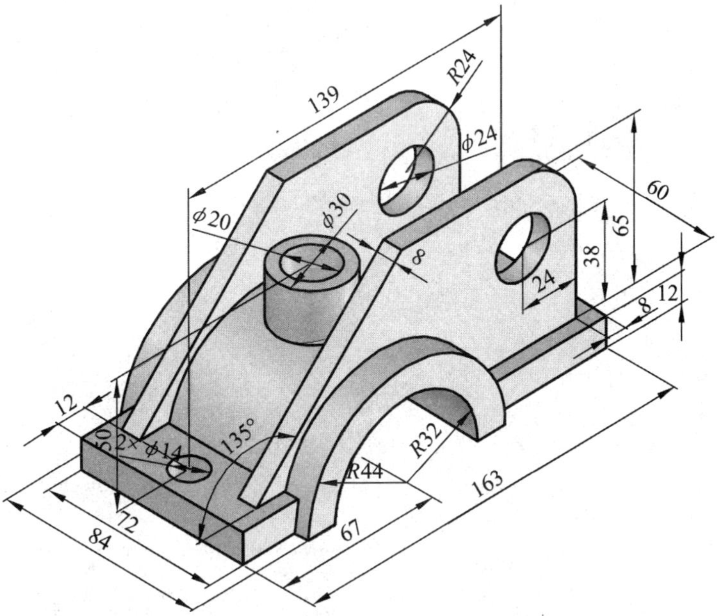

图 3.4.9

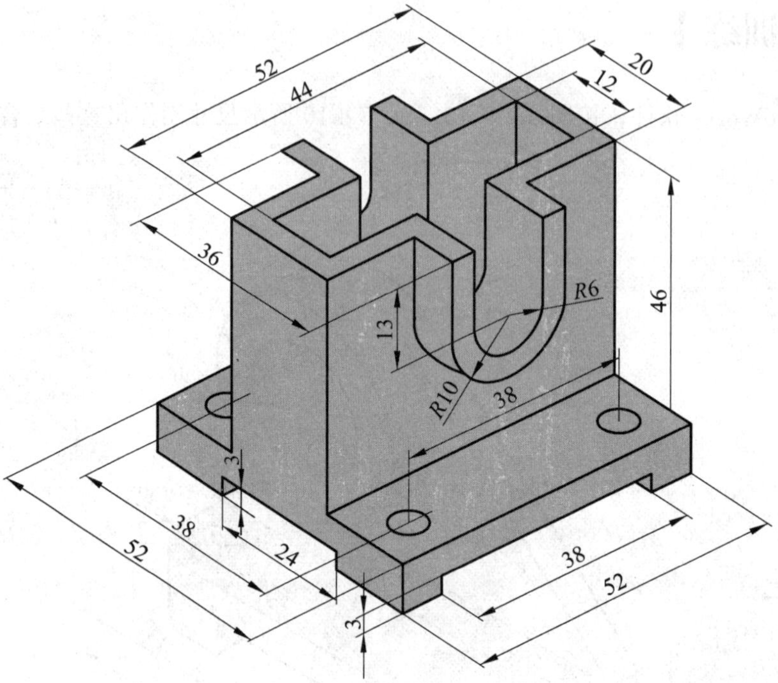

图 3.4.10

模块四　机件的表达

任务一　视图的画法

【任务目标】

（1）握基本视图及向视图的形成及画法。
（2）掌握局部视图和斜视图的画法及标注方法。
（3）能画基本视图及向视图。

【任务分析】

要完成此任务，首先要了解基本视图的形成与配置、向视图的标注、局部视图的画法。

【应知应会】

视图——用正投影法将机件向投影面投射所得的图形。主要用来表达机件的外部结构形状，必要时才用虚线表示出物体的内部形状。视图分为基本视图、向视图、局部视图和斜视图。

一、基本视图的形成及其配置

如图 4.1.1 所示，在原有三个投影面的基础上增加三个投影面——顶面、左侧面和前立面。将机件向六个投影面作正投影，得到机件的六个基本视图：从前向后投影——主视图；从左向右投影——左视图；从上向下投影——俯视图；从右向左投影——右视图；从下向上投影——仰视图；从后向前投影——后视图。

各投影面的展开方法如图 4.1.2 所示，展开后的六个基本视图的配置如图 4.1.3 所示。

投影规律：六个基本视图之间，仍然保持着与三视图相同的投影规律，即主、俯、仰、后——长对正；主、左、右、后——高平齐；俯、左、仰、右——宽相等。

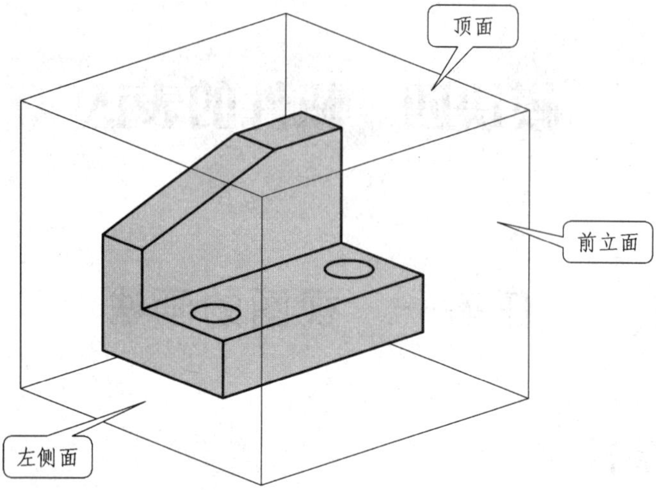

图 4.1.1

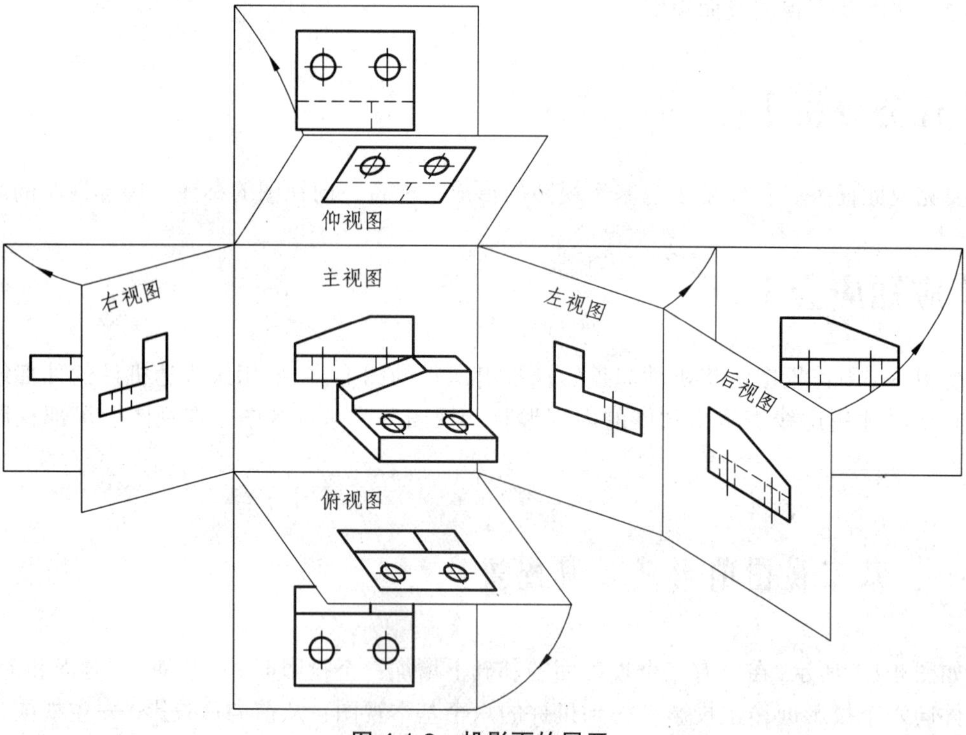

图 4.1.2　投影面的展开

此外，除后视图外，各视图的里边（靠近主视图的一边），均表示机件的后面；各视图的外边（远离主视图的一边），均表示机件的前面，即“里后外前”。

注意：虽然机件可以用六个基本视图来表示，但实际上画哪几个视图，要视具体情况而定。

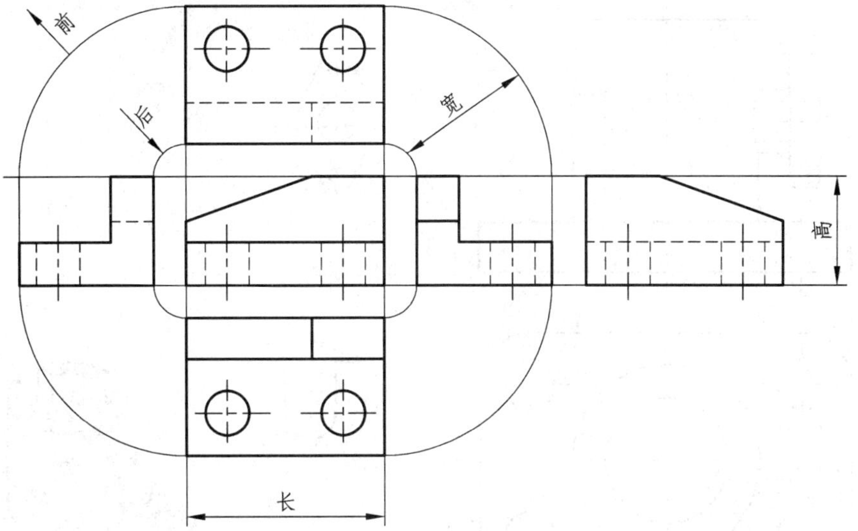

图 4.1.3　六个基本视图的配置

二、向视图

向视图是可以自由配置的视图，如图 4.1.4 所示。

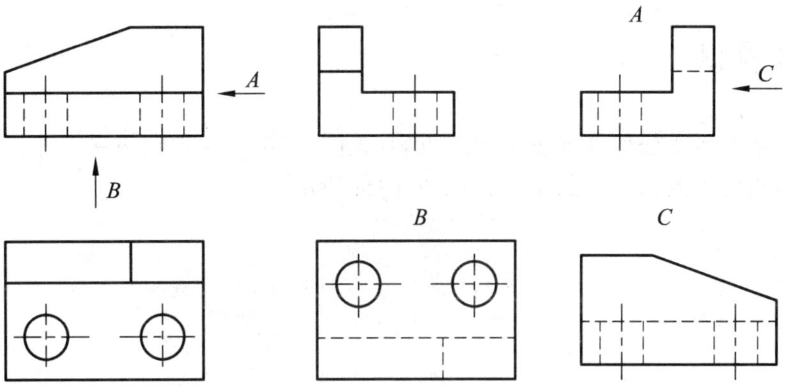

图 4.1.4　向视图

画向视图时，应在视图上方标出视图的名称“×向”（×为大写的英文字母，如“*A*”、“*B*”、“*C*”等），同时在相应的视图附近用箭头指明投射方向，并注上相同的字母。

三、局部视图

只将机件的某一部分向基本投影面投射所得到的图形，称为局部视图。当采用一定数量的基本视图后，机件上仍有部分结构形状尚未表达清楚，而又没有必要再画出完整的其他基本视图时，可采用局部视图来表达，如图 4.1.5 所示。

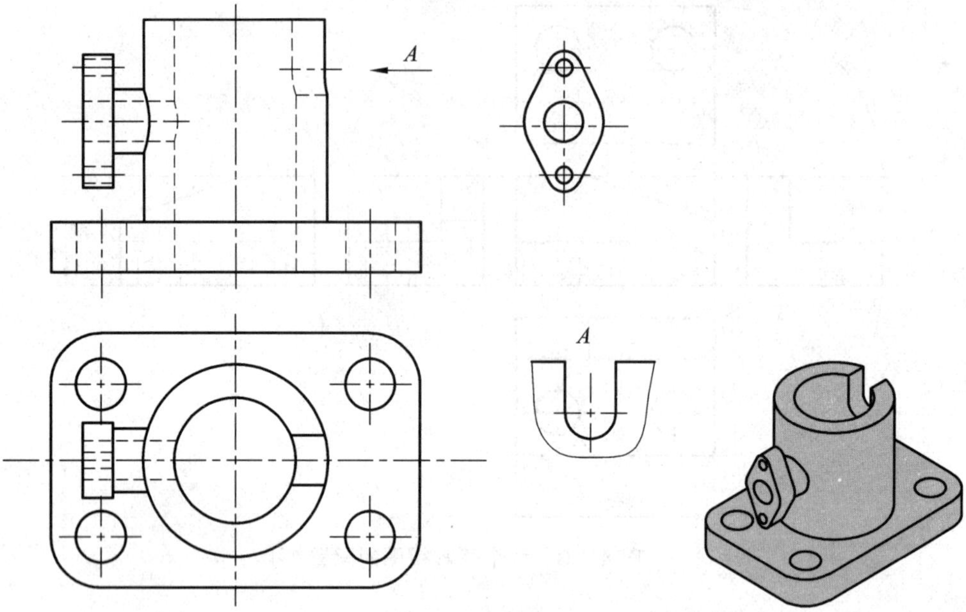

图 4.1.5 局部视图

局部视图是不完整的基本视图，利用局部视图可以减少基本视图的数量，使表达简洁，重点突出，简单明了，有利于画图和看图。

四、斜视图

将机件向不平行于任何基本投影面的投影面进行投影，所得到的视图称为斜视图。斜视图适合于表达机件上的斜表面的实形，如图 4.1.6 所示。

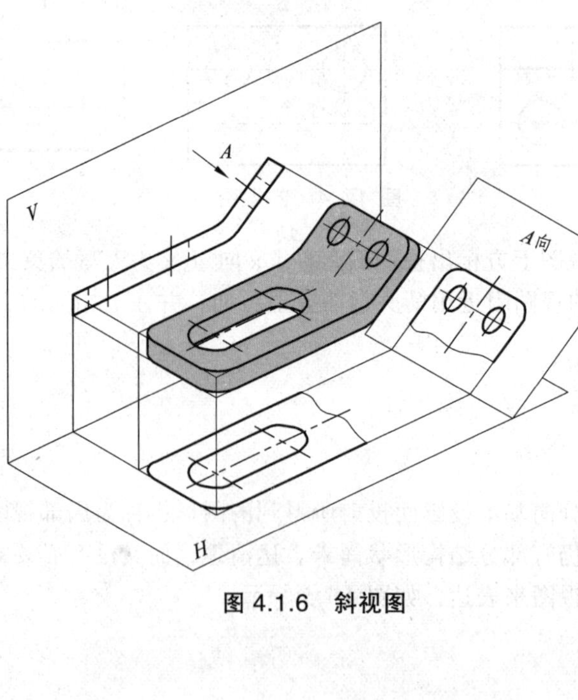

图 4.1.6 斜视图

斜视图的标注方法与局部视图相似，并且应尽可能配置在与基本视图直接保持投影关系的位置，也可以平移到图纸内的适当地方。为了画图方便，也可以旋转，但必须在斜视图上方注明旋转标记，如图 4.1.7 所示。

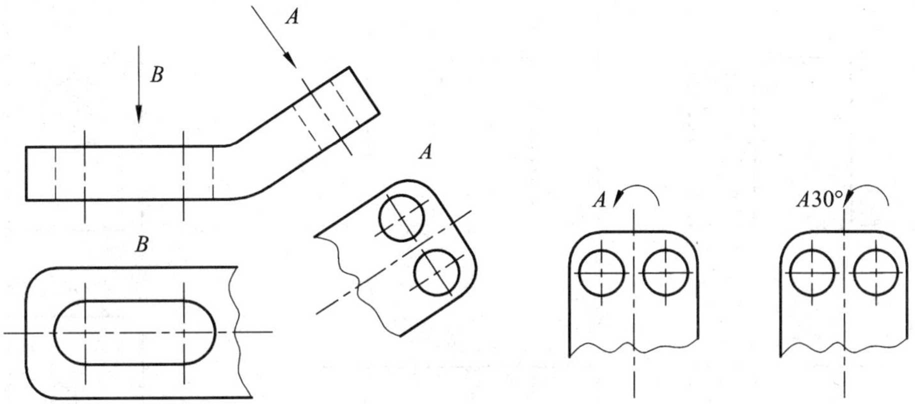

图 4.1.7

【任务实施】

一、任务条件

（1）绘制图 4.1.8 所示形体的六个基本视图。

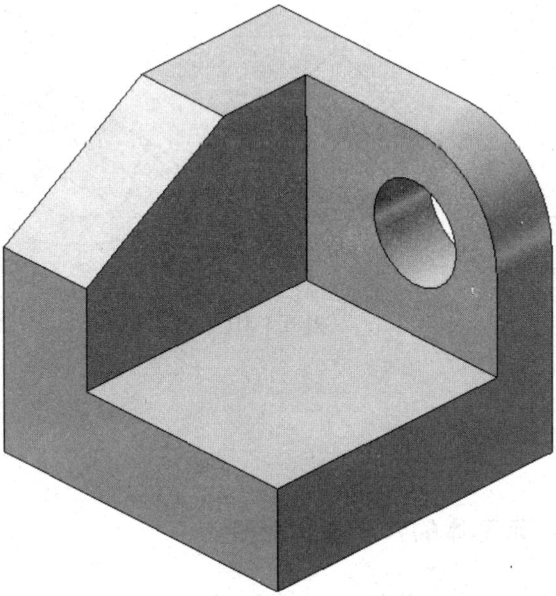

图 4.1.8

（2）识读图 4.1.9 所示向视图并标注（已知 *A*、*D* 分别为主视图、府视图）。

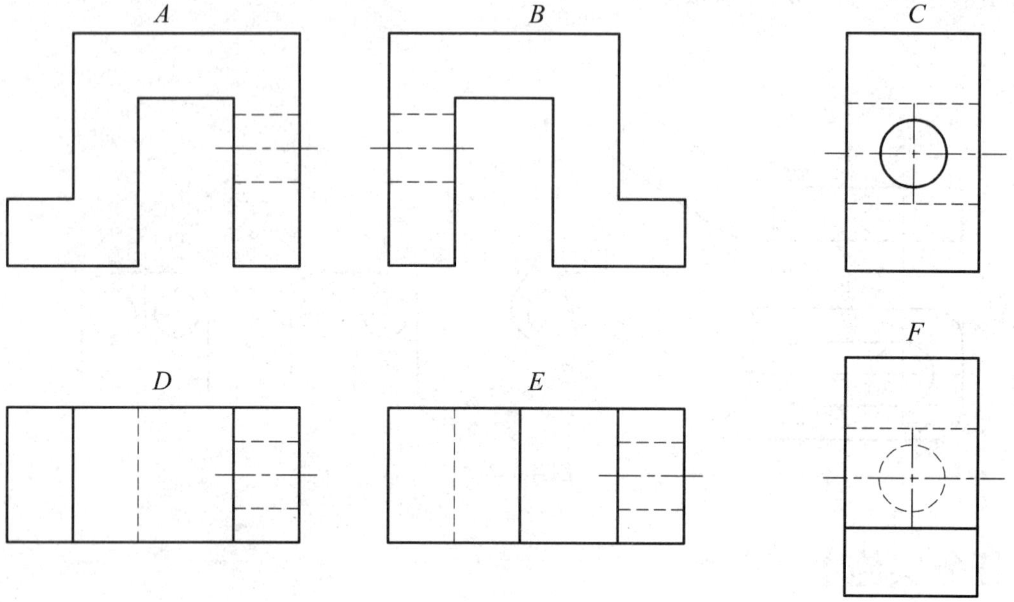

图 4.1.9

（3）绘制图 4.1.10 所示形体的局部视图并标注。

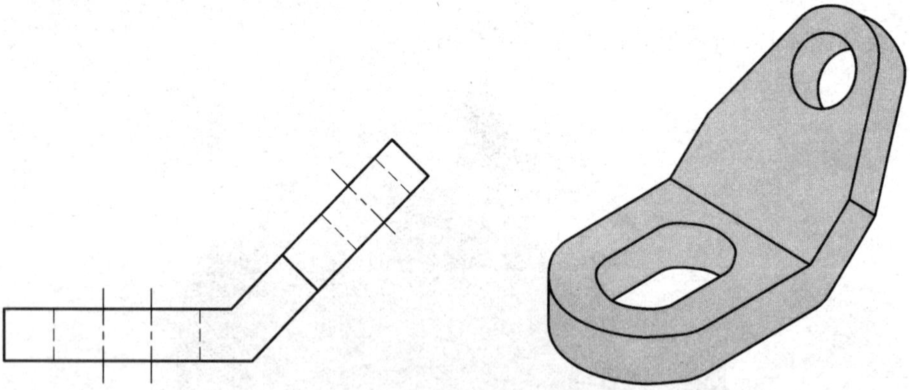

图 4.1.10

二、任务实施步骤

1. 绘制图 4.1.8 所示形体的六个基本视图

（1）先按“三等关系”绘制出形体的三视图，如图 4.1.11 所示。

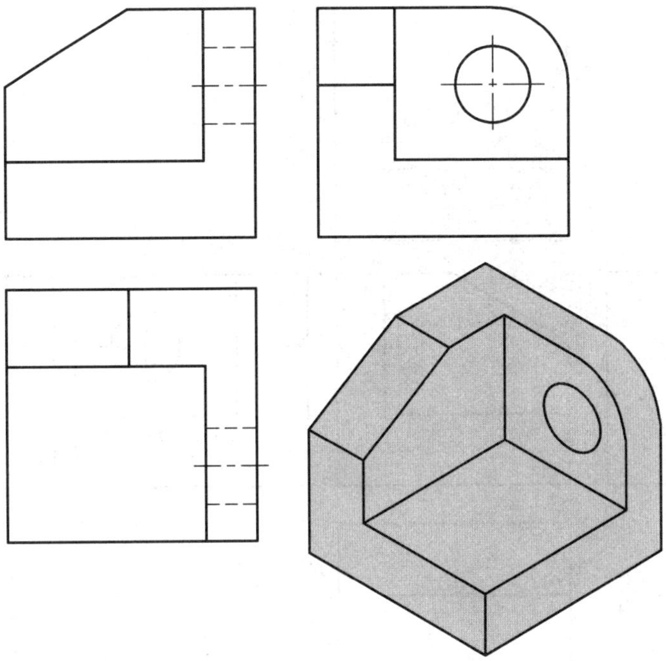

图 4.1.11

（2）因右视图与左视图“高平齐、宽相等”，且远离主视图的一边均为形体的前面，故右视图与左视图的轮廓前后反向；且从右向左投影时，外轮廓内其他轮廓均不可见，用细虚线绘制；将右视图绘制在主视图的正左方，即可完成右视图，如图 4.1.12（a）所示。

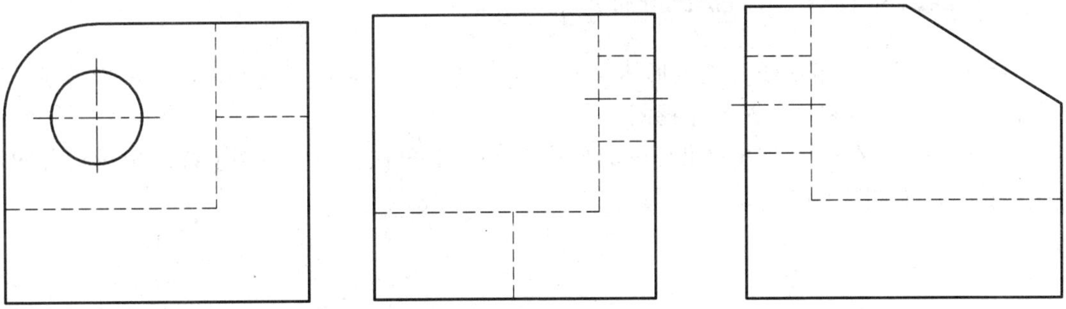

（a）右视图　　（b）仰视图　　（c）后视图

图 4.1.12

（3）仰视图与俯视图“长对正、宽相等”，且远离主视图的一边均为形体的前面，故仰视图与俯视图的轮廓上下反向；且从下向上投影时，外轮廓内其他轮廓均不可见，用细虚线绘制；将仰视图绘制在主视图的正上方，即可完成仰视图，如图 4.1.12（b）所示。

（4）后视图与主视图“长相等、高平齐”，且左右反向，从后向前投影时，外轮廓内其他轮廓均不可见，用细虚线绘制；将后视图绘制在左视图的正右方，即可完成后视图，如图 4.1.12（c）所示。

完成后的形体的六个基本视图如图 4.1.13 所示。

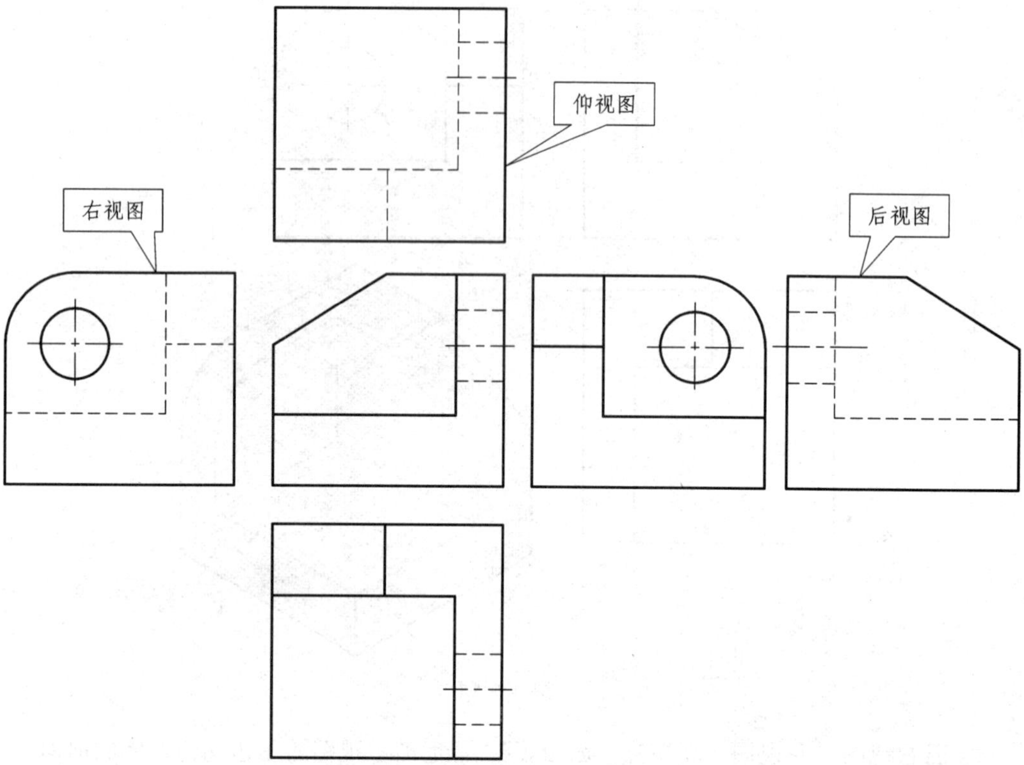

图 4.1.13

2. 识读图 4.1.9 所示向视图并标注

（1）由主视图、俯视图可确定形体，如图 4.1.14 所示；再由形体判断出：*B* 为后视图，*C* 为右视图，*E* 为仰视图，*F* 为左视图。

（2）标注：先在视图上方标出视图的名称“×向”，再在相应的视图上标示出投射方向和对应的符号，如图 4.1.15 所示。

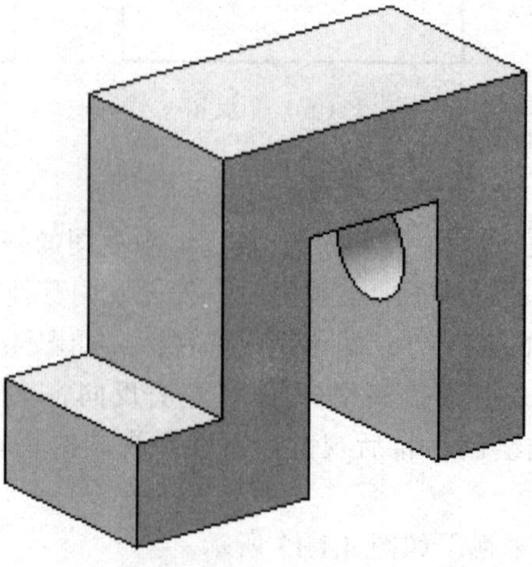

图 4.1.14

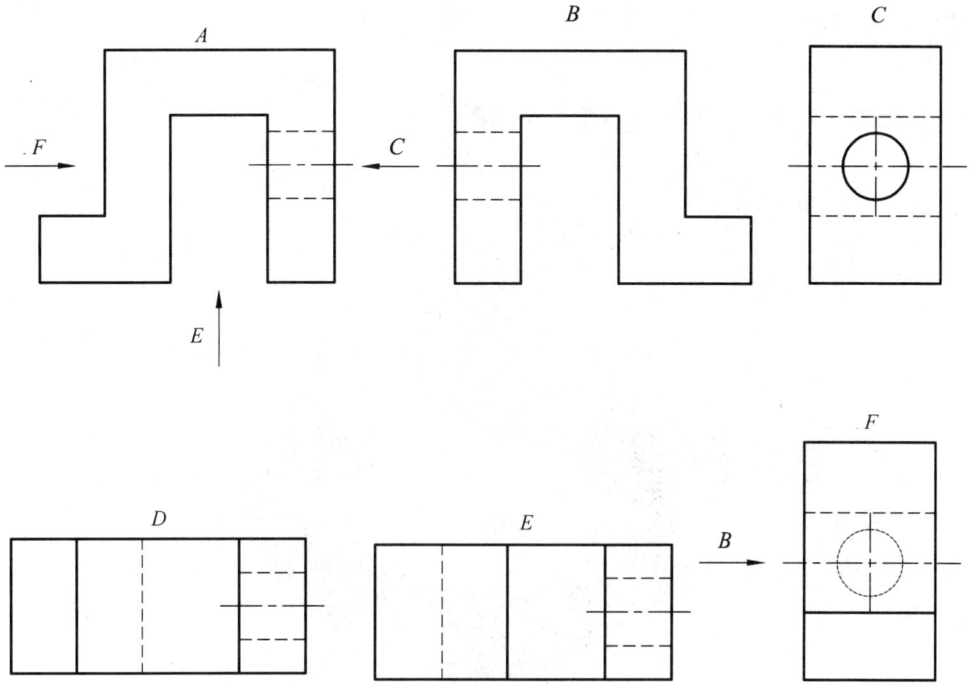

图 4.1.15

3. 绘制图 4.1.10 所示形体的局部视图并标注

（1）左半部分按局部视图绘制，其断裂处的边界线用波浪线表示。

（2）右半部分按斜视图绘制，其断裂处的边界线用波浪线表示，视图上方标注“A”，如图 4.1.16 所示。

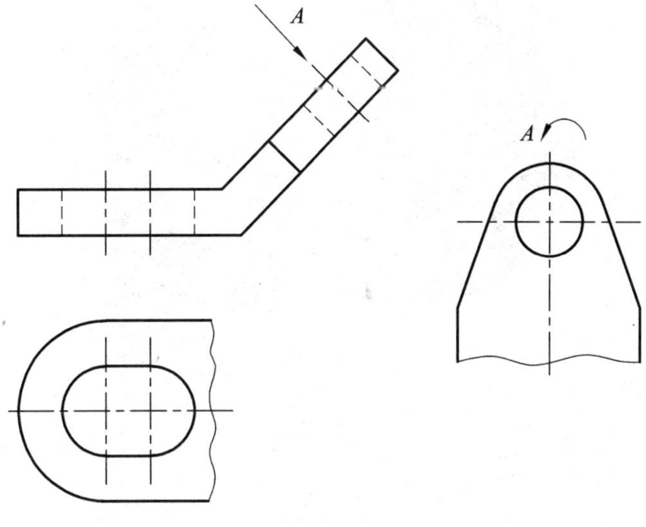

图 4.1.16

【拓展训练】

（1）绘制图 4.1.17 所示形体的六个基本视图。

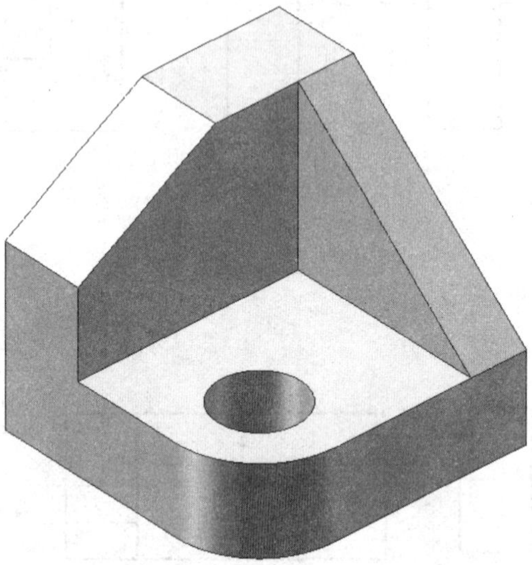

图 4.1.17

（2）绘制图 4.1.18 所示形体的局部视图并标注。

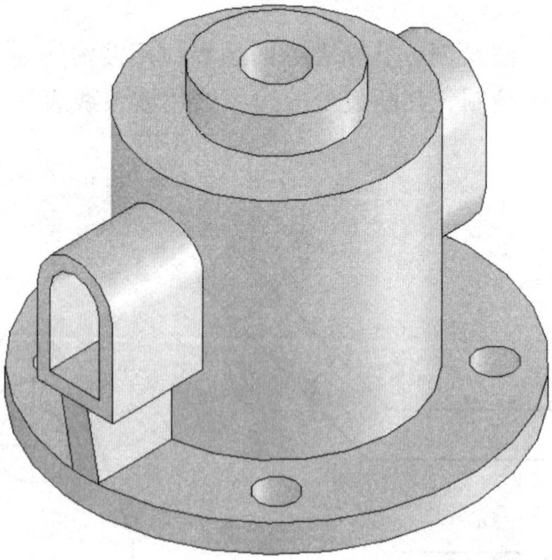

图 4.1.18

任务二　剖视图及剖面图的画法

【任务目标】

（1）掌握剖视图、断面图的画法及标注方法。
（2）会画剖视图（全剖、半剖、局部剖）及剖面图。
（3）能识读一般机件的表达方法。

【任务分析】

要完成此任务，首先要了解剖视图的形成、剖视图的画法及其标注方式。

【应知应会】

一、剖视图的形成

当机件内部的结构形状较复杂时，在画视图时就会出现较多的虚线，这不仅影响视图清晰，给看图带来困难，而且不便于画图和标注尺寸。为了清楚地表达机件内部的结构形状，在技术图样中常采用剖视图这一表达方法。

假设用剖切面 *A*（多为平面）剖开机件，将处在观察者和剖切面之间的部分移去，而将其余部分向投影面投射所得的图形称剖视图，如图 4.2.1 所示。

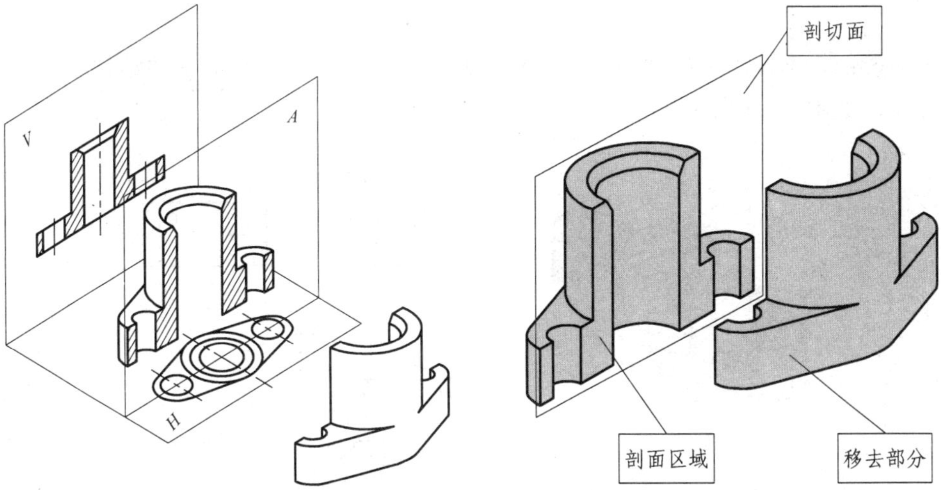

图 4.2.1　剖视图的形成

由图 4.2.2 可看出，用剖视图表达形体内部结构，图形更清晰、简洁，也便于标注尺寸。

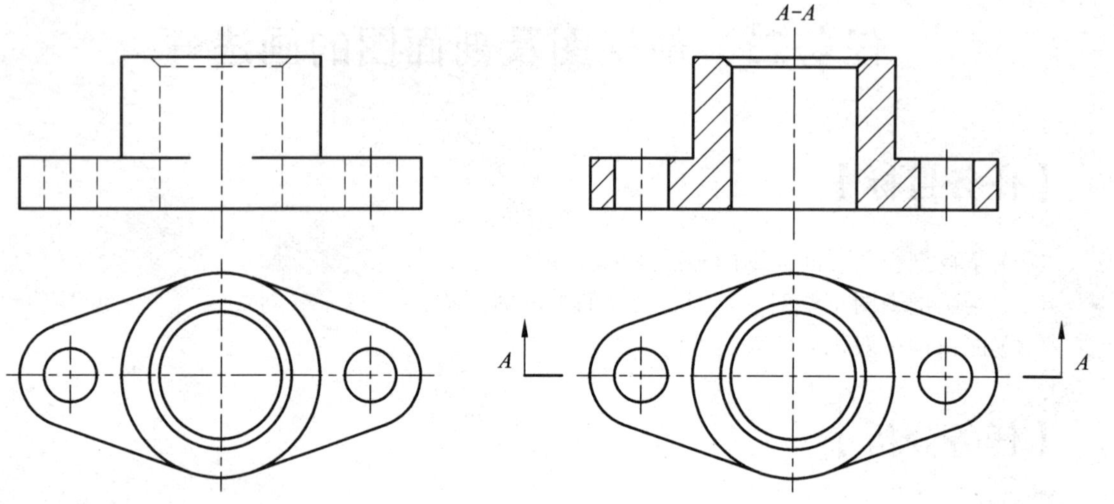

（a）视图　　（b）剖视图

图 4.2.2　视图与剖视图的比较

二、剖视图的画法

将视图改画为剖视图的方法及步骤：

（1）选择适当的剖切位置，使剖切平面尽量通过较多的内部结构（孔、槽等）的轴线或对称平面，并平行于选定的投影面。在图 4.2.2（b）中，剖切面 *A-A* 过形体对称平面，且平行于所选定的投影面——*V* 面。

（2）若原视图中可见轮廓因剖切后消失，则在剖视图中不应再画出。

（3）若原视图中的不可见轮廓剖切后成为可见，则在剖视图中应将原细虚线改为粗实线画出。

（4）一般地，剖视图中的细虚线可省略不画。但对未表达清楚的某些结构，必须画出必要的细虚线，如图 4.2.3 所示。

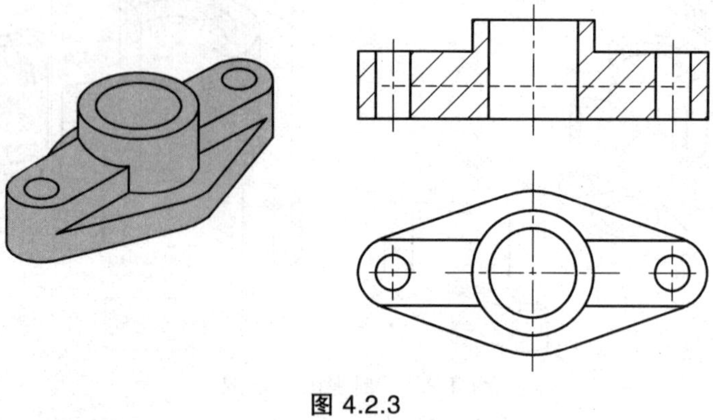

图 4.2.3

（5）在剖切面与机件的接触区域，应画上剖面线。表 4.2.1 材料中列出了各种的剖面符号。

表 4.2.1　材料的剖面符号

材料	剖面符号	材料	剖面符号
金属材料	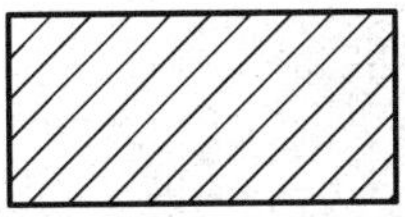	胶合板（不分层数）	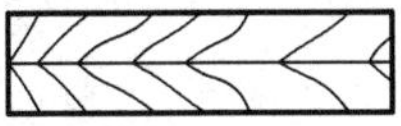
线圈绕组元件	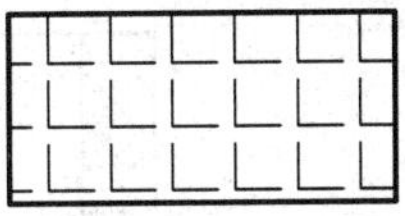	基础周围的混凝土	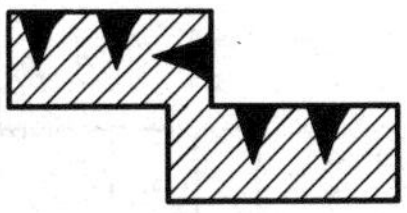
转子、电枢、变压器和电抗器等的迭钢片	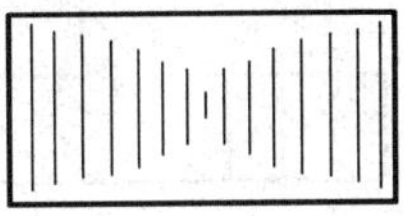	混凝土	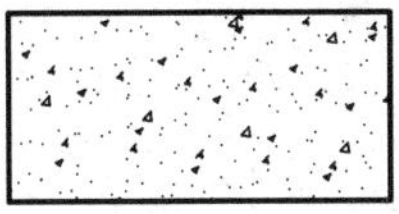
非金属材料（已有规定剖面符号除外）	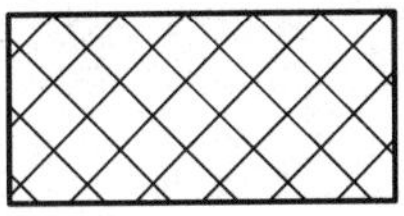	钢筋混凝土	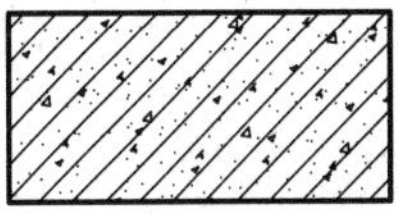
型砂、填砂、粉末冶金、砂轮、陶瓷刀片、硬质合金刀片等	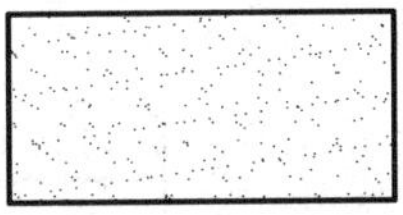	砖	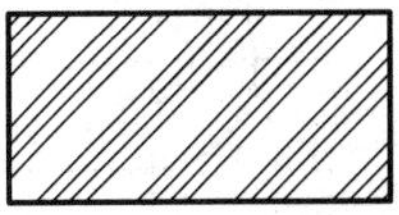
玻璃及供观察用的其他透明材料	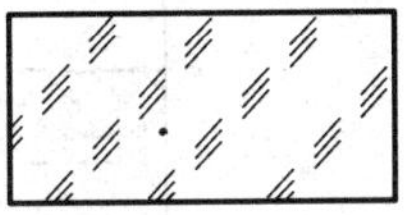	格网（筛网、过滤网等）	
木料　纵剖面	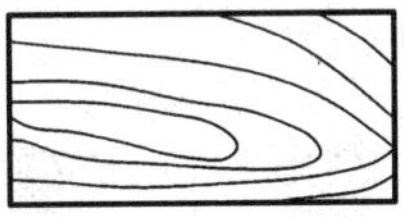	液体	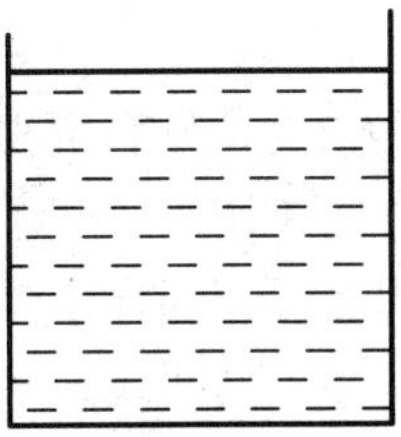
木料　横剖面			

在机械制图中，金属材料的剖面符号——剖面线——常绘制成间隔 2 ~ 3 mm 的等距细实线，并与形体主要轮廓线或剖面区域的对称线成 45°或 30°、60°角。同一形体在不同视图中的剖面线的间隔、方向、角度应完全一致。

三、剖视图的标注

剖视图一般应标注的内容（见图 4.2.4）如下：

（1）剖切线：指示剖切面位置，用细点画线表示，在剖视图中通常省略不画。

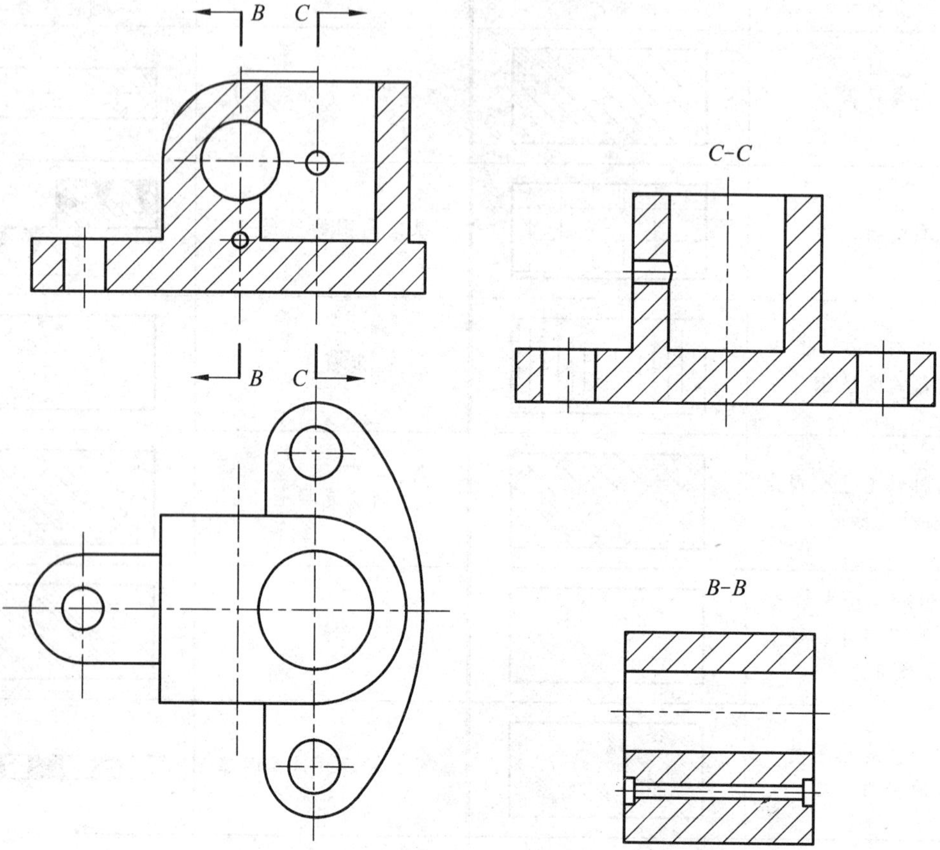

图 4.2.4

（2）符号和剖视图的名称：指示剖切面起始、结束和转折位置（用短粗线表示）及其投射方向（用箭头表示）。在剖切符号的起始、结束和转折处标注大写英文字母“×”，并在剖视图上方用同样字母标出剖视图的名称“×-×”。

（3）剖面线：等距细实线，间隔 2～3 mm，与主要轮廓线或剖面区域的对称线成 30°、45°或 60°角。

四、剖切面的选用

1．单一剖切面

只用一个平行于基本投影面的剖切面（是最常用的）或一个不平行于任何基本投影面的斜剖切面（用于表达机件上倾斜部分的内部结构和形状，其剖视图可按斜视图的形式配置并标注）。

2. 几个平行的剖切面

用两个或两个以上的平行的剖切面，且剖切平面间转折处必须是直角。在剖视图上不应画出剖切面在转折处的投影，即“先平移，后投影”；剖切平面间转折处不应与图中的轮廓线重合。

当机件上欲剖部位不在同一平面上时，用两个或两个以上的平行的剖切面剖切机件，如图 4.2.5 所示。

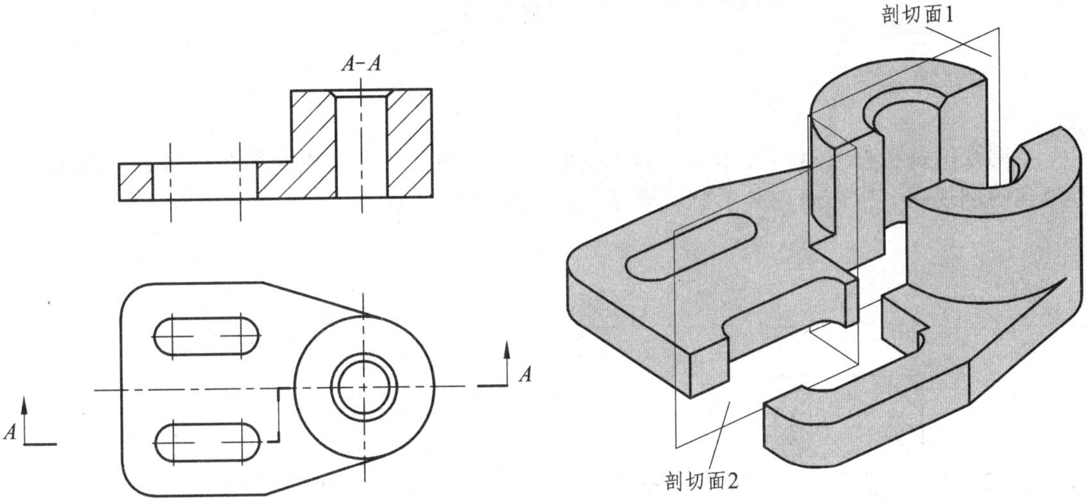

图 4.2.5

3. 几个相交的剖切面

用两个或两个以上的相交的剖切面，并将被剖切的结构及其相关部分旋转到与选定的投影面平行，再进行投影，即“先剖切、后旋转、再投影”。

当机件的内部结构所处位置无法用前两种剖切面来剖切时，可用几个相交的剖切面来剖切机件，如图 4.2.6 所示。

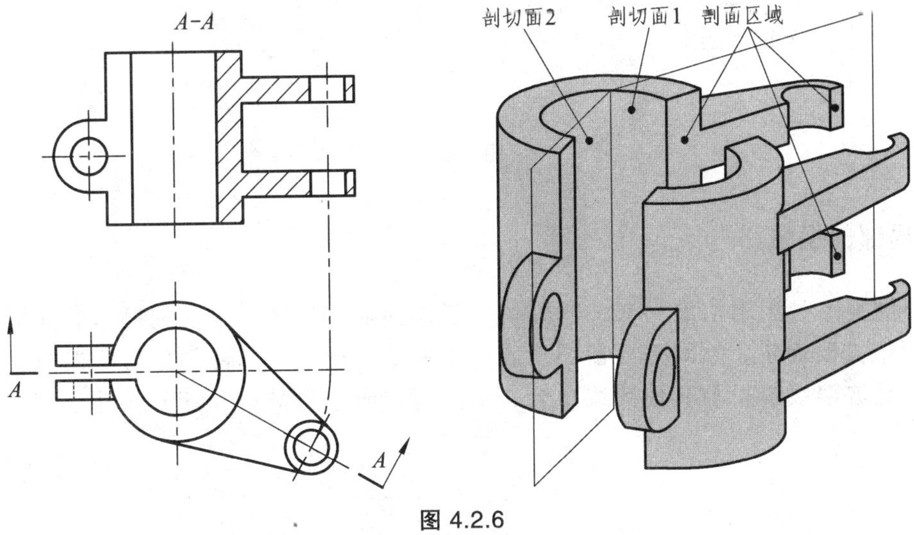

图 4.2.6

五、剖视图的种类

1. 全剖视图

全剖视图是用剖切面（一个或多个、平行或相交）完全地剖开机件所得到的剖视图，常用于表达外形简单、内部结构复杂且不对称的机件。

2. 半剖视图

半剖视图是机件具有对称平面，且以对称平面为界，一半画成剖视图，另一半画成视图所得到的剖视图，常用于内外形状都要表达的对称机件，如图 4.2.7 所示。

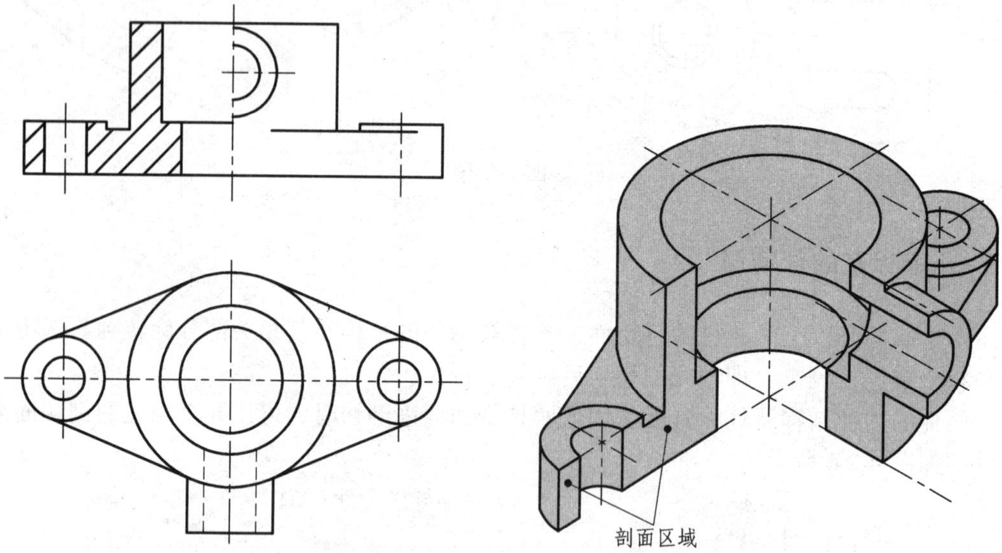

图 4.2.7

3. 局部剖视图

局部剖视图是用剖切面局部地剖开机件所得到的剖视图。局部剖视图的剖切位置和剖切范围依需要而定，原则是要使图形表达得清晰且简洁。剖视部分与原视图要用波浪线分开，且波浪线不得与其他图线重合，不能超越或不到被切开部分的外轮廓线，如图 4.2.8 所示。

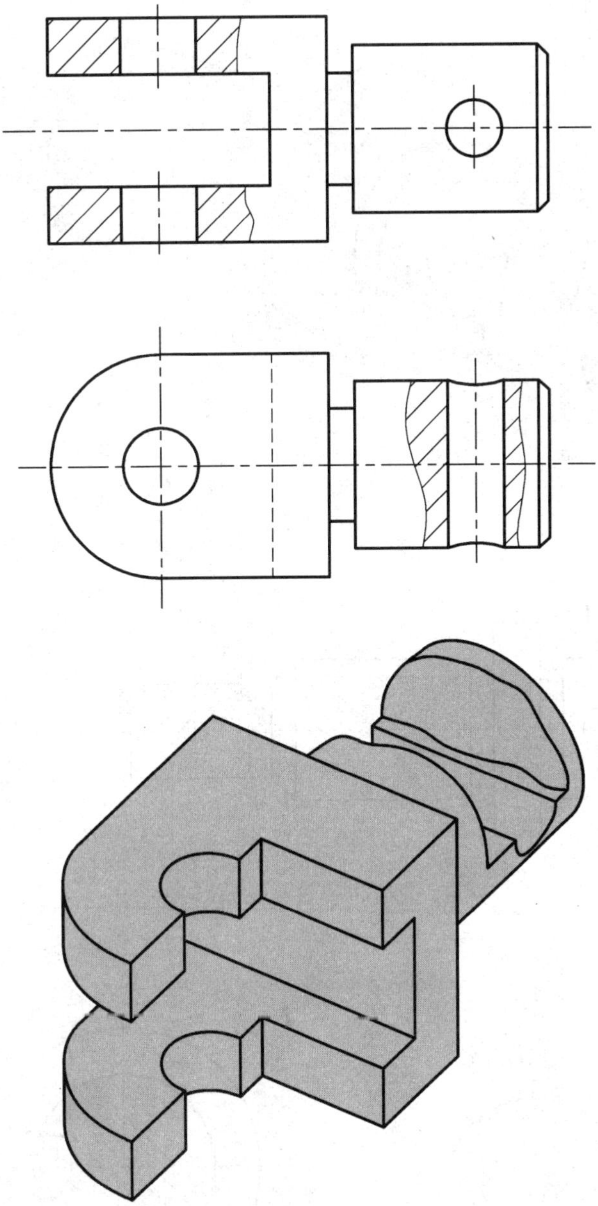

图 4.2.8

六、断面图

假想用剖切面将机件的某处切断，仅画出剖切面与机件的接触部分的图形——断面图。

由图 4.2.9 可以看出：用断面图表达形体的键槽，可使图形更清晰、简洁，也更便于标注尺寸。

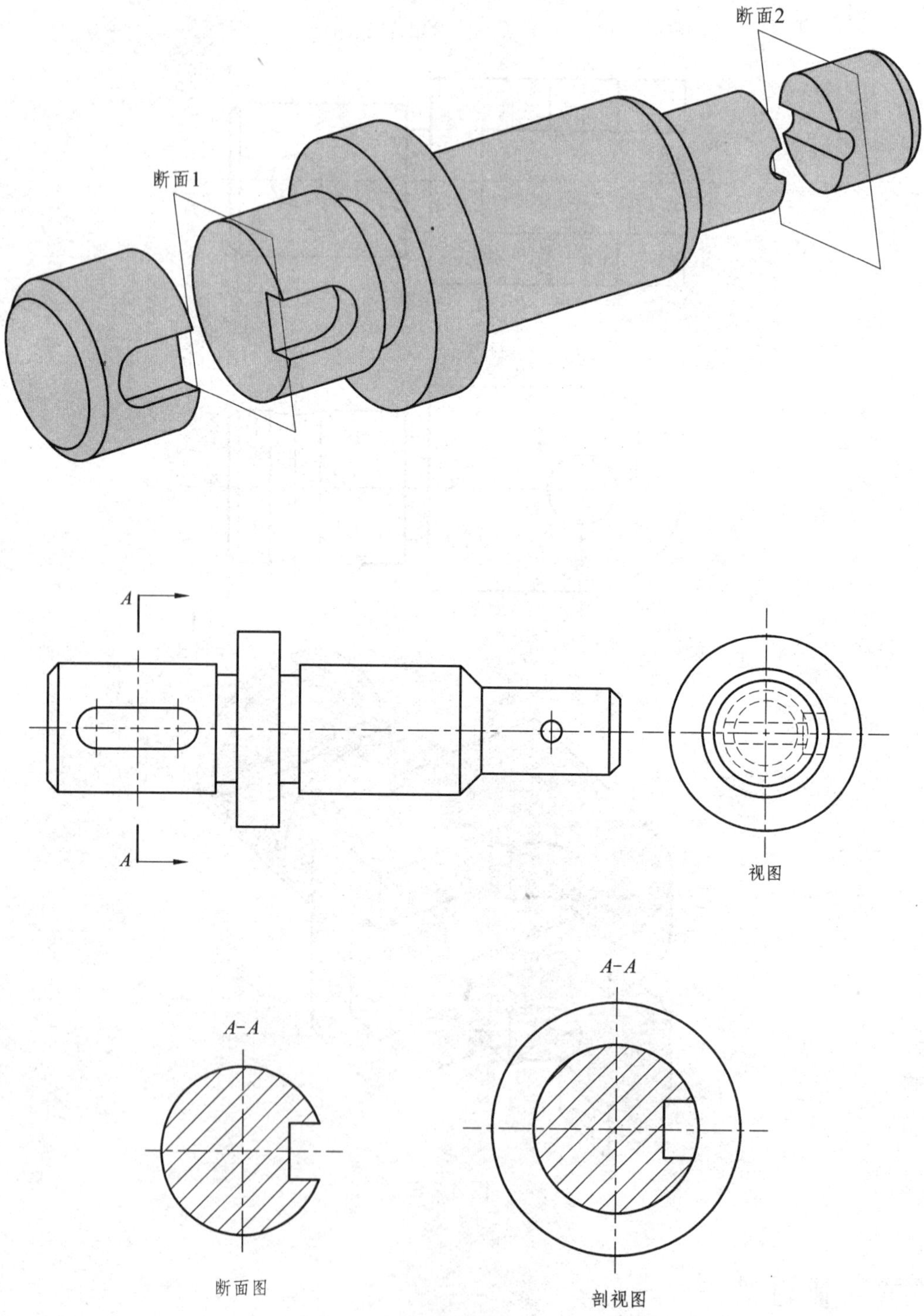

图 4.2.9　断面图的形成及其与视图、剖视图的对比

断面图的形成与画法：用垂直于轴线、中心线或主要轮廓线的剖切面剖切机件，将断面图形旋转 90°，再画出断面轮廓，并在剖切区域内画上剖面线。断面图的配置与标注见表 4.2.2。

表 4.2.2　断面图的配置与标注

断面形状 断面图 断面位置	对称的移出断面图	不对称的移出断面图
配置在剖切线或剖切符号延长线上	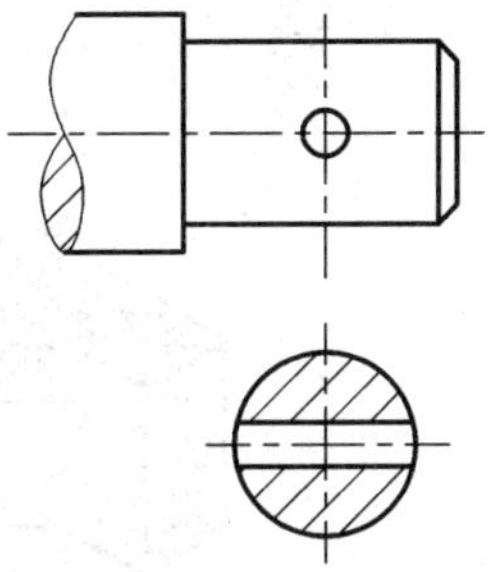	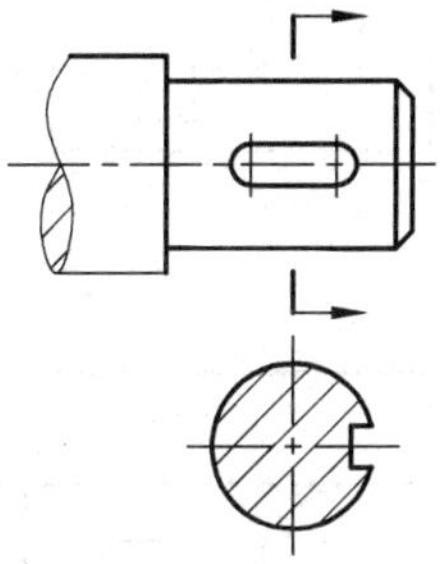
	不必标注字母和剖面符号	不必标注字母
按投影关系配置	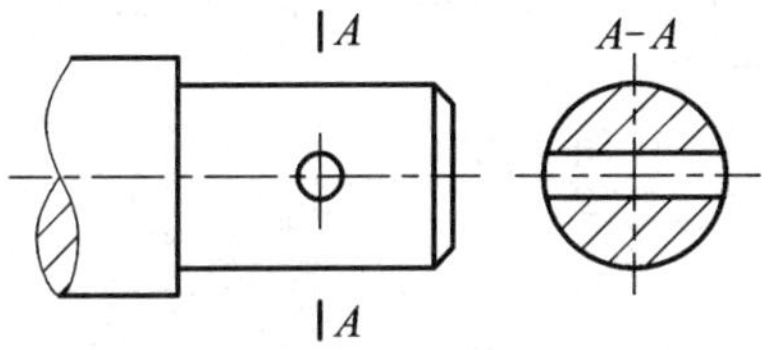	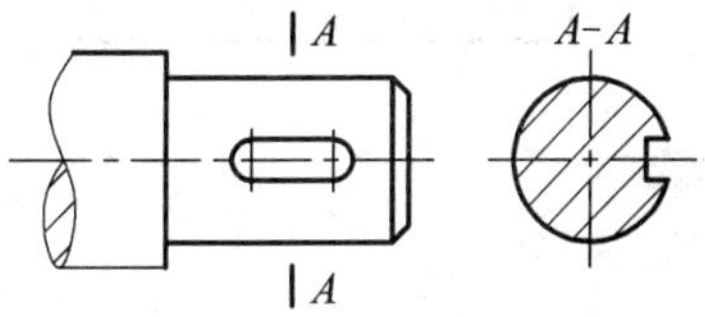
	不必标注箭头	不必标注箭头
配置在其他位置	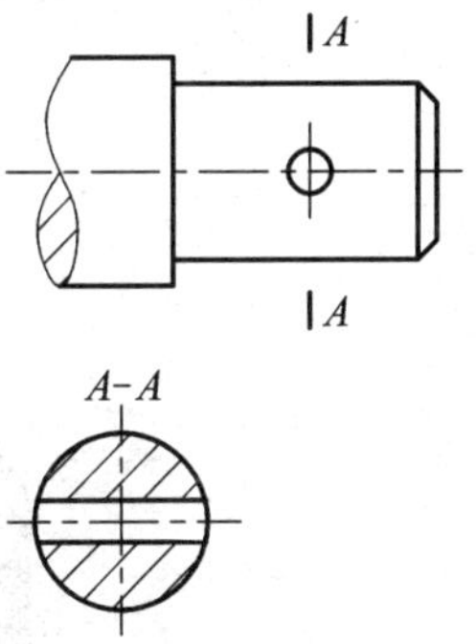	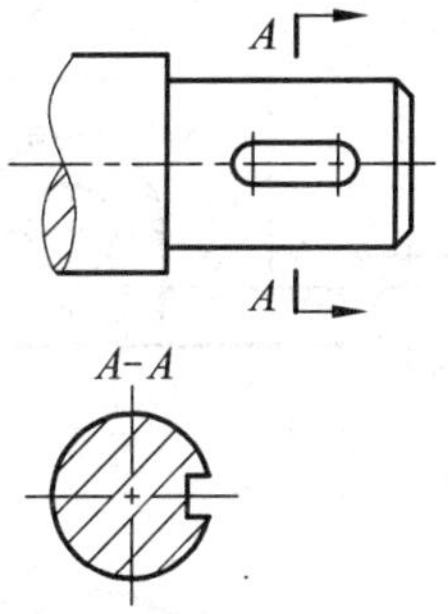
	不必标注箭头	应标注剖切符号（含箭头）和字母

【任务实施】

一、任务条件

（1）将图 4.2.10 中的主视图改画为剖视图。

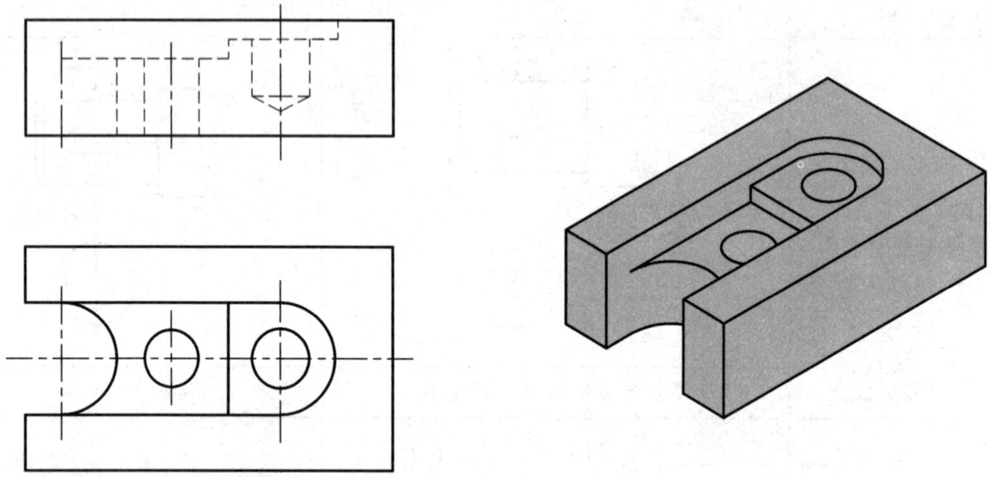

图 4.2.10

（2）将图 4.2.11 中的主视图改画为半剖视图。

图 4.2.11

（3）将图 4.2.12 中的主视图改画为剖视图。

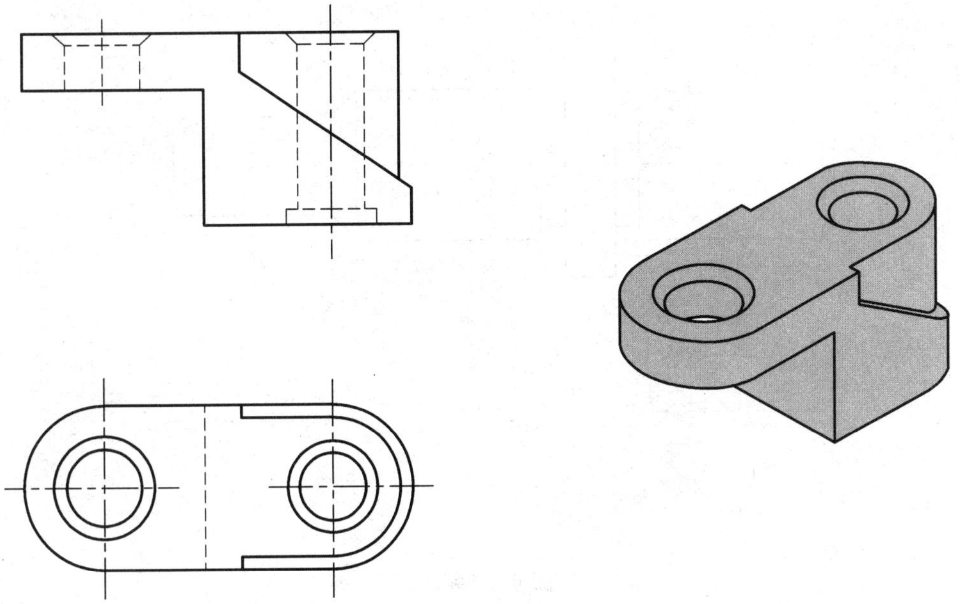

图 4.2.12

（4）将图 4.2.13 中的主视图改画为全剖视图。

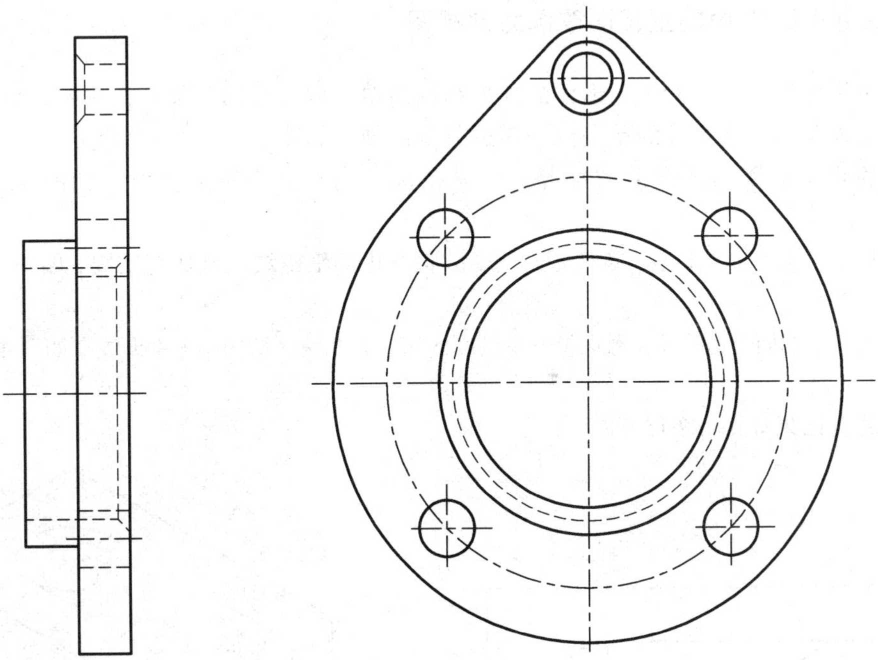

图 4.2.13

（5）在图 4.2.14 指定位置画出断面图（键槽宽 8 mm），并在主视图上将键槽、圆孔进行局部剖视。

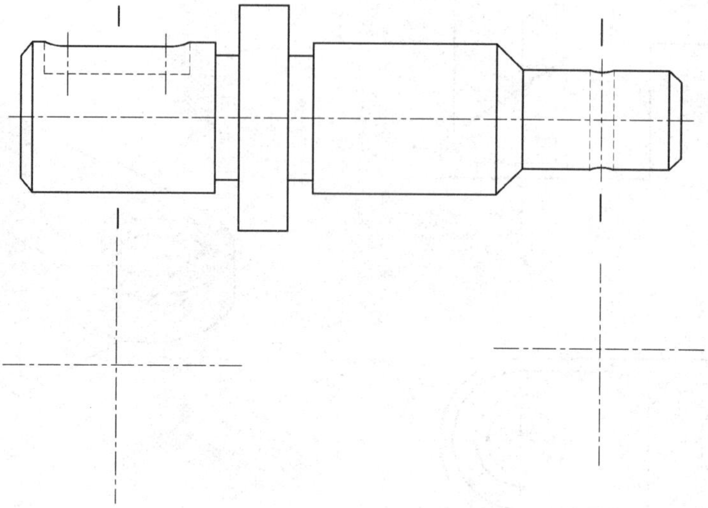

图 4.2.14

二、任务实施步骤

1. 将图 4.2.10 中的主视图改画为剖视图

（1）由视图和实体可看出，形体的外形结构简单、内部结构复杂，且前后对称，故应用平行于正平面且过内孔轴线的单一剖切面进行全剖视，如图 4.2.15（a）所示。

（2）假想移去剖切面之前的部分，将其余部分向正立投影面投射，如图 4.2.15（b）所示。

（3）主视图原不可见轮廓，现变成可见，故将图中的细虚线改画成粗实线，如图 4.2.15（c）所示。

（4）判别剖切面与形体的接触区域——剖面区域，并在该区域内画上剖面线，如图 4.2.15（d）所示。

（5）最后结果如图 4.2.15（e）所示。

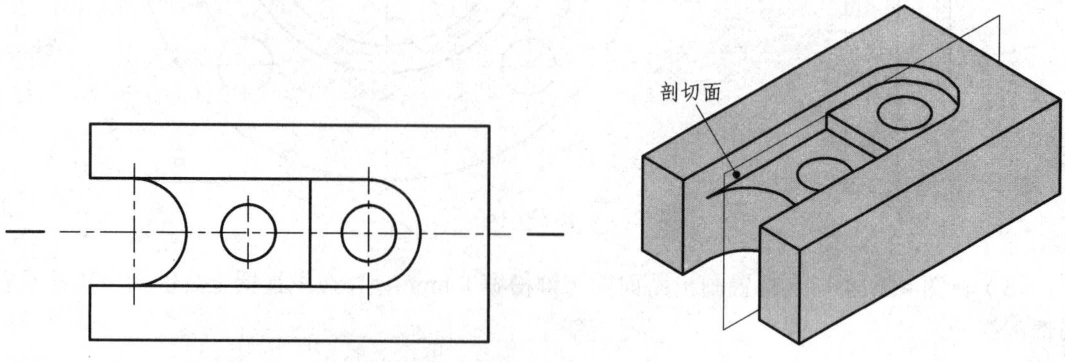

（a）

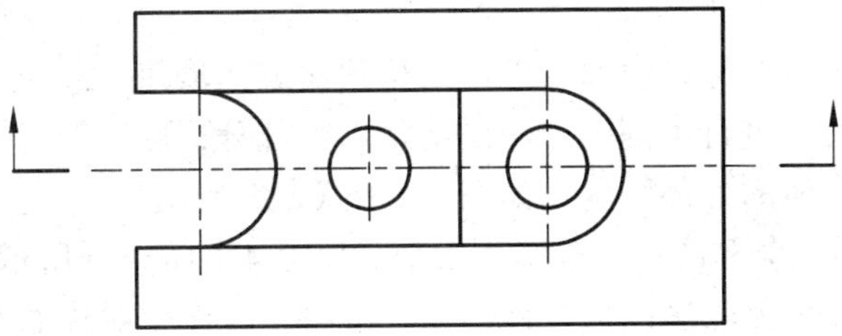

（b）

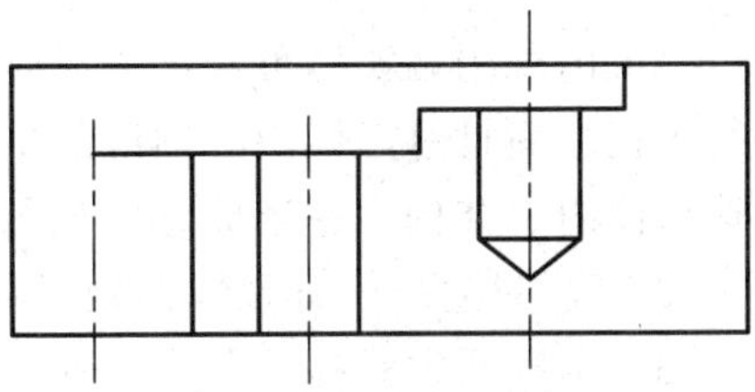

（c）

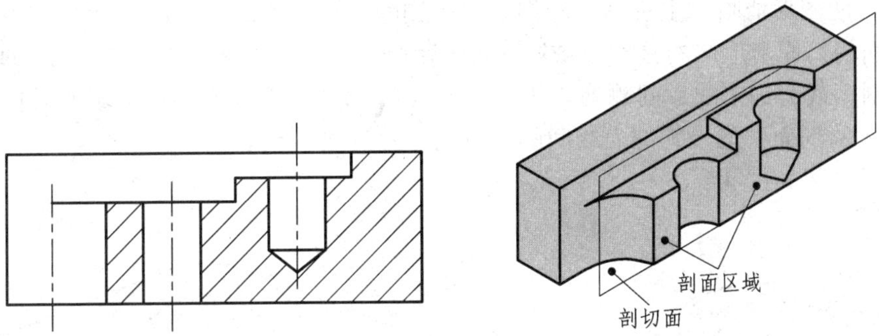

（d）

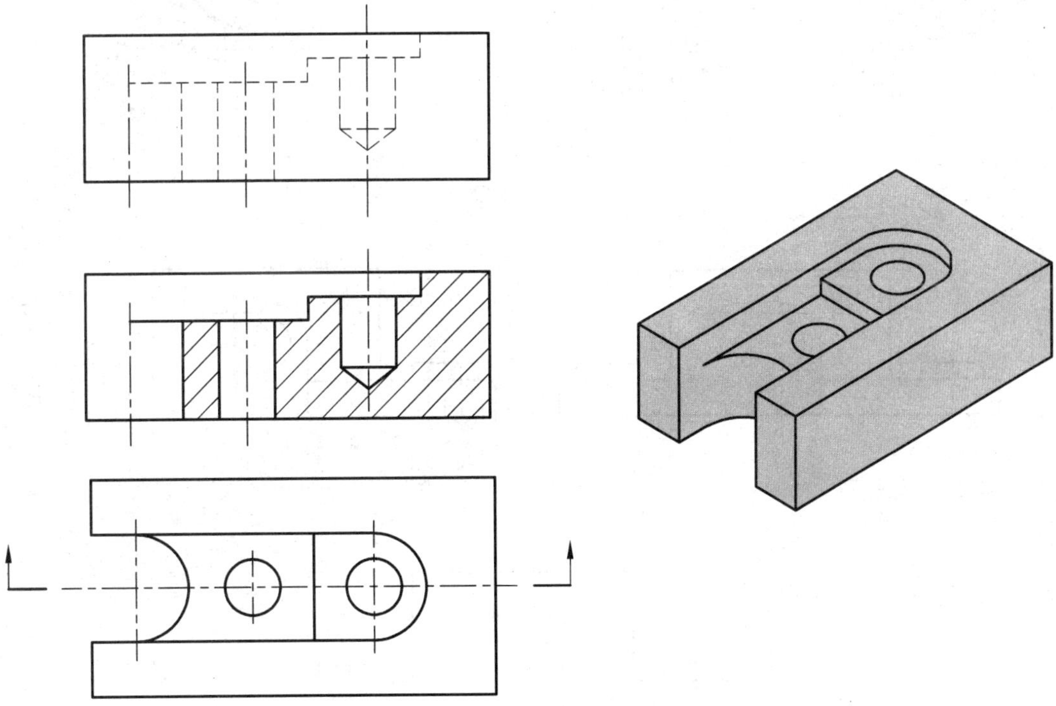

（e）

图 4.2.15

2. 将图 4.2.11 中的主视图改画为半剖视图

（1）由视图和实体可看出，形体左右结构对称，内部及外形结构均需表达清楚，故应用平行于正平面且过形体中心轴线的单一剖切面进行半剖视。假设剖切右半部分，可用剖视图表达形体内部结构，左半部分用视图表达形体的外部结构，如图 4.2.16（a）所示。

（2）假想移去剖切面之前的右半部分后，全部向正立投影面投射，如图 4.2.16（b）所示。

（3）主视图中对称面右边、外轮廓内原可见轮廓已部分被剖切，故将主视图中对称面右边、外轮廓内的粗实线删除，如图 4.2.16（c）所示；主视图中对称面右边不可见轮廓，现变成可见，故将主视图中的细虚线改画成粗实线，如图 4.2.16（d）所示；因形体内、外形结构均已清楚，为使图形清晰，主视图中的细虚线应删除，如图 4.2.16（e）所示。

（4）判别剖切面与形体的接触区域——剖面区域，并在该区域内画上剖面线，如图 4.2.16（f）所示。剖面线为细实线，间隔均匀（2 ~ 3 mm），与主要轮廓或剖面区域的对称线成 45° 角。同一物体的剖面区域，其剖面线间隔、方向、角度要一致。

（5）最后结果如图 4.2.16（g）所示。

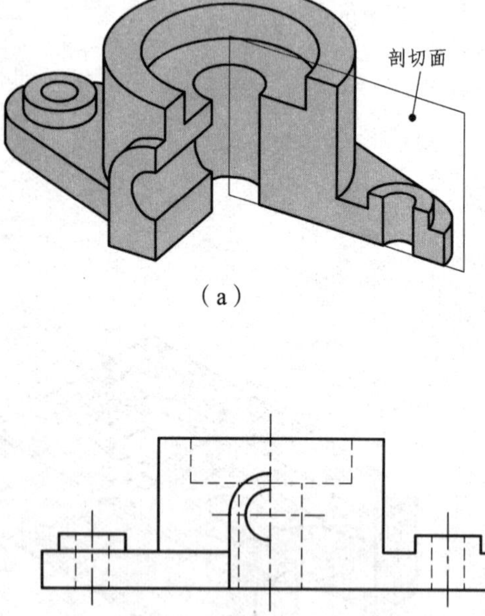

（a）

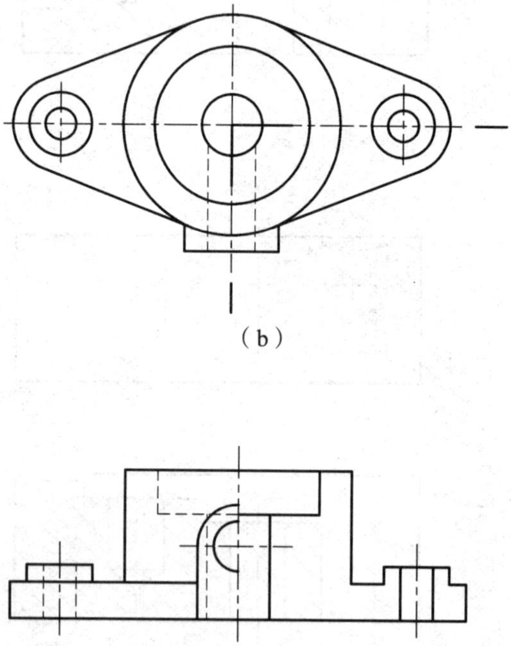

（b）

（c）

（d）

（e）

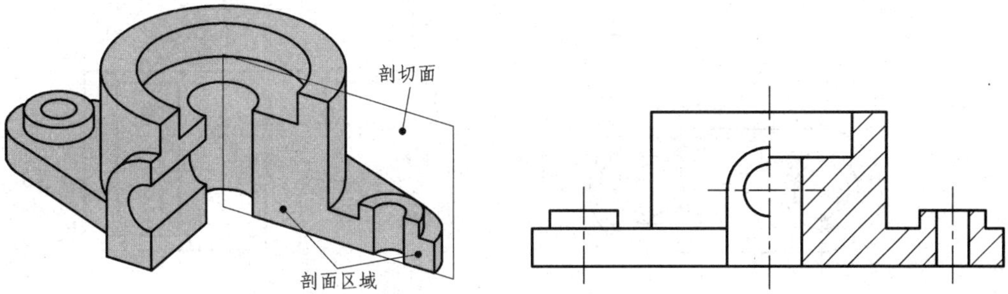

（f）

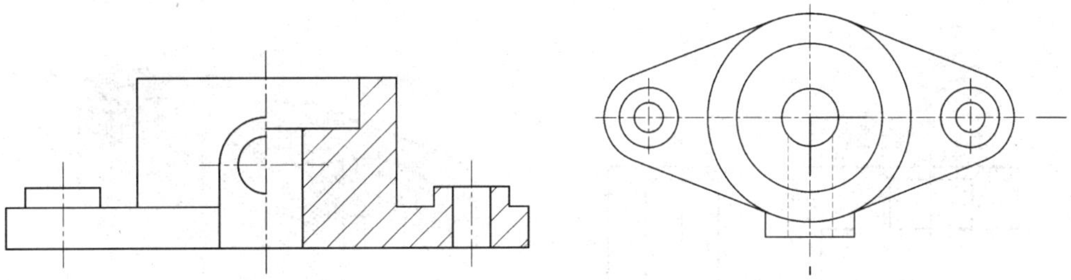

（g）

图 4.2.16

3. 将图 4.2.12 中的主视图改画为剖视图

（1）由视图和实体可看出，形体的外形结构简单、内部结构复杂，且前后对称，故应用平行于正平面且过内孔轴线的单一剖切面进行全剖视，如图 4.2.17（a）所示。

（2）假想移去剖切面之前的部分，将其余部分向正立投影面投射，如图 4.2.17（b）所示。

（3）主视图中原不可见轮廓，现变成可见，故将主视图中的细虚线改画成粗实线；而外轮廓内原可见轮廓已被剖切，故将主视图中外轮廓内的粗实线删除，如图 4.2.17（c）所示。

（4）判别剖切面与形体的接触区域——剖面区域，并在该区域内画上剖面线（画法同前），如图 4.2.17（d）所示。

（5）一般地，剖视图中的细虚线可省略不画，但在此剖视图中为表达清楚形体右半部分的外环形结构，故需画出表示此结构的细虚线，如图 4.2.17（e）所示。

（6）最后结果如图 4.2.17（f）所示。

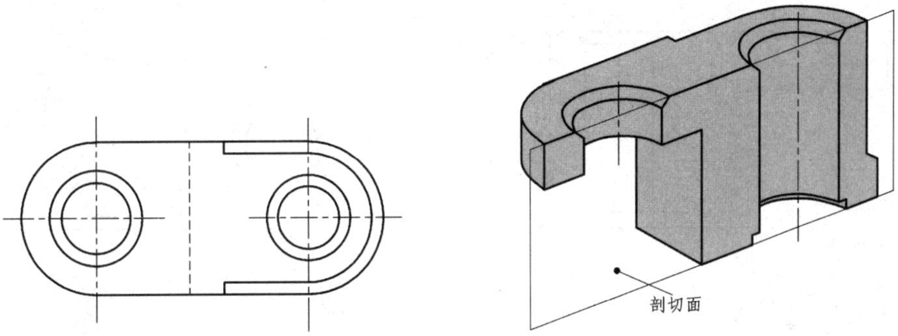

（a）

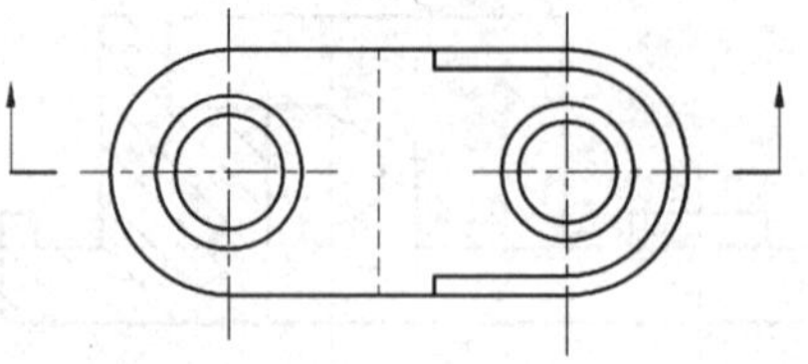

（b）

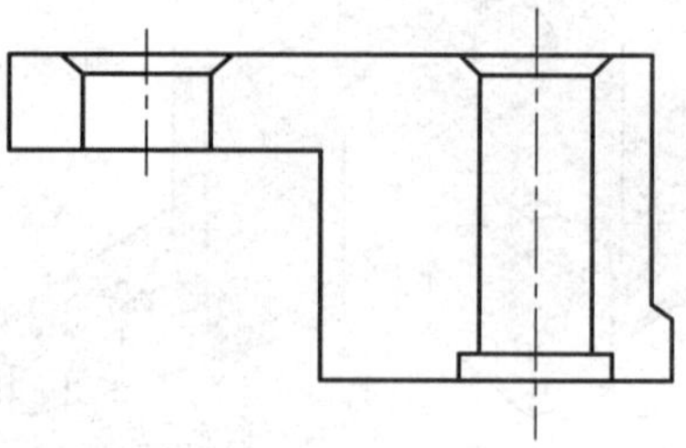

（c）

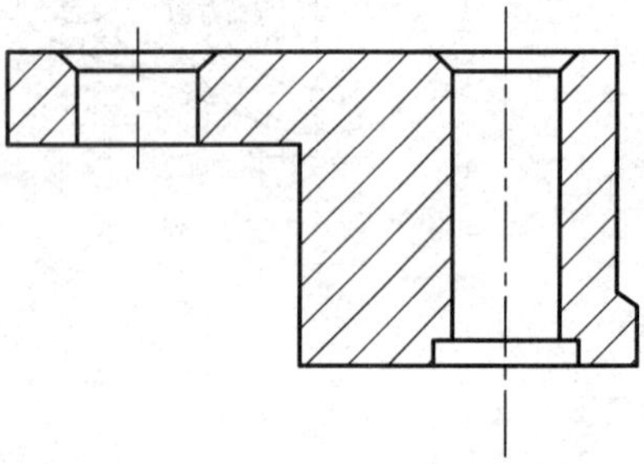

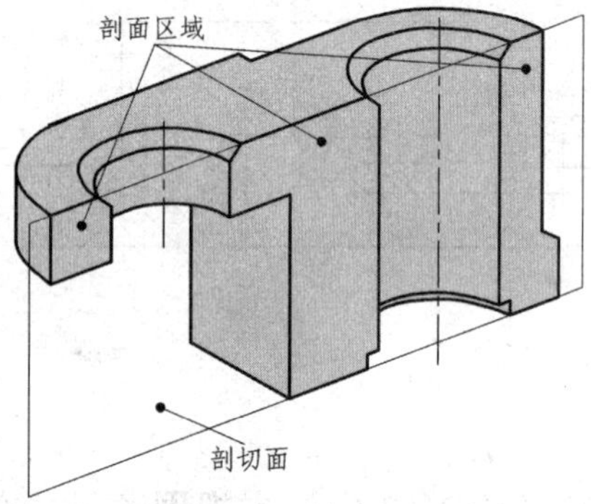

（d）

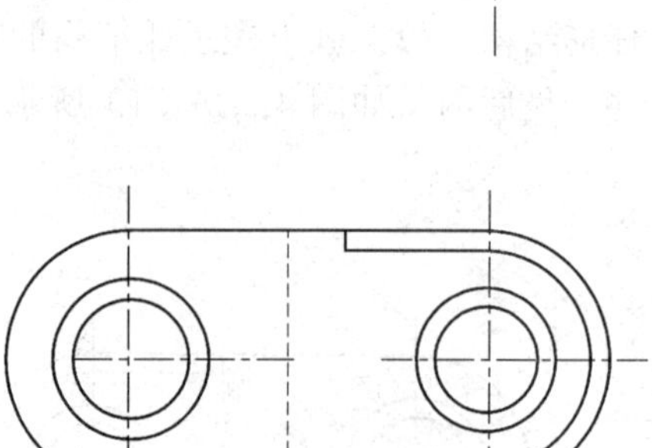

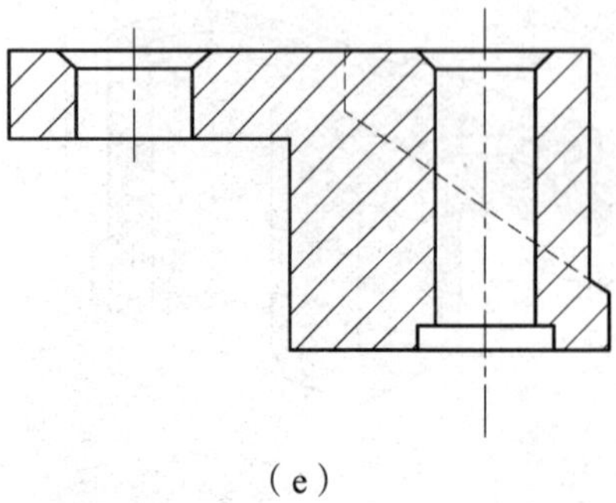

（e）

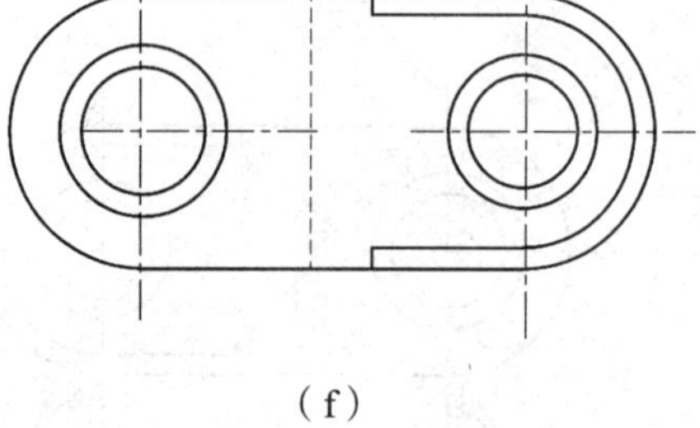

（f）

图 4.2.17

4. 将图 4.2.13 中的主视图改画为全剖视图

（1）由视图可看出，形体的外形结构简单、内部结构复杂，且前后对称，故用平行于正平面且过内孔轴线的剖切面 1 和垂直于侧立面且过孔中心的剖切面 2 进行剖切，两剖切面的交线与内孔轴线重合，如图 4.2.18（a）所示。

（2）假想移去剖切面之前的部分，将垂直于侧立面且过孔中心的剖切面 2 绕两剖切面的交线 OO_1 转到与正立投影面平行，再向正立投影面投射，如图 4.2.18（b）所示。

（3）主视图中外轮廓内原可见轮廓已被剖切，故将主视图中外轮廓内的粗实线删除，如图 4.2.18（c）所示；被剖切面所剖切的孔轮廓，原为不可见，现变成可见，故将主视图中的细虚线改画成粗实线，如图 4.2.18（d）所示；其余的细虚线应删除，如图 4.2.18（e）所示。

（4）判别剖切面与形体的接触区域——剖面区域，并在该区域内画上剖面线，如图 4.2.18（f）所示。

（5）最后结果如图 4.2.18（g）所示。

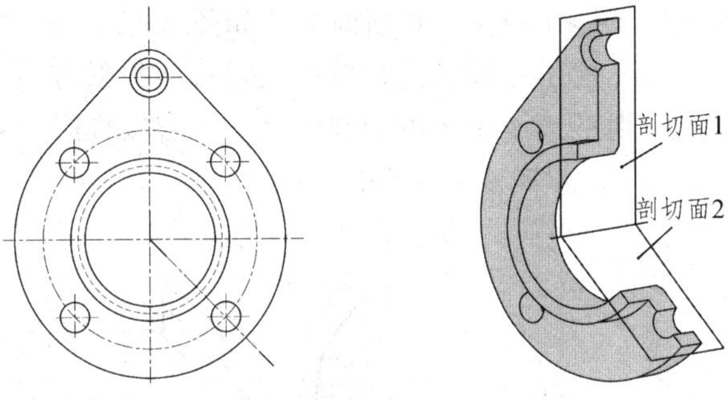

（a）

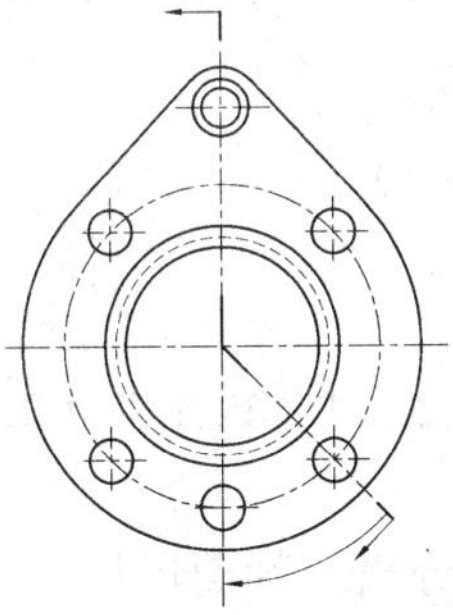

（b）

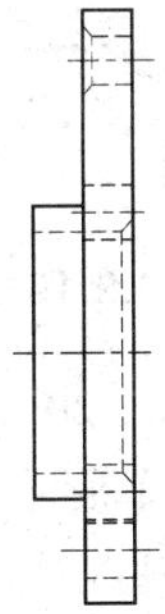

（c）

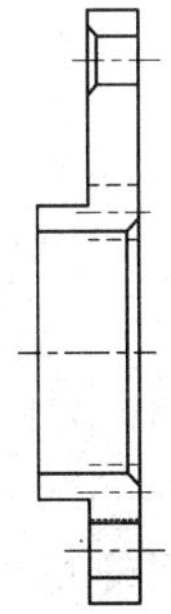

（d）

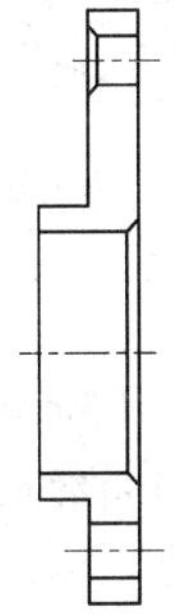

（e）

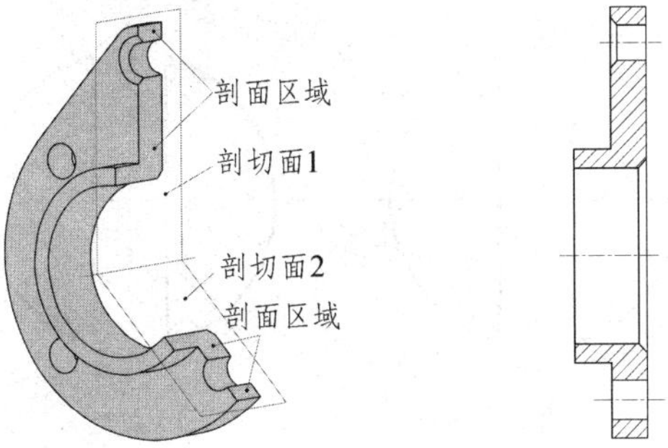

（f）

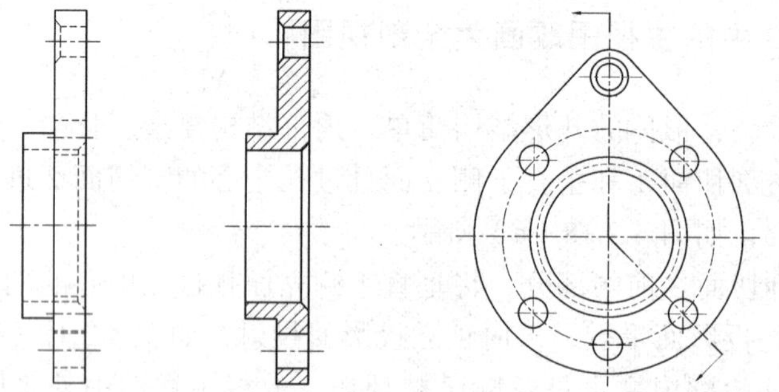

（g）

图 4.2.18

5. 在指定位置画出断面图（键槽宽 8 mm），并在主视图上将键槽、圆孔进行局部剖视

（1）画键槽断面图的步骤：由视图可知，键槽以过轴线的正平面为对称面，用垂直于轴线的侧平面剖切，如图 4.2.19（a）所示；其断面形状如图 4.2.19（b）所示；在断面内画剖面线成断面图，如图 4.2.19（c）所示；故在主视图中无需标注投射方向。若将断面图配置在剖切线或剖切符号延长线上，则不必标注字母和剖面符号；若按投影关系配置，或配置在其他位置，则需标注字母“×-×”，如图 4.2.19（d）所示。

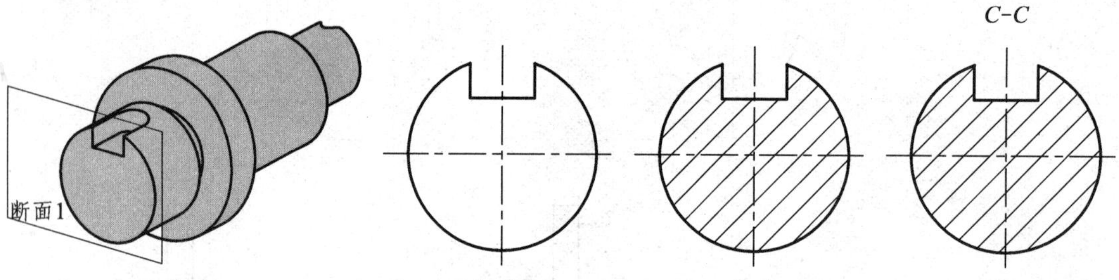

（a） （a） （a） （a）

图 4.2.19

（2）画圆孔断面图的步骤：剖切面如图 4.2.20（a）所示；断面形状如图 4.2.20（b）所示；在断面内画剖面线成断面图，如图 4.2.20（c）所示。

国标规定：当剖切面过回转形成的孔的轴线或出现完全分离的剖面区域时，该部分结构按剖视图绘制，如图 4.2.20（d）所示。

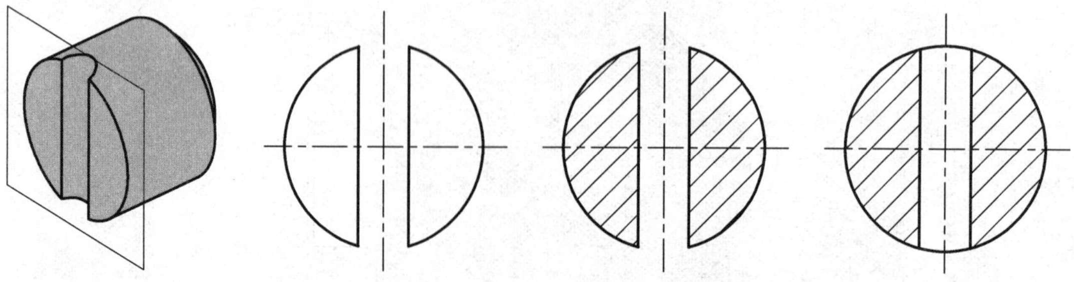

（a） （b） （c） （d）

图 4.2.20

（3）画键槽局部剖视图的步骤：先用细波浪线画出剖切位置，将剖切区域内的细虚线改画成粗实线，再在细波浪线与粗实线所围成的封闭区域内画上剖面线，如图 4.2.21 所示。

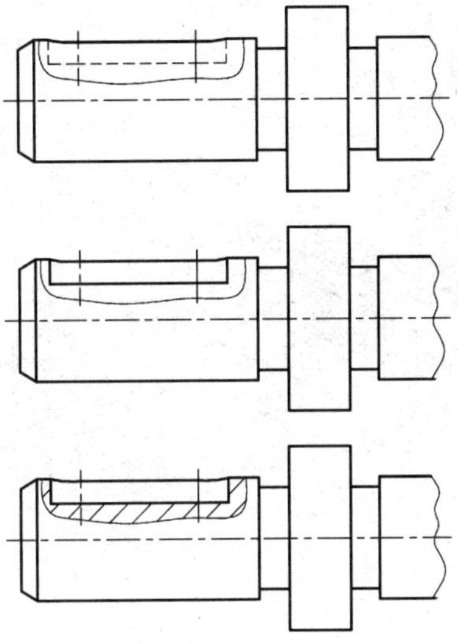

图 4.2.21

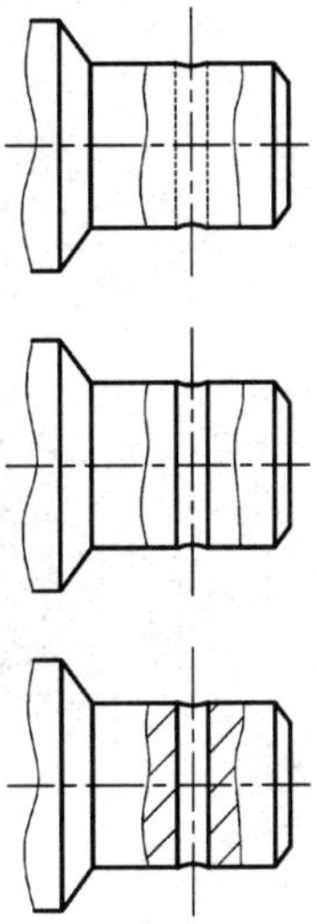

图 4.2.22

（4）画圆孔局部剖视图的步骤：先用细波浪线画出剖切位置，将剖切区域内的细虚线改画成粗实线，再在细波浪线与粗实线所围成的封闭区域内画上剖面线，如图 4.2.22 所示。

（5）最后结果如图 4.2.23 所示。

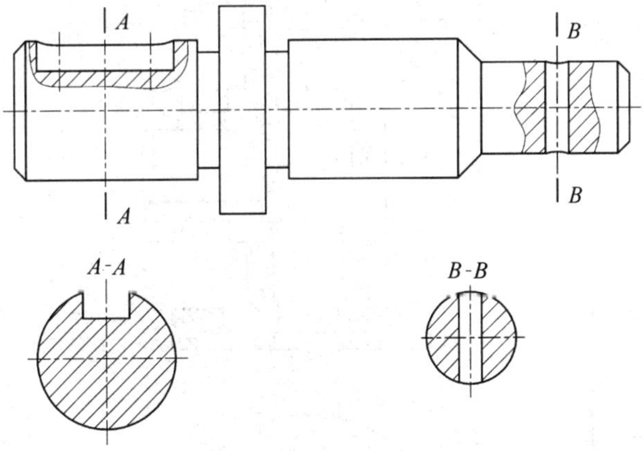

图 4.2.23

【拓展训练】

（1）用适当的视图表达图 4.2.24 所示的形体。（要求：表达完整、搭配适当、图形清晰、利于识图）

（2）识读图 4.2.25 所示视图，并完成下列要求：

① 标注出向视图、剖视图的名称及剖切位置；

② 说明主视图、俯视图分别是如何剖切所得；

③ 找出主视图上所示 1、2、3、4 面所对应的形状[在（a）、（b）、（c）、（d）中选择]。

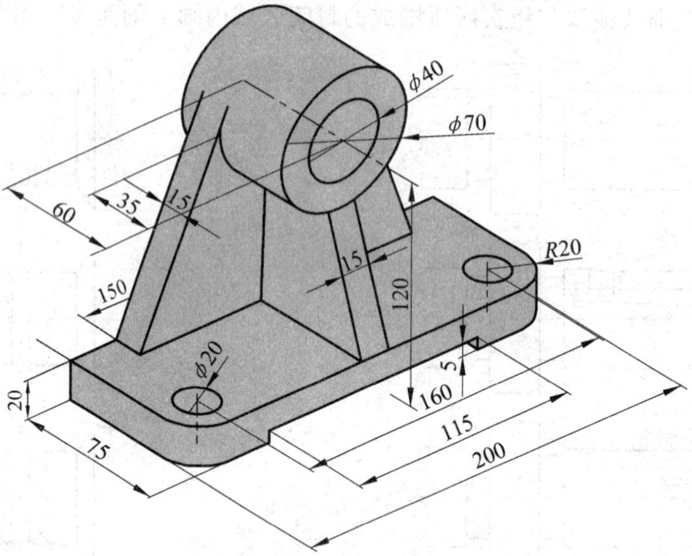

图 4.2.24

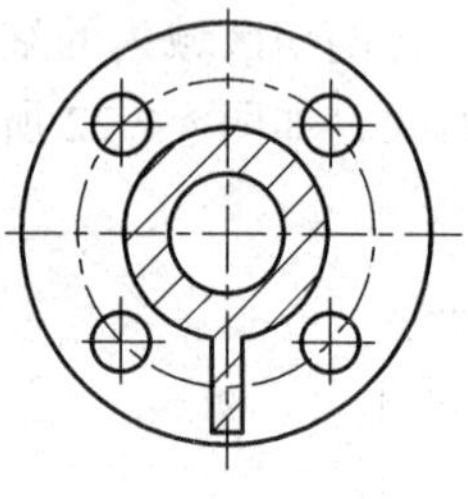

（a）

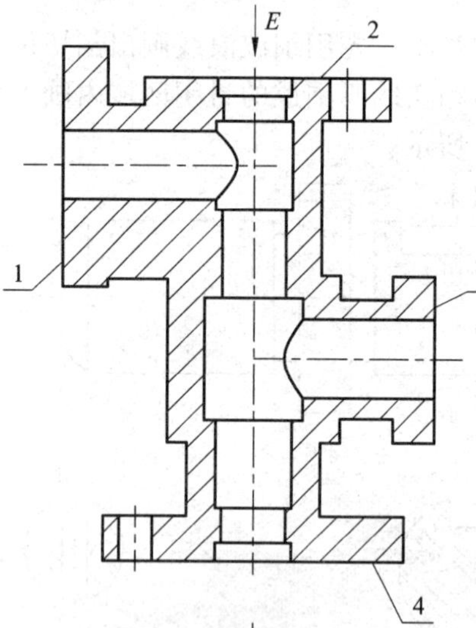

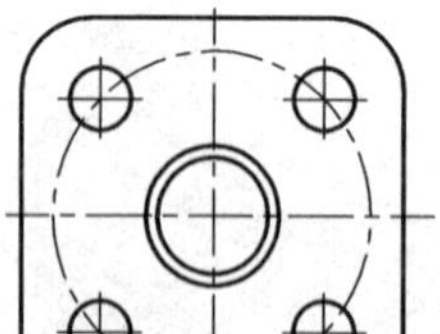

（b）

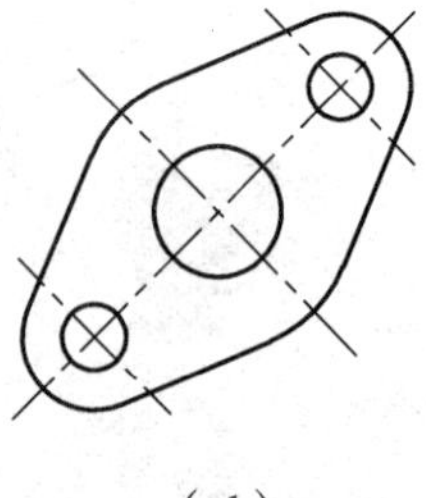

（d）

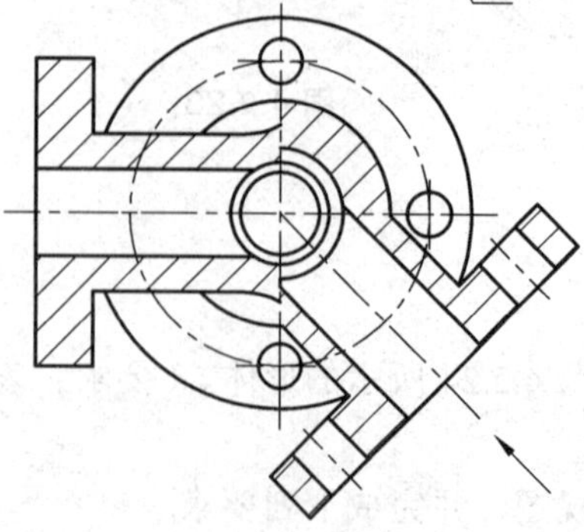

（c）

图 4.2.25

（3）用适当的视图表达图 4.2.25 所示形体。

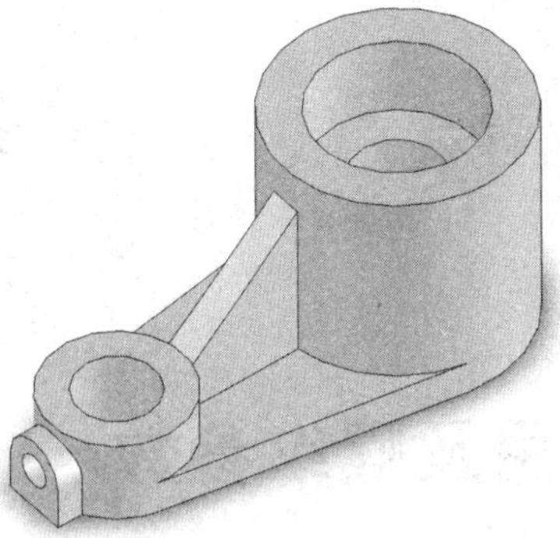

（a）

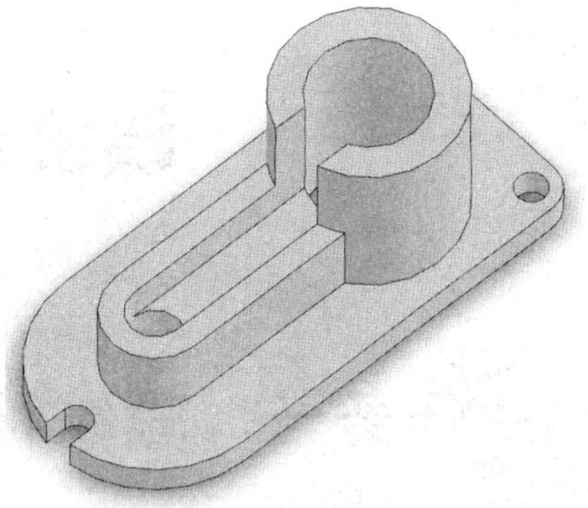

（b）

（c）

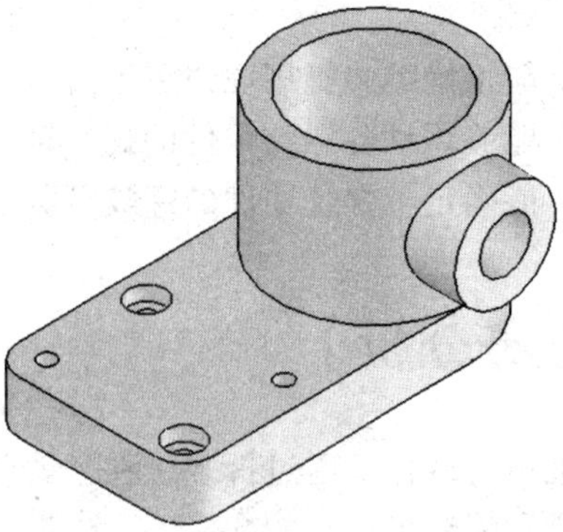

（d）

图 4.2.26

模块五　螺　纹

任务一　螺纹种类、应用及螺纹参数

【任务目标】

（1）能正确拆装机用虎钳，了解各零件的名称及其作用。
（2）能够识别各螺纹零件的螺纹种类。
（3）能确定各螺纹零件的螺纹参数。

【任务分析】

用虎钳为载体，通过拆装，在了解各零件的名称、结构及其作用的基础上，理解和掌握螺纹种类和螺纹各参数的含义。

【应知应会】

一、螺纹的种类及应用

螺纹是指在圆柱（锥）表面上，沿着螺旋线所形成的、具有相同剖面的连续凸起和沟槽。

1. 螺纹的作用

（1）利用加工有螺纹的螺纹连接件连接其他零件或物体；
（2）利用内、外螺纹组成的螺旋副来传递运动和（或）动力。

2. 螺纹的分类方法

（1）按螺纹的位置分：在外圆柱面或圆锥上所形成的螺纹为外螺纹；在内圆柱面或圆锥上所形成的螺纹为内螺纹。

（2）按螺纹的旋向分：顺时针旋入的螺纹为右旋螺纹，应用普遍，一般不标示；顺时针旋出的螺纹为左旋螺纹，用于特殊场合，用“LH”标示，如图 5.1.2 所示。

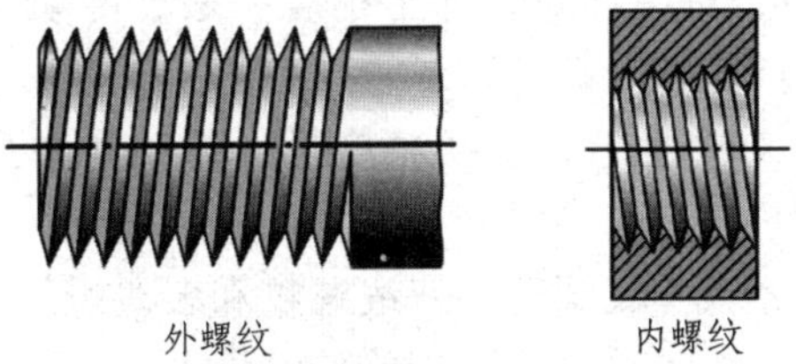

图 5.1.1

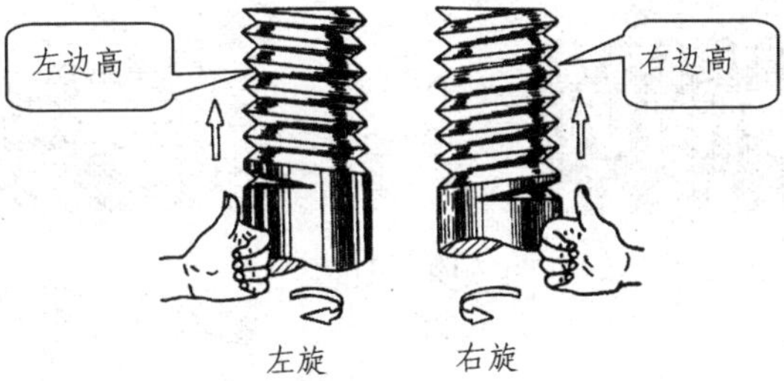

图 5.1.2

（3）按螺纹牙型分：普通螺纹（又称三角形螺纹）、管螺纹、梯形螺纹、锯齿形螺纹、矩形螺纹，如图 5.1.3 所示。

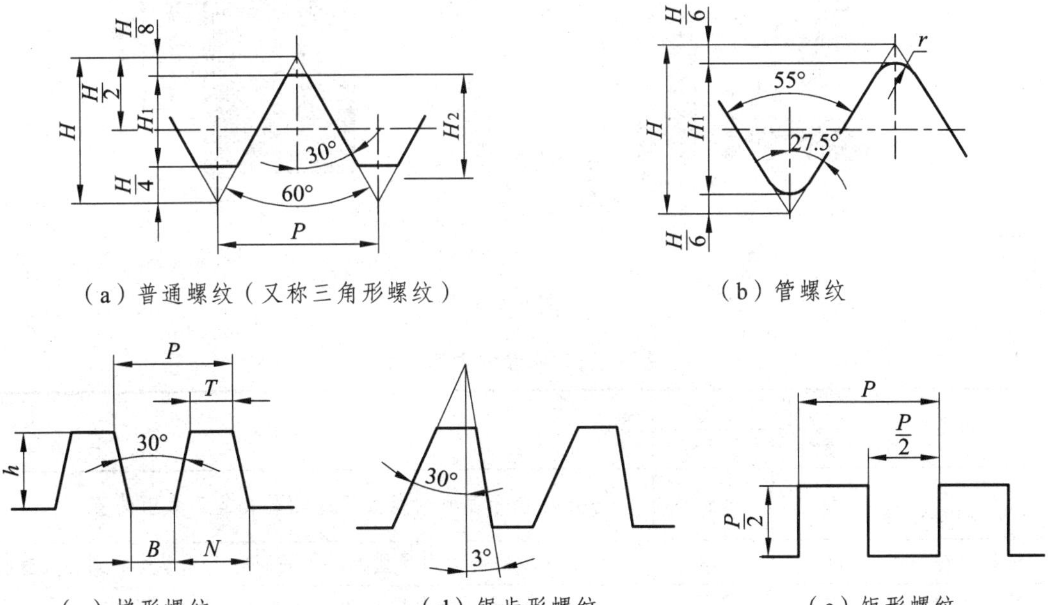

（a）普通螺纹（又称三角形螺纹）　（b）管螺纹

（c）梯形螺纹　（d）锯齿形螺纹　（e）矩形螺纹

图 5.1.3

普通螺纹又分粗牙螺纹和细牙螺纹。粗牙螺纹广泛用于各种紧固连接，细牙螺纹用于细小零件、薄壁管件和微调机构。

管螺纹又分非螺纹密封管螺纹和螺纹密封管螺纹，多用于管路连接。

梯形螺纹牙根强度较高，对中性较好，加工精度高，传动效率低，主要用于机床设备的螺旋传动。

锯齿形螺纹牙根强度高，对中性好，加工精度一般，传动效率稍低，主要用于起重机械或压力机械的单向螺旋传动。

矩形螺纹牙根强度低，对中性差，加工精度低，传动效率高，主要用于虎钳等的螺旋传动。

（4）按螺纹的线数分可分为单线螺纹、双线螺纹和多线螺纹，如图 5.1.4 所示。单线螺纹多用于螺纹连接，双线、多线螺纹多用于螺旋传动。

图 5.1.4

二、螺纹的主要参数（见图 5.1.5 和表 5.1.1）

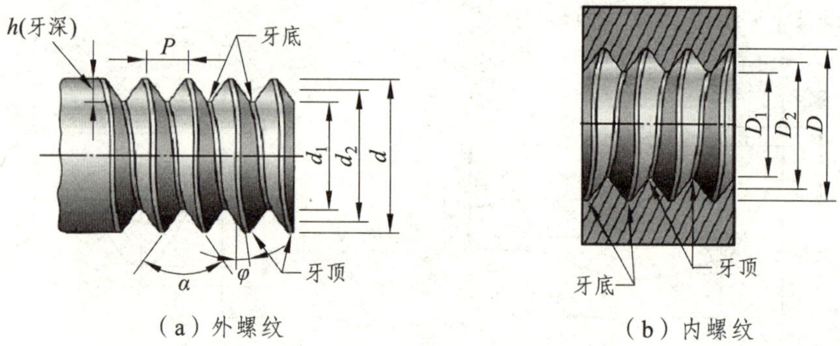

图 5.1.5

表 5.1.1 螺纹的主要参数

主要参数	代号		含 义
	内螺纹	外螺纹	
螺纹大径（公称直径）	D	d	与外螺纹牙顶或内螺纹牙底相重合的圆柱面的直径
螺纹中径	D_2	d_2	过螺纹轴的剖面内牙型上，牙间距等于牙厚处的圆柱面直径
螺纹小径	D_1	d_1	与外螺纹牙底或内螺纹牙顶相重合的圆柱面的直径
螺距	P		螺纹相邻两牙上对应点之间的轴向距离
导程	P_h		同一条螺旋线上螺纹相邻两牙上对应点之间的轴向距离
螺纹升角	ϕ		螺旋线切线与垂直于螺纹轴线的平面间夹角
牙型角	α		过螺纹轴的剖面内螺纹牙两侧边的夹角

螺距 P、导程 P_h、线数 Z 三者间关系：

$$P_h = Z_P$$

相互旋合的内、外螺纹，其牙型、螺距、线数、旋向、公称直径要相一致。

【任务实施】

一、任务条件

（1）分组拆装平口钳，了解各零件的名称及其作用；
（2）判别各螺纹零件的种类，确定它们的螺纹参数，并完成表 5.1.2。

表 5.1.2

零件名称		牙型	旋向	线数	螺距	导程	大径	小径
丝杆								
螺母	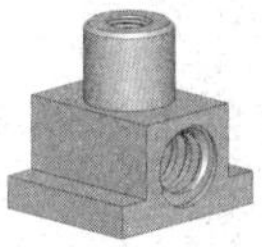							
螺钉	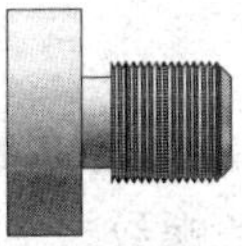							
六角螺母								
沉头螺钉								

二、任务实施步骤

（1）分组拆装平口钳（见图 5.1.6，教室内实施）。

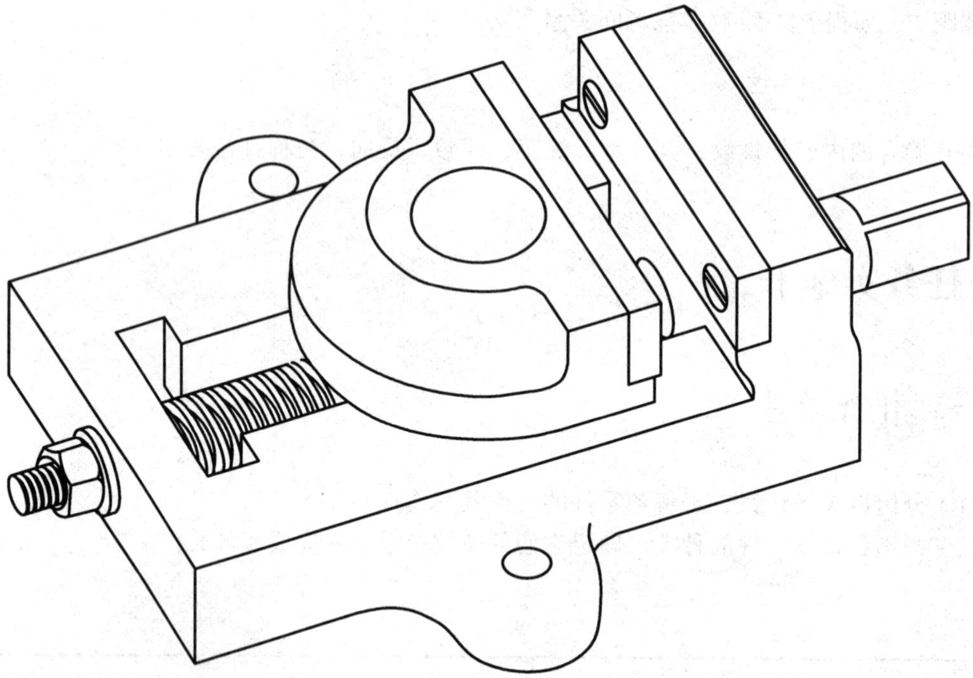

图 5.1.6 平口钳

① 全班学生以 4～5 人为一小组，指定一名同学任小组长，负责工具及平口钳的保管及拆装过程。

② 学生分组进行拆装，教师指导与讲评。

③ 拆装要求：注意安全注意事项；遵守课堂纪律；弄清楚每个零件的名称、结构形状、所在位置、作用及相互关系、拆卸与安装顺序。

（2）以丝杆为例，完成表 5.1.2。

① 由图 5.1.6（a）可看出，其牙型为矩形。

② 由图 5.1.6（b）可看出，螺旋线为右高左低，因此，其旋向为右旋。

③ 螺纹线数应在螺纹起始端面判别，若在端面上只有一条螺纹，则为单线螺纹，如图 5.1.7（c）所示。

④ 沿轴向量取 10 个牙顶距离 L，如图 5.1.7（d）所示，则螺距 $P=L/10$，因为 $P_h=NP$，且 $N=1$，所以导程与螺距相等。

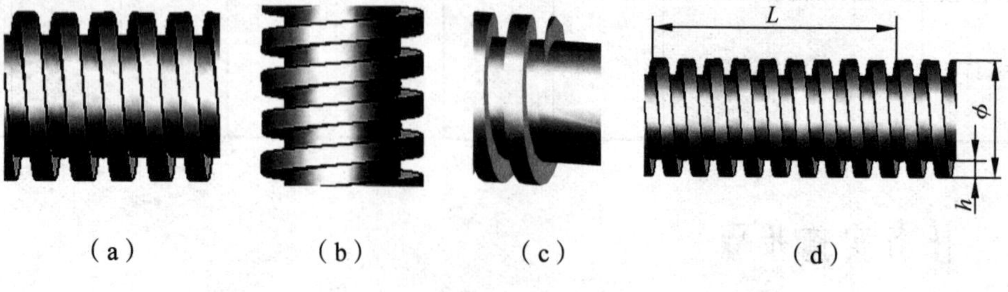

（a）（b）（c）（d）

图 5.1.7

⑤ 用卡尺测量牙顶直径ϕ值，即为螺纹大径；再量取牙顶高度 h，小径=大径 − $2h$。

⑥ 将所得结论填入表 5.1.3。

表 5.1.3　丝杆的螺纹参数

零件名称		牙型	旋向	线数	螺距	导程	大径	小径
丝杆		矩形	右旋	单	4	4	22	18

⑦ 用同样的方法完成其余螺纹件的螺纹参数，完成表 5.1.2。

【拓展任务】

列举 3 ~ 5 个日常生活中所见螺纹制品，确定其名称、螺纹牙型、线数、旋向、螺距或导程，并说明螺纹制品的作用。

【成绩评价】

对学生完成任务的情况进行评分，并填入表 5.1.4 中。

表 5.1.4

项　目	同学评价（40%）	教师评价（60%）	综合评价	备注
拆装平口钳的正确性和规范性				
团结协作精神				
表述与回答问题				
表格完成情况				

任务二 螺纹的画法及螺纹代号与识读

【任务目标】

（1）能按规定画法正确绘制内、外螺纹零件。
（2）能正确绘制螺纹的旋合画法。
（3）能正确识读、标注螺纹代号。
（4）能正确选配螺栓、螺母并绘制螺栓连接图。
（5）能使用 CAXA 电子图板中的图库，绘制螺纹连接件。

【任务分析】

以平口钳为载体，通过测绘丝杆、螺母零件图，进而掌握螺纹的画法；通过绘制螺栓连接图，掌握常用螺纹连接件的选用、代号标记、规格查询及 CAXA 电子图板的应用。

【应知应会】

一、螺纹的规定画法

1. 外螺纹画法

螺纹的牙顶（大径）及螺纹终止线用粗实线表示；牙底（小径）用细实线表示（小径近似地画成大径的 0.85 倍），并画入螺杆的倒角或倒圆部分。在垂直于螺纹轴线的投影面的视图中，表示牙底的细实线圆只画约 3/4 圈，此时，螺杆上的倒角或倒圆省略不画，如图 5.2.1 所示。

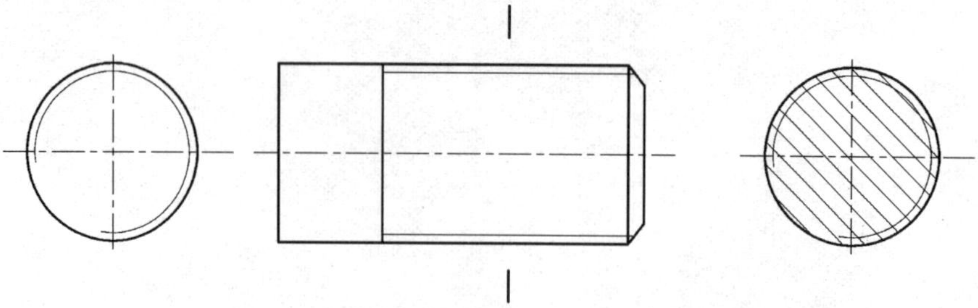

图 5.2.1

2. 内螺纹的画法

内螺纹一般画成剖视图，其牙顶（小径）及螺纹终止线用粗实线表示；牙底（大径）用细实线表示，剖面线画到粗实线为止。不作剖视时，所有图线均用虚线绘制。在垂直于螺纹轴线的投影面的视图中，小径圆用粗实线表示，大径圆用细实线表示，且只画 3/4 圈，此时，螺孔上的倒角或倒圆省略不画，如图 5.2.2 所示。

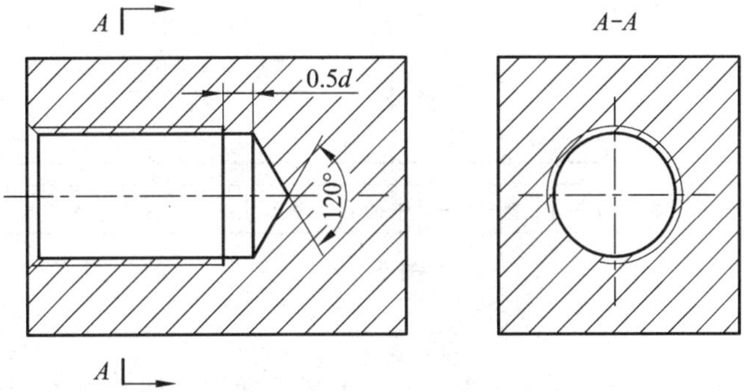

图 5.2.2

3. 螺纹连接的画法

用剖视图表示一对内外螺纹连接时，其连接部分应按外螺纹绘制，其余部分仍按各自的规定画法绘制，如图 5.2.3 所示。

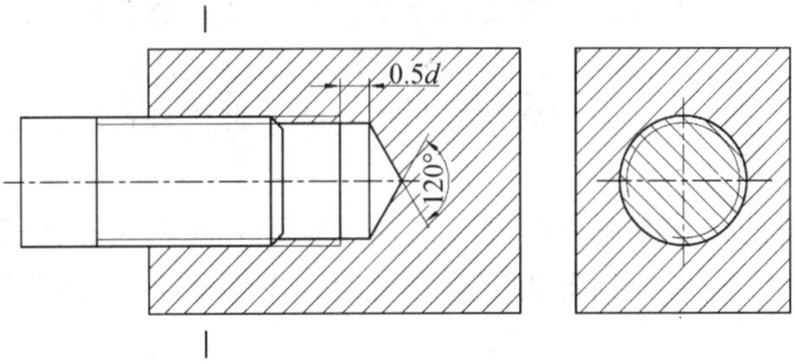

图 5.2.3

注意：表示内、外螺纹大、小径的粗、细实线必须分别对齐，且与倒角大小无关。

4. 螺纹牙型的表示方法

当需要表示牙型时，可用局部剖视图或局部放大图表示，如图 5.2.4 所示。

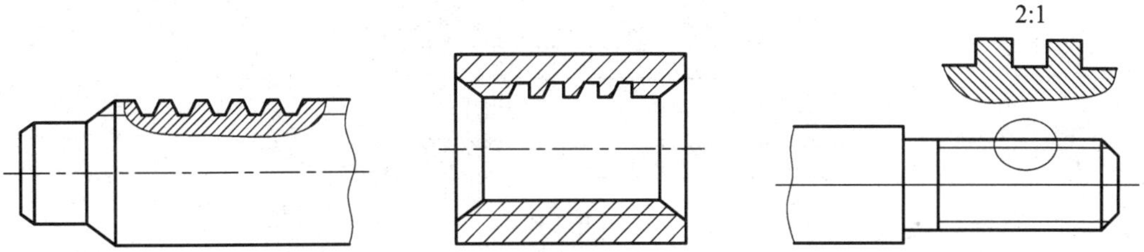

图 5.2.4

二、螺纹的标记

1. 普通螺纹的标记

普通螺纹的完整标记由螺纹代号、螺纹公差带代号和螺纹旋合长度代号组成，如图 5.2.5 所示。

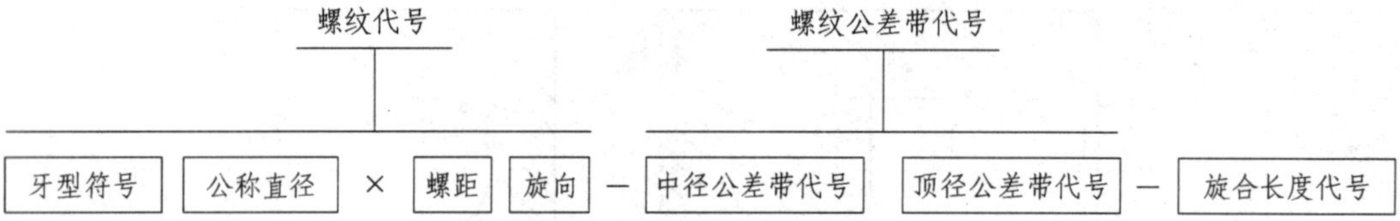

图 5.2.5

（1）螺纹代号。

粗牙普通螺纹用字母 M 及公称直径表示，细牙普通螺纹用字母 M 及公称直径 × 螺距表示。当螺纹为左旋时，在螺纹代号之后加"LH"。例如，M24 表示公称直径为 24 mm 的粗牙普通螺纹；M24 × 1.5LH 表示公称直径为 24 mm、螺距为 1.5 mm、旋向为左旋的细牙普通螺纹。

（2）螺纹公差带代号。

螺纹公差带代号包括中径公差带代号和顶径（外螺纹大径和内螺纹小径）公差带代号。公差带代号是由表示公差等级的数字和表示基本偏差的字母组成，其中：大写字母用于表示内螺纹，小写字母用于表示外螺纹。螺纹公差带代号标注在螺纹代号之后，中间用"—"分开。如果螺纹的中径公差带和顶径公差带代号不同，则分别注出，前者表示中径公差带，后者表示顶径公差带；如果螺纹的中径公差带和顶径公差带代号相同，则只标注一个代号。

（3）螺纹旋合长度代号。

螺纹旋合长度是指两个相互配合的螺纹沿螺纹轴线方向相互旋合部分的长度。

螺纹旋合长度分为三组，分别称为短旋合长度、中等旋合长度和长旋合长度，相应的代号为 S、N、L。

一般情况下，若不标注螺纹旋合长度，使用时则按中等旋合长度确定。特殊需要时，可注明旋合长度的数值。

普通螺纹的标记示例如图 5.2.6、5.2.7 所示。

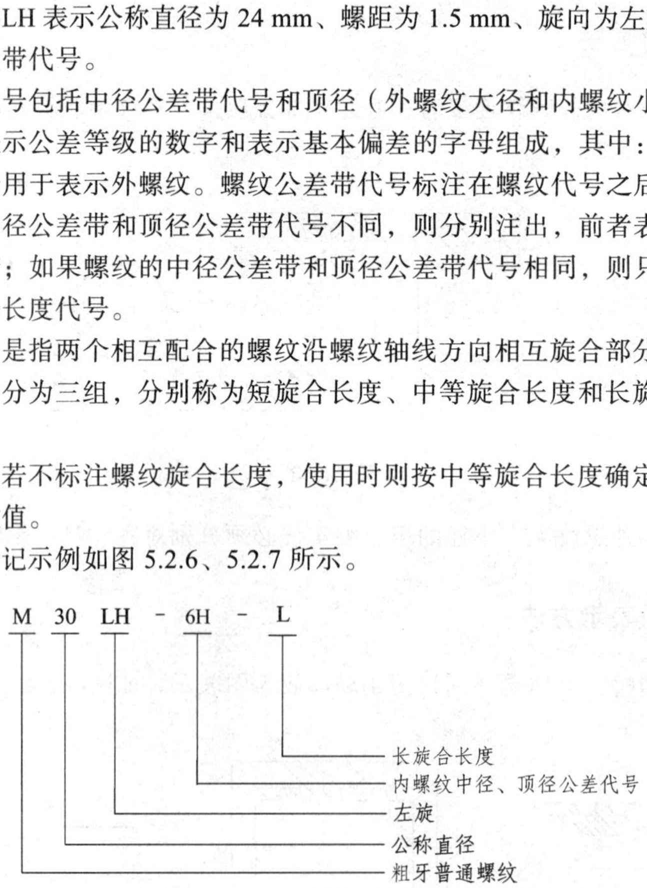

图 5.2.6

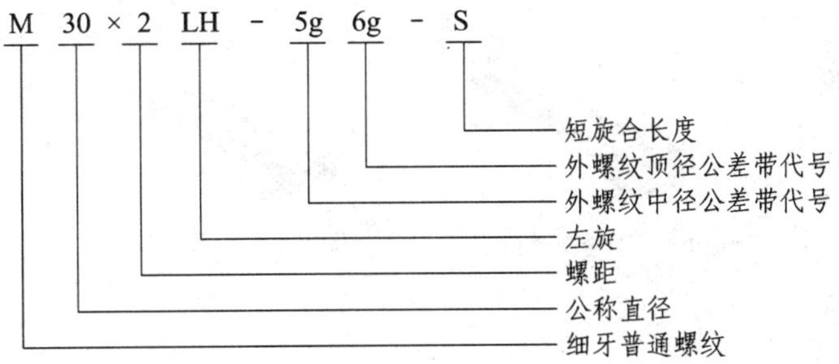

图 5.2.7

2. 梯形螺纹的标记

梯形螺纹的标记与普通螺纹的标记类似，其完整标记也是由螺纹代号、螺纹公差带代号和螺纹旋合长度代号组成。

（1）螺纹代号。

单线梯形螺纹用 Tr 及公称直径 × 螺距表示；多线梯形螺纹用 Tr 及公称直径 × 导程（P 螺距）表示。当螺纹为左旋时，在螺纹代号之后加“LH”字。

（2）螺纹公差带代号。

梯形螺纹公差带代号只标注中径公差带代号，由表示公差等级的数字和表示基本偏差的字母组成，其中大写字母用于表示内螺纹、小写字母用于表示外螺纹 。

（3）螺纹旋合长度代号。

螺纹旋合长度分为 N、L 两组。一般情况下，若不标注螺纹旋合长度，使用时则按中等旋合长度确定。当旋合长度为 L 时，应将组别代号 L 写在公差带代号之后，中间用“-”分开；特殊需要时，可注明旋合长度的数值，中间用“-”分开。

梯形螺纹的标记示例如图 5.2.8 所示。

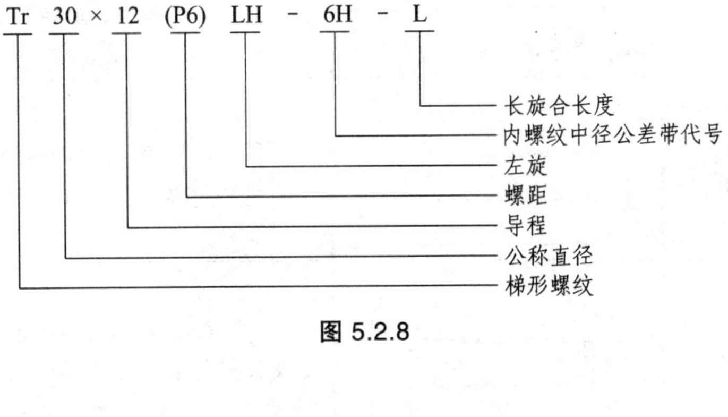

图 5.2.8

三、常用螺纹紧固件的种类及标记

螺纹紧固件就是运用一对内、外螺纹的连接作用来连接和紧固一些零部件的零件。

（1）常用的螺纹紧固件有螺栓、螺柱、螺钉、螺母和垫圈等，如图 5.2.9 所示。

（a）内六角圆柱头螺钉　（b）开槽圆柱头螺钉　（c）半圆柱头螺钉　（d）开槽沉头螺钉

（e）平垫圈　（f）弹簧垫圈　（g）圆螺母用止动垫圈　（h）圆螺母　（i）紧定螺钉

图 5.2.9

（2）常用螺纹紧固件的图例、标记及含义见表 5.2.1。

表 5.2.1　常用螺纹紧固件的图例、标记及含义

名称及国标代号	图　例	标记及其含义
六角头螺栓 GB/T 5780—2000	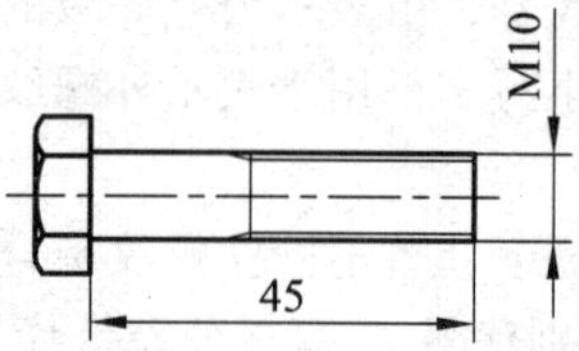	螺栓　GB/T5782　M10×45 螺纹规格 d=10，公称长度 l=45，杆身半螺纹，C 级六角螺纹
双头螺柱 GB/T 897—1988	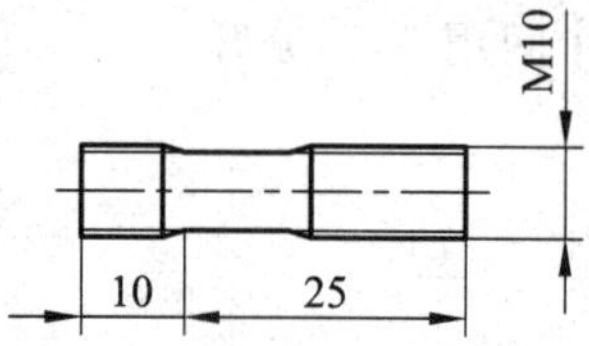	螺柱　GB/T897　M10×25 螺纹规格 d=10，公称长度 l=25，两端均为粗牙普通螺纹，A 型，bm=1d 的双头螺柱
开槽圆柱头螺钉 GB/T 65—2000	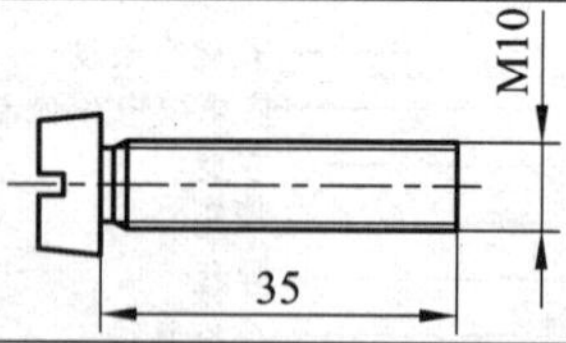	螺钉　GB/T65　M10×35 螺纹规格 d=10，l=35，开槽圆柱头螺钉
开槽盘头螺钉 GB/T 67—2000	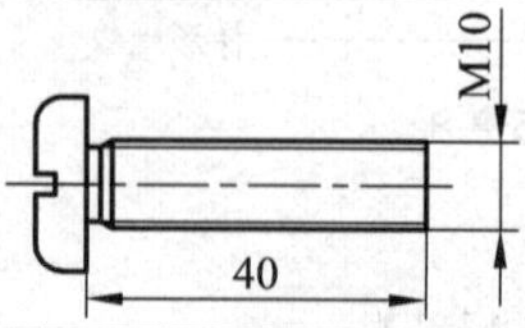	螺钉　GB/T67　M10×40 螺纹规格 d=10，l=40，开槽盘头螺钉
内六角圆柱头螺钉 GB/T 70.1—2000	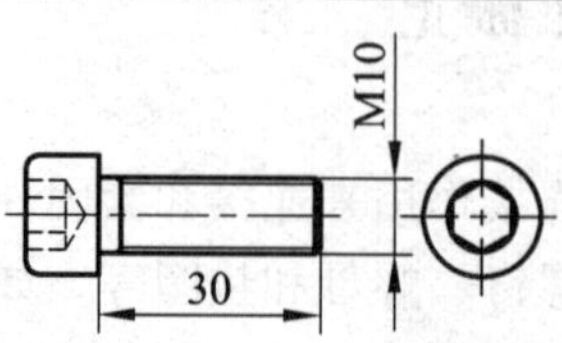	螺钉　GB/T70.1　M10×30 螺纹规格 d=10，l=30，内六角圆柱头螺钉

续表 5.2.1

<table>
<tr><th>名称及国标代号</th><th>图　例</th><th>标记及其含义</th></tr>
<tr><td>开槽沉头螺钉
GB/T 68—2000</td><td>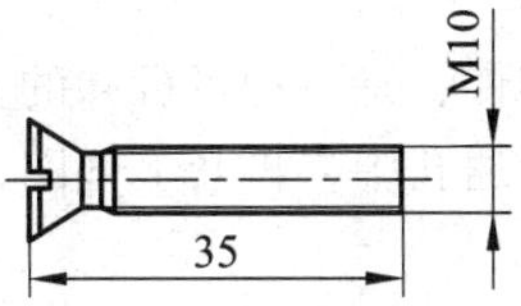
</td><td>螺钉　GB/T68　M10×35
螺纹规格 d=10，l=30，开槽沉头螺钉</td></tr>
<tr><td>十字槽沉头螺钉
GB/T 819.1—2000</td><td>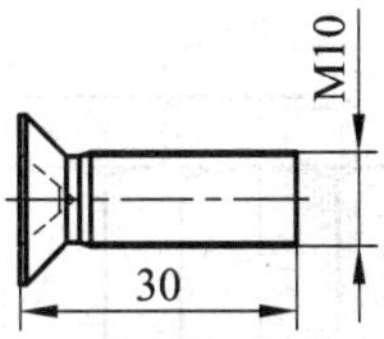
</td><td>螺钉　GB/T819.1　M10×30
螺纹规格 d=10，l=30，十字槽沉头螺钉</td></tr>
<tr><td>开槽锥端紧定螺钉
GB/T 71—1985</td><td>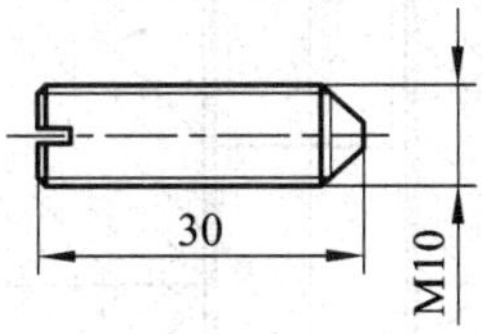
</td><td>螺钉　GB/T71　M10×30
螺纹规格 d=10，l=30，开槽锥端紧定螺钉</td></tr>
<tr><td>开槽长圆柱端紧定螺钉
GB/T 75—1985</td><td>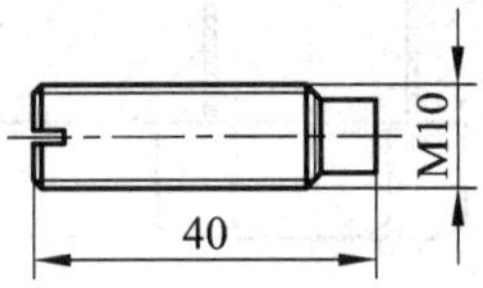
</td><td>螺钉　GB/T75　M12×40
螺纹规格 d=12，l=40，开槽长圆柱端紧定螺钉</td></tr>
<tr><td>Ⅰ型六角螺母
GB/T 41—2000</td><td>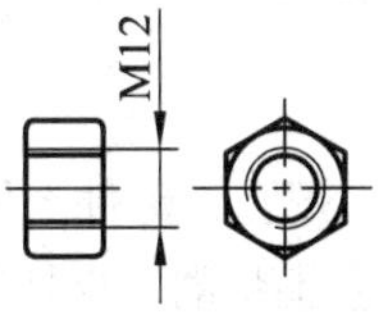
</td><td>螺母　GB/T41　M12
螺纹规格 D=12，C 级Ⅰ型六角螺母</td></tr>
<tr><td>Ⅰ型六角开槽螺母
GB/T 6178—1986</td><td>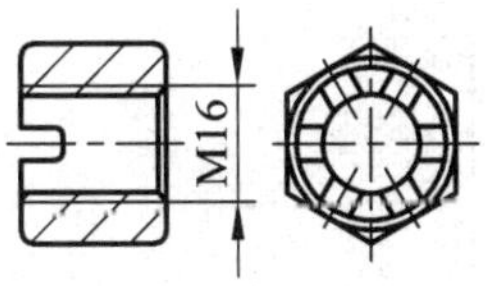
</td><td>螺母　GB/T6178　M16
螺纹规格 D=16，A 级Ⅰ型六角开槽螺母</td></tr>
<tr><td>平垫圈
GB/T 97.1—2002</td><td>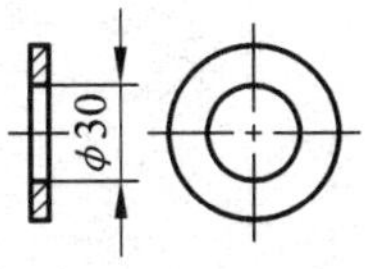
</td><td>垫圈　GB/T97.1　12
规格标准系列，公称尺寸 d=12，A 级平垫圈</td></tr>
<tr><td>标准型弹簧垫圈
GB/T 93—1987</td><td>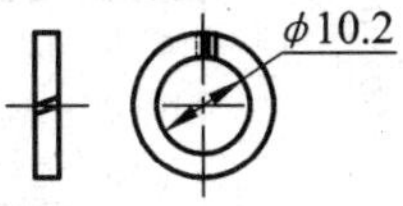
</td><td>垫圈　GB/T93　10
规格 ϕ10，材料为 65Mn，标准型弹簧垫圈</td></tr>
</table>

（3）螺纹紧固件的连接画法。

螺纹紧固件连接的基本形式：螺栓连接、双头螺柱连接、螺钉连接。

装配画法应注意以下规定：两零件接触面只画一条线，不接触面必画两条线；在剖视图中，同一零件的剖面线必须相同，不同零件的剖面线必不相同；当剖切面过零件轴线时，该零件按不剖绘制。

① 螺栓连接。

螺栓连接用于连接不太厚并钻成通孔的零件，是一种可拆卸的紧固方式。

连接步骤：将螺栓穿入被连接的两零件的通孔中，再套上垫圈，以增加支撑和防止擦伤零件表面，然后拧紧螺母，如图 5.2.10 所示。

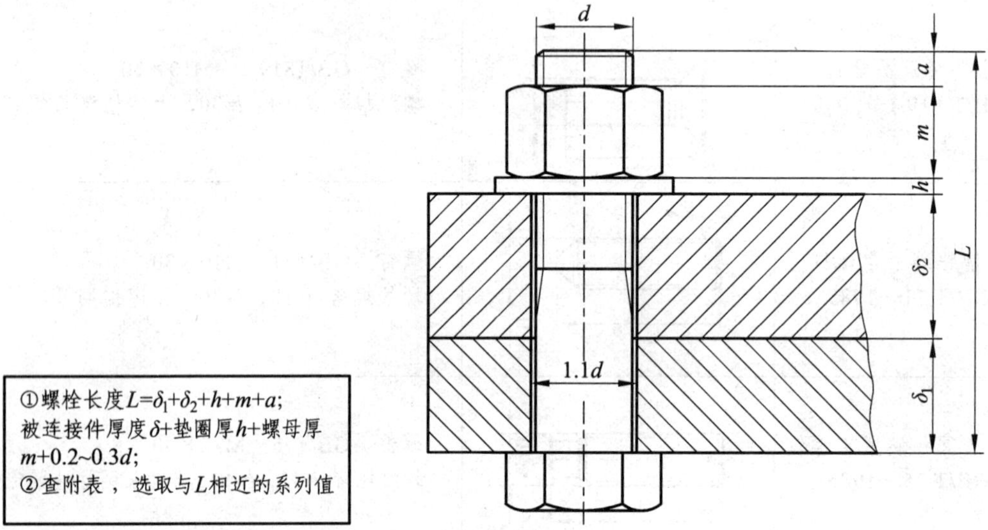

图 5.2.10

② 双头螺柱连接。

用于连接一厚、一薄的两个零件，在厚件上加工螺孔，薄件上加工光孔。螺柱旋入端应全部旋入螺孔，旋入端螺纹长度为 bm，然后盖上薄件，套上垫圈，再拧紧螺母，如图 5.2.11 所示。

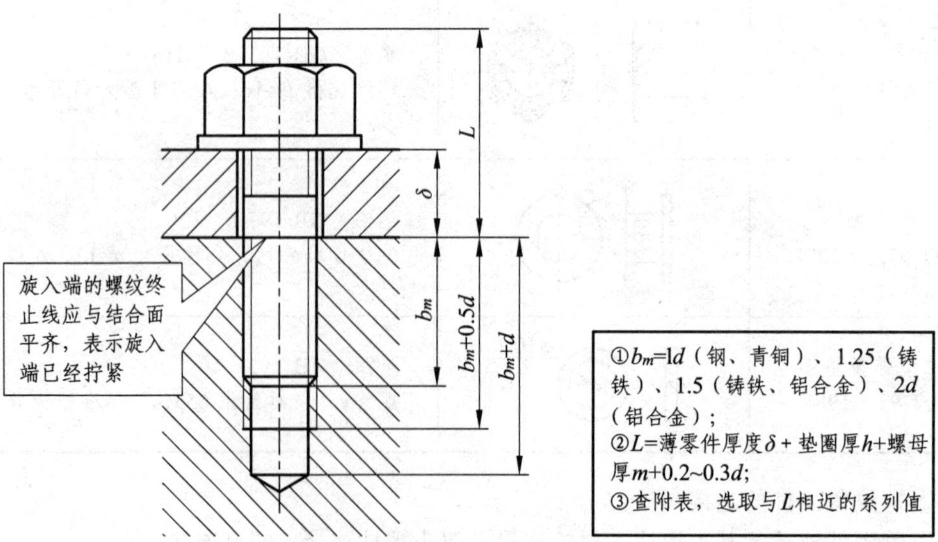

图 5.2.11

【任务实施】

一、任务条件

（1）测绘平口钳丝杆零件（见图 5.2.12）

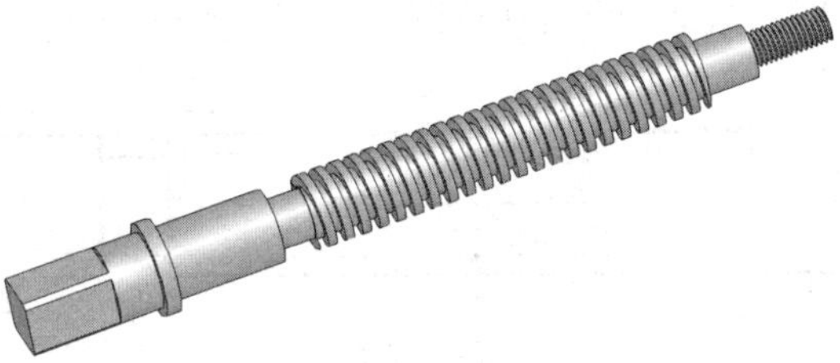

图 5.2.12　丝杆

（2）测绘平口钳螺母零件（见图 5.2.13）。

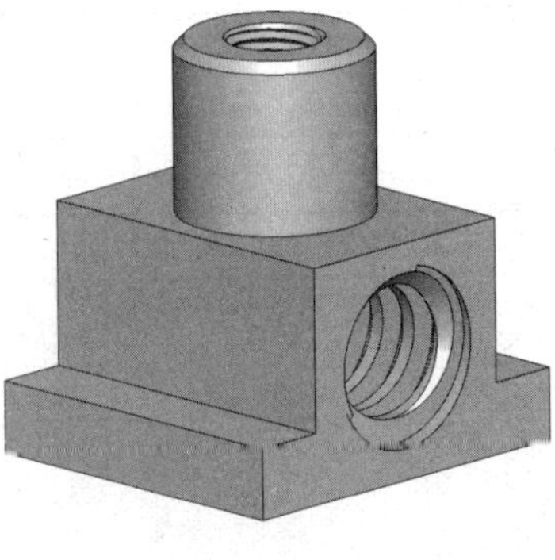

图 5.2.13

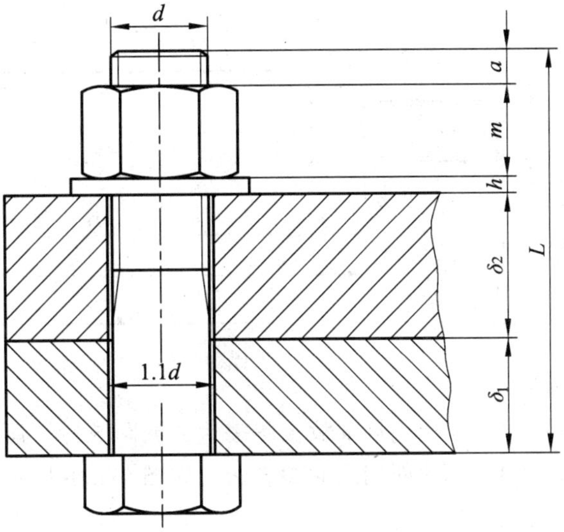

图 5.2.14

（3）按要求选配螺纹连接件。已知：被连接件厚度分别为δ_1=15，δ_2=25，采用螺栓、螺母连接，螺纹公称直径 d=10，如图 5.2.14 所示。请选择钻孔直径和螺栓、螺母、垫圈的规格，并完成表 5.2.2。

表 5.2.2　所选螺纹连接件参数表（完成前）

	标　记	主要尺寸		
垫圈		d_1	d_2	h
螺母		e	s	m
螺栓		b	k	l
钻孔直径=1.1d				

（4）用 CAXA 电子图板绘制螺栓连接图。

二、任务实施步骤

1. 平口钳丝杆零件的测绘步骤

（1）将平口钳丝杆水平放置，绘制其草图，如图 5.2.15 所示。

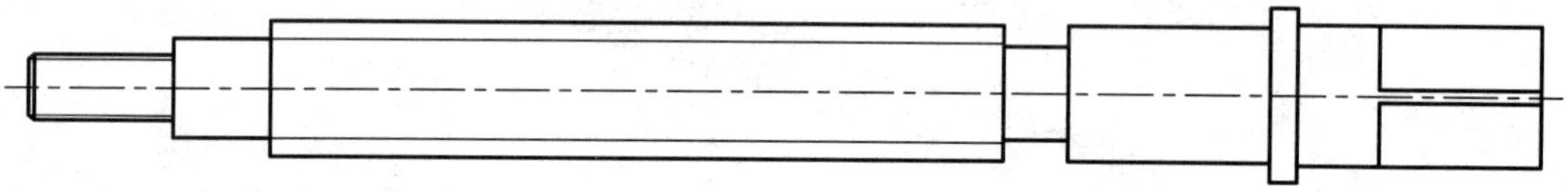

图 5.2.15

（2）量取尺寸并标于图上，如图 5.2.16 所示。

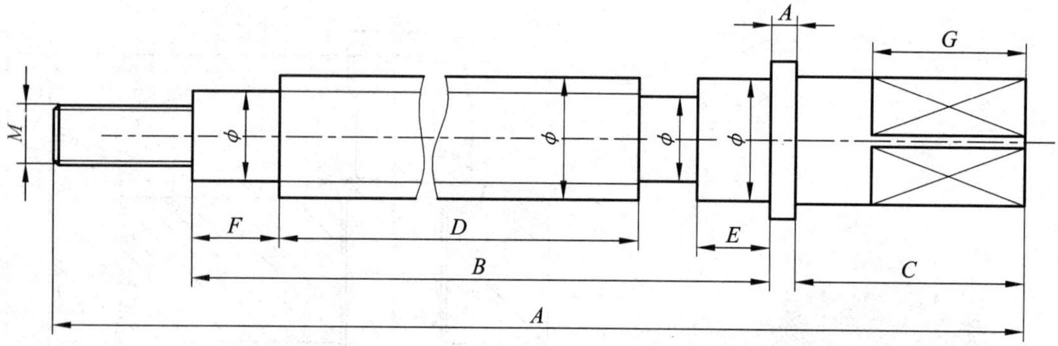

图 5.2.16

（3）牙型用局部放大图表达，如图 5.2.17 所示。
（4）右端面用断面图表达，如图 5.2.18 所示。

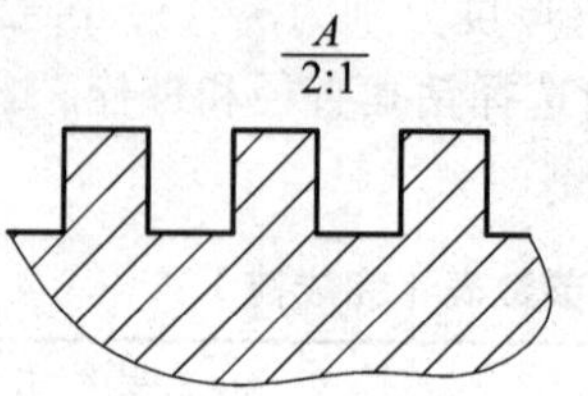

图 5.2.17

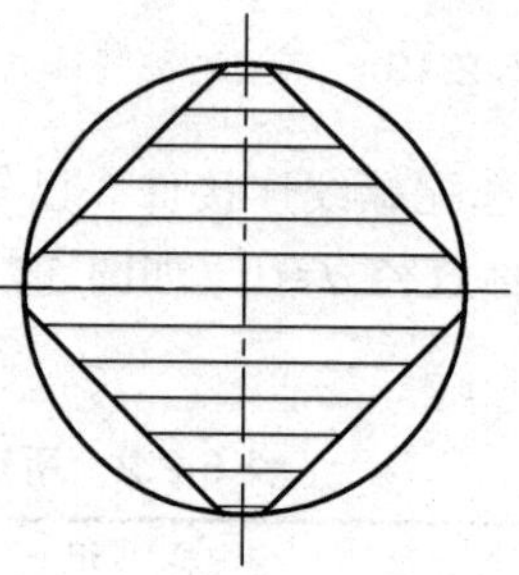

图 5.2.18

（5）用 A4 图幅，比例选 1 : 1，绘制其零件图，如图 5.2.19 所示。

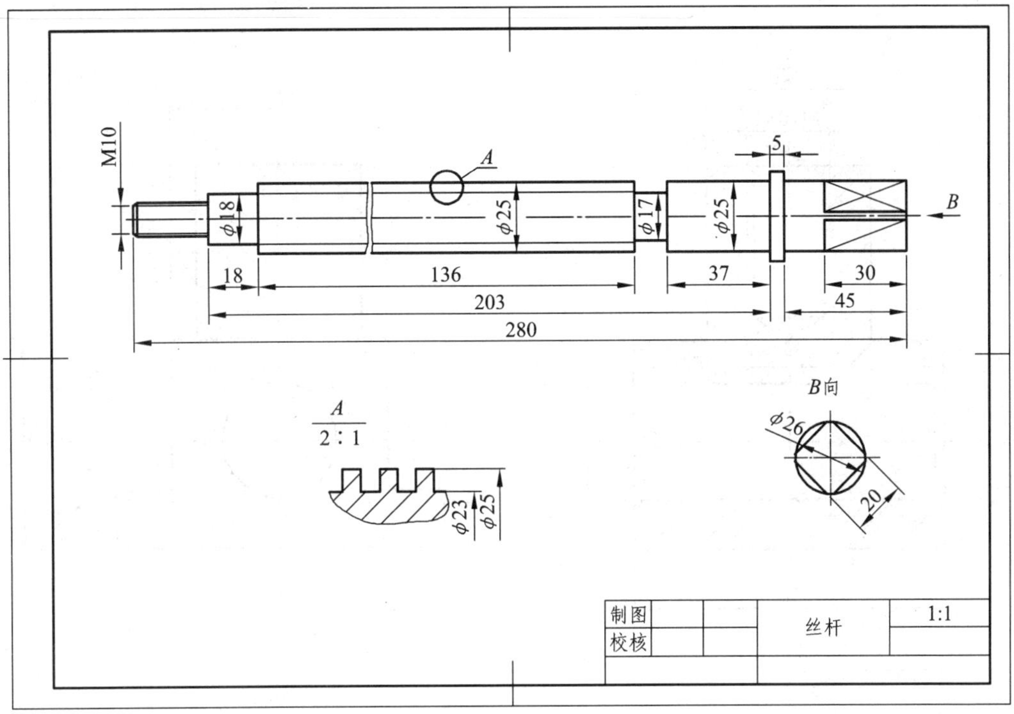

图 5.2.19

2. 平口钳螺母零件的测绘步骤

（1）由实体可看出，其结构前后对称，为表达形体的内部结构复杂，故应用平行于正平面且过内孔轴线的单一剖切面进行全剖视，如图 5.2.20 所示。

（2）主视图中原不可见轮廓，现变成可见，故将主视图中的细虚线改画成粗实线；而外轮廓内原可见轮廓已被剖切，故将主视图中外轮廓内的粗实线删除。判别剖切面与形体的接触区域——剖面区域，并在该区域内画上剖面线，如图 5.2.21 所示（徒手绘制图）。

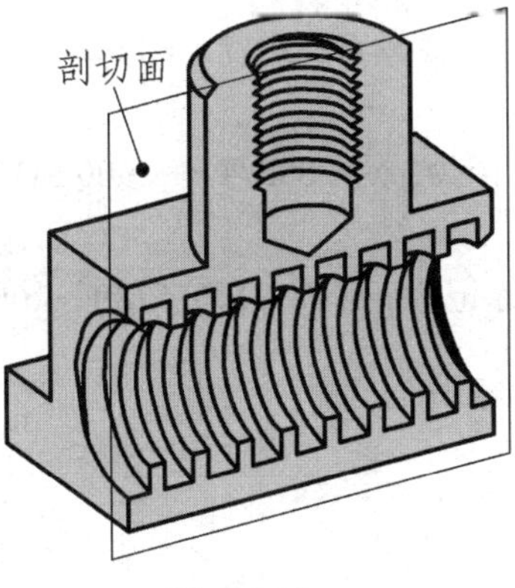

图 5.2.20

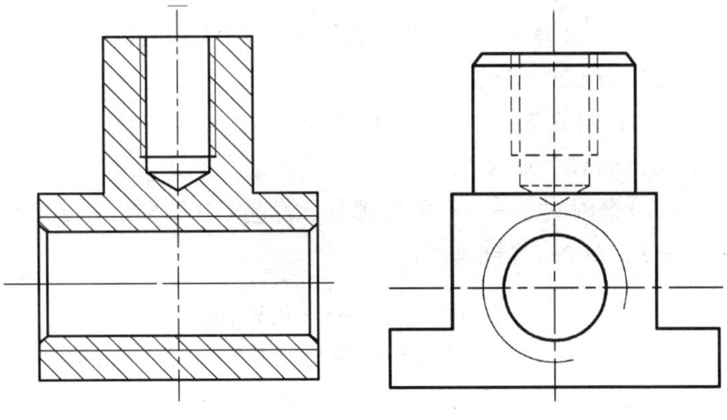

图 5.2.21

（3）测量相关尺寸，并标注在图 5.2.20 上。

（4）使用绘图工具，按比例绘制该螺母的零件图，并标注尺寸，如图 5.2.22 所示。

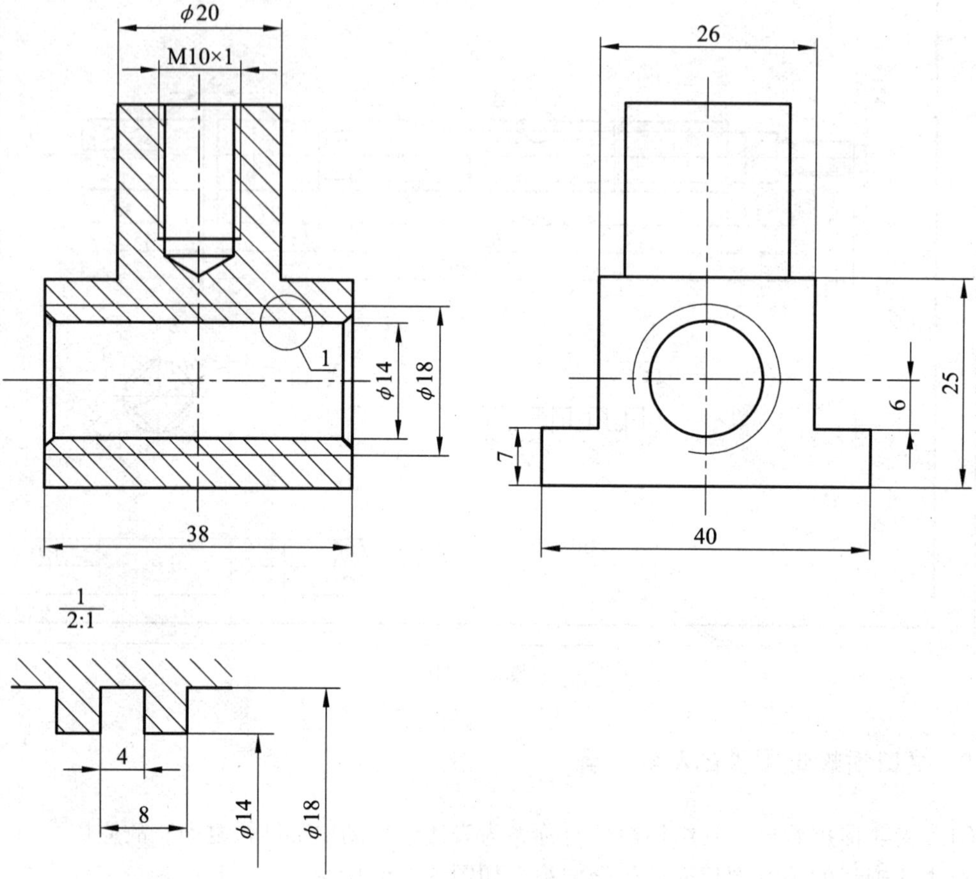

图 5.2.22

3. 完成任务条件（3）的步骤

（1）查附表 9——垫圈，若选 GB/T 97.1—2002，则标记为：垫圈 GB/T 97.1—2002 10，d_1=10.5，d_2=20，h=2；

（2）查附表 3——Ⅰ型六角螺母，若选 GB/T 41—2000，则标记为：螺母 GB/41—2000 M10，e=17.6，S=16，m=9.5；

（3）查附表 2——六角头螺栓，若选 GB/T 5780—2000，则标记为：螺栓 GB/T 5780—2000 M10×L，b=26，k=6.4

$$L=\delta_1+\delta_2+h+m+(0.3\sim0.5)d$$
$$=15+25+2+9.5+(0.3\sim0.5)\times10$$
$$\approx(55\sim58)\text{ mm}$$

取 L 系列值为 60 mm。

将以上参数填入表 5.2.2，结果见表 5.2.3。

表 5.2.3　所选螺纹连接件参数表（完成后）

	标　记	主要尺寸（mm）		
垫圈	垫圈 GB/T 97.1—2002 10	d_1=20	d_2=10.5	h=2
螺母	螺母 GB/41—2000 M10	e=17.6	s=16	m=9.5
螺栓	螺栓 GB/T5780—2000 M10×60	b=26	k=6.4	l=60
钻孔直径=1.1d	11 mm			

4. 用 CAXA 电子图板绘制螺栓连接图的步骤

（1）启动 CAXA 电子图板，点击菜单“幅面”/“图幅设置”；在“图幅设置”对话框里，依次选定“图纸幅面”/“A3”，“比例”/“1∶1”，“图框”/“竖 A4”，“标题栏”/“机标 A”，然后单击“确定”。

（2）用“直线”、“剖面线”工具绘制图 5.2.23 所示图形，保存文件。

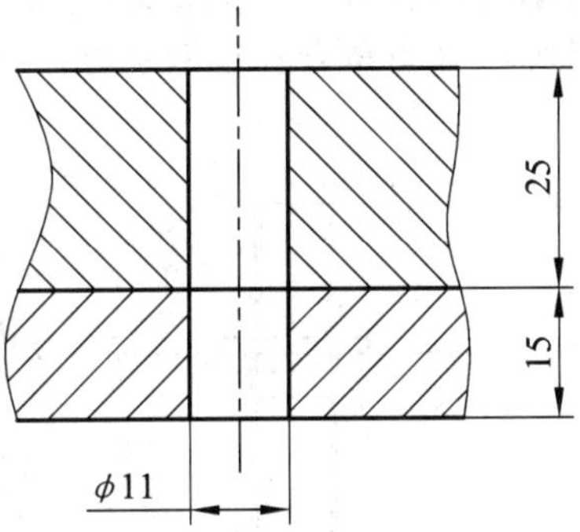

图 5.2.23

（3）点击菜单“绘图”/“库操作”/“提取图符”；在“提取图符”对话框里，依次选定“图符大类”/“垫圈和挡圈”，“图符小类”/“圆垫圈”，“图符列表”/“GB/T97.1—2002 平垫圈”；单击“下一步”按钮，在“图符预处理”对话框里，依次选定“规格”/“10”，“尺寸开关”/“关”，“图符处理”/“消隐”，然后单击“确定”按钮。在绘图区空白处单击，即得到“垫圈 GB/T 97.1—2002　10”的视图，如图 5.2.24 所示。

（4）“螺母 GB/T 41—2000 M10”的视图如图 5.2.25 所示，提取过程类似于步骤（3）。

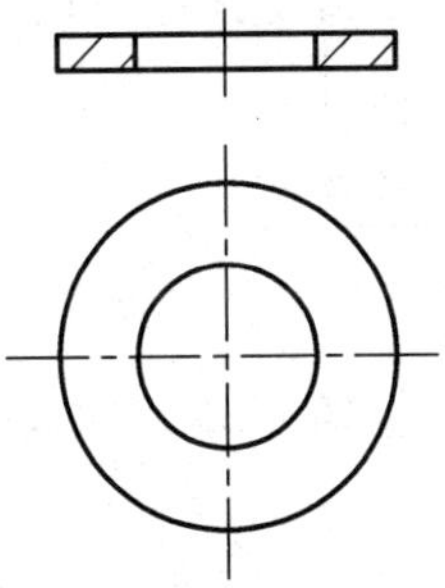

图 5.2.24

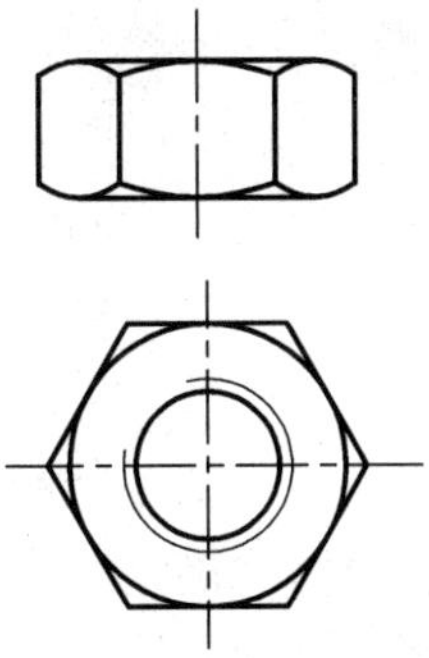

图 5.2.25

（5）“螺栓 GB/T 5780—2000 M10×60”图符提取步骤：点击菜单“绘图”/“库操作”/“提取图符”；在“提取图符”对话框里，依次选定“图符大类”/“螺栓和螺柱”，“图符小类”/“六角头螺栓”，“图符列表”/“GB/T5780—2000 六角头螺栓-C 级”；单击“下一步”按钮，在“图符预处理”对话框里，依次选定“规格”/“M10”，“l*?”/“60”，“尺寸开关”/“关”，“图符处理”/“消隐”，然后单击“确定”按钮。在绘图区空白处单击，即得到螺栓 GB/T 5780—2000 M10×60 的视图，如图 5.2.26 所示。

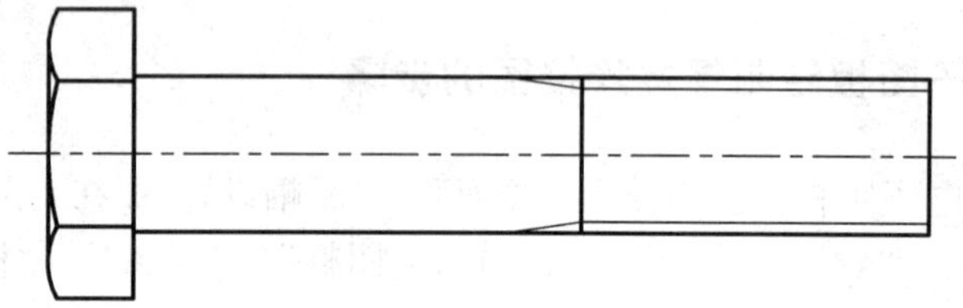

图 5.2.26

（6）装配过程如图 5.2.27 所示。选取螺栓，以 1 点为基点移动到与孔的 1 点重合；选取垫圈，以 2 点为基点移动到与螺栓的 2 点重合；选取螺母，以 3 点为基点移动到与垫圈的 3 点重合。

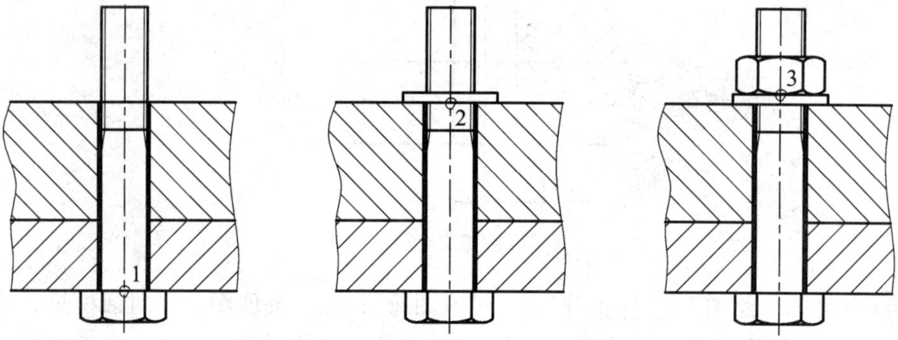

图 5.2.27

（7）以类似方式绘制其俯视图，如图 5.2.28 所示。

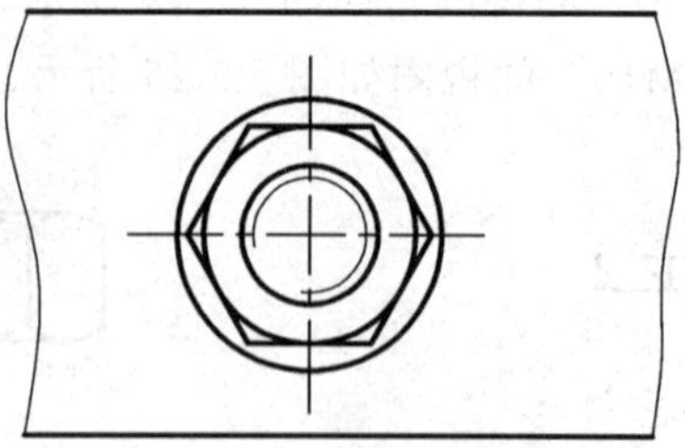

图 5.2.28

（8）填写标题栏：点击菜单“幅面”/“填写标题栏”；在“填写标题栏”对话框里，依次填入相关内容后，单击“确定”。

（9）生成序列号，并填写明细表：点击菜单“幅面”/“生成序号”，修改窗口左下方提示栏，如图 5.2.29 所示；此时将光标移到绘图区点击被连接件 1，标出被连接件 1 的序列号，如图 5.2.30 所示；在弹出的“填写明细表”对话框（见图 5.2.31）里，依次填入相关内容后，单击“确定”；再将光标移到绘图区点击被连接件 2，标出被连接件 2 的序列号，在弹出的“填写明细表”对话框里，依次填入相关内容后，单击“确定”。

图 5.2.29

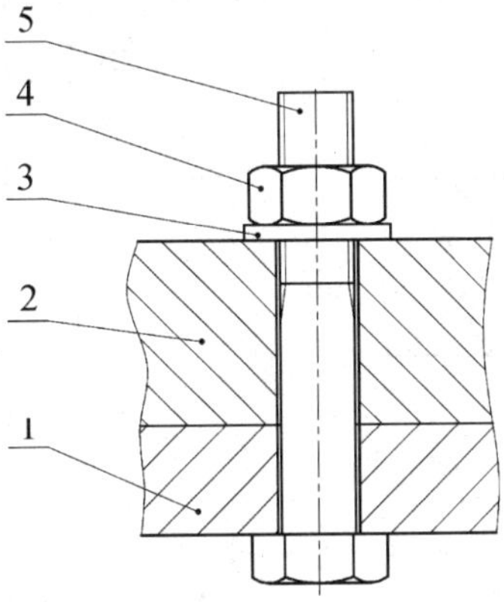

图 5.2.30

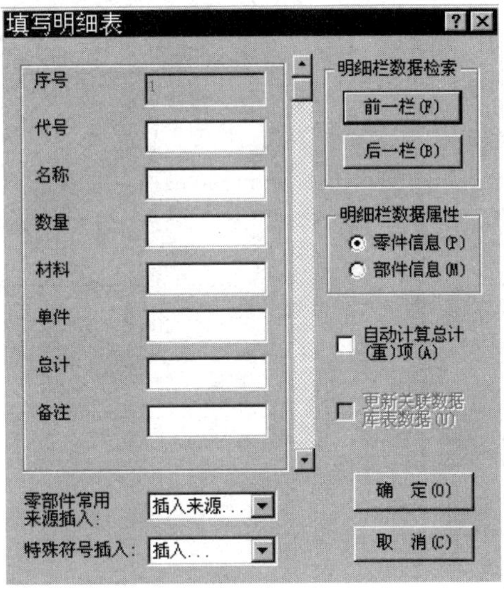

图 5.2.31

（10）如此依次标出垫圈、螺母、螺栓的序列号并填写其明细表。

（11）完成后的螺栓连接图如图 5.2.32 所示。

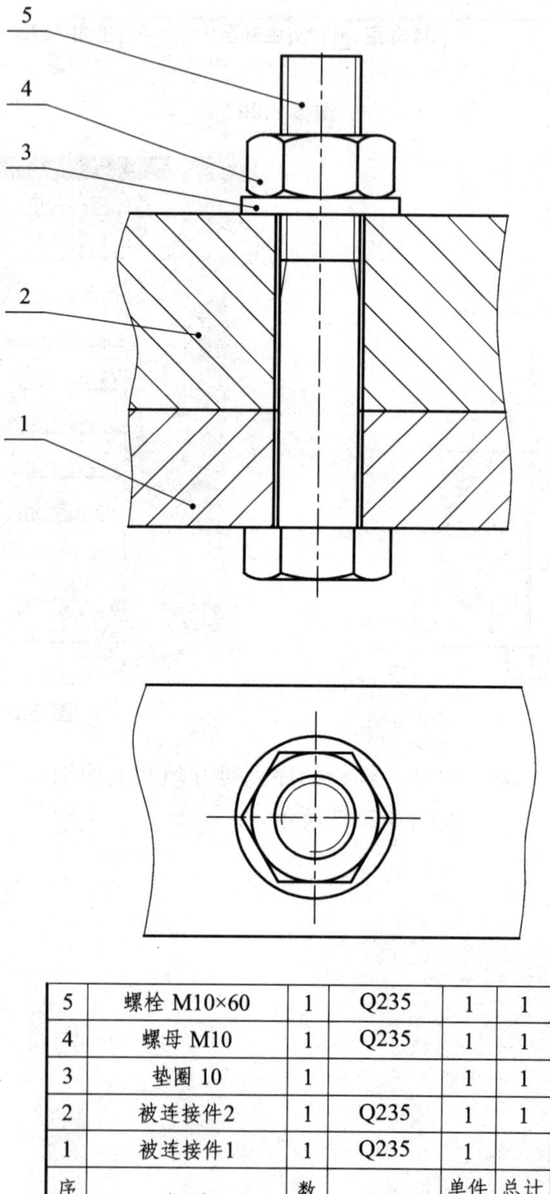

序号	名称	数量	材料	单件重量	总计重量	备注
5	螺栓 M10×60	1	Q235	1	1	GB/T5780-2000
4	螺母 M10	1	Q235	1	1	GB/T41-2000
3	垫圈 10	1		1	1	GB/T97.1
2	被连接件2	1	Q235	1	1	δ_2=25
1	被连接件1	1	Q235	1		δ_1=15

制图				1:1
校核				

图 5.2.32

附　　表

附表 1　普通螺纹牙型、直径与螺距

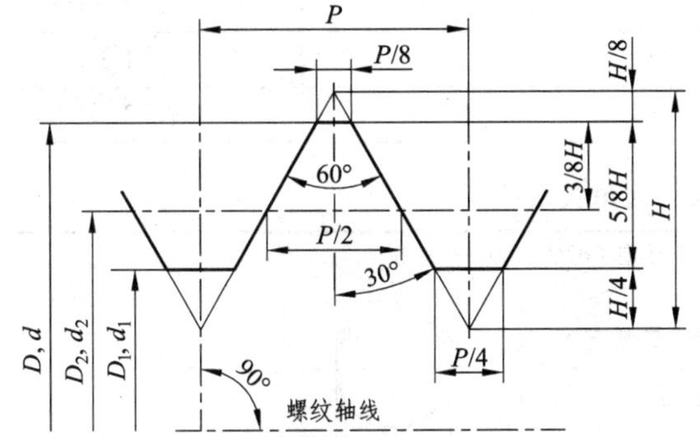

D——内螺纹公称直径
d——外螺纹公称直径
D_2——内螺纹基本大径
d_2——外螺纹基本大径
D_1——内螺纹基本小径
d_1——外螺纹基本小径
P——螺距
H——原始三角形高度
标记示例：
M10

公称直径 D，d			螺距 P	
第一系列	第二系列	第三系列	粗牙	细牙
4	3.5	—	0.7	0.5
5	—	—	0.8	0.5
—	—	5.5	—	0.5
6	—	—	1	0.75
—	7	—	1	0.75
8	—	—	1.25	1，0.75
—	—	9	1.25	1，0.75
10	—	—	1.5	1.25，1，0.75
—	—	11	1.5	1.5，1，0.75
12	—	—	1.75	1.25，1
—	14	—	2	1.5，1.25，1
—	—	15	—	1.5，1
16	—	—	2	1.5，1
—	—	17	—	1.5，1
—	18	—	2.5	2，1.5，1
20	—	—	2.5	2，1.5，1
—	22	—	2.5	2，1.5，1
24	—	—	3	2，1.5，1
—	—	25	—	2，1.5，1
—	—	26	—	1.5

续附表 1

公称直径 D，d			螺距 P	
—	27	—	3	2，1.5，1
—	—	28	—	2，1.5，1
30	—	—	3.5	（3），2，1.5，1
—	—	32	—	2，1.5
—	33	—	3.5	（3），2，1.5
—	—	35	—	1.5
36	—	—	4	3，2，1.5
—	—	38	—	1.5
—	39	—	4	3，2，1.5

附表 2　六角头螺栓

六角头螺栓-C 级（摘自 GB/T 5780—2000）

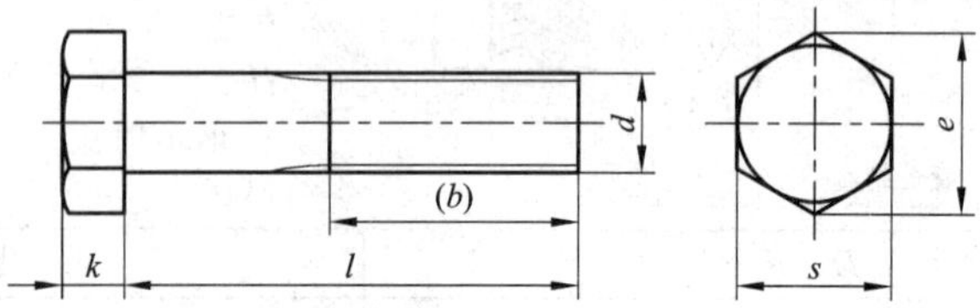

标记示例：
螺栓 GB/T 5780 M10×45

六角头螺栓-全螺纹-C 级（摘自 GB/T 5781—2000）

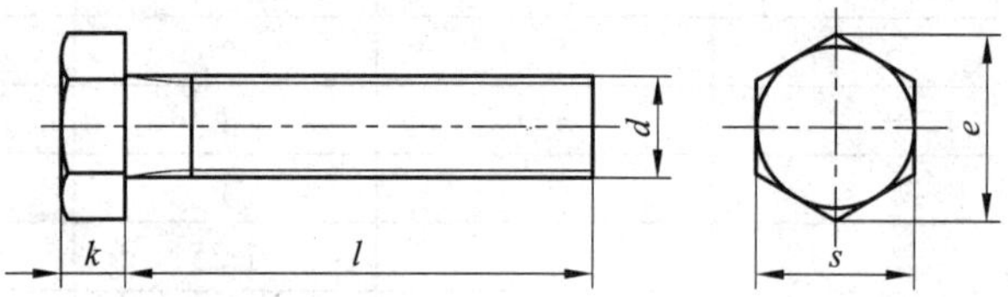

标记示例：
螺栓 GB/T 5780 M10×45

螺纹规格 d		M5	M6	M8	M10	M12	M16	M20	M24	M30	M36	M42	M48
$b_{参考}$	l≤125	16	18	22	26	30	38	40	54	66	78	—	—
	125<l≤200	—	—	28	32	36	44	52	60	72	84	96	108
	l>200	—	—	—	—	—	57	65	73	85	97	109	121
$k_{公称}$		3.5	4.0	5.3	6.4	7.5	10	12.5	15	18.7	22.5	26	30
s_{max}		8	10	13	16	18	24	30	36	46	55	65	75
e_{max}		8.63	10.9	14.2	17.6	19.9	26.6	33.0	39.6	50.9	60.8	72.0	82.6
d_{smax}		5.48	6.48	8.58	10.6	12.7	16.7	20.8	24.8	30.8	37.0	45.0	49.0
$l_{范围}$	GB/T 5780	25～50	30～60	35～80	40～100	45～120	55～160	65～200	80～240	90～300	110～300	160～420	180～480
	GB/T 5781	10～40	12～50	16～65	20～80	25～100	35～100	40～100	50～100	60～100	70～100	80～420	90～480
$l_{系列}$		10、12、16、20～50（5 进位）、（55）、60、70～160（10 进位）、180、220～500（20 进位）											

附表 3　Ⅰ型六角螺母

Ⅰ型六角螺母——A 和 B 级(摘自 GB/T 6170—2000)
Ⅰ型六角螺母——细牙-A 和 B 级(摘自 GB/T 6171—2000)
Ⅰ型六角螺母——C 级（摘自 GB/T 41—2000）

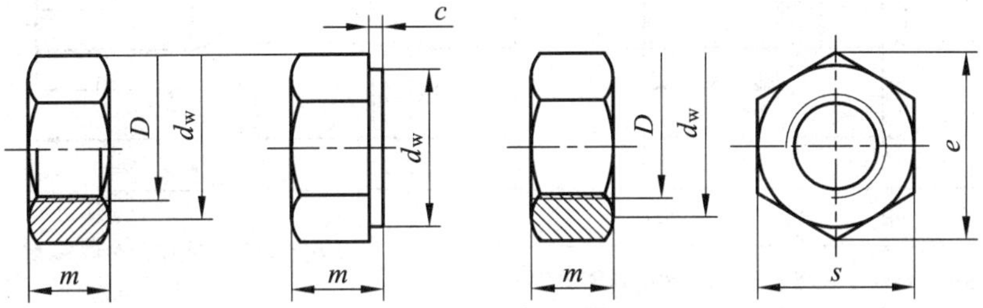

A 和 B 级　　　　C 级

标记示例：
螺母 GB/T41 M10
螺母 GB/T6171 M12

螺纹规格	D	M4	M5	M6	M8	M10	M12	M16	M20	M24	M30	M36	M42	M48
	$D\times P$	—	—	—	M8×1	M10×1	M12×1.5	M16×1.5	M20×1	M24×2	M30×2	M36×3	M42×3	M48×3
C		0.4	0.5		0.6			0.8				1		
S_{max}		7	8	10	13	16	18	24	30	36	46	55	65	76
e_{min}	A、B 级	7.66	8.79	11.05	14.38	17.77	20.03	26.75	32.95	39.95	50.85	60.79	72.02	82.6
	C 级	—	8.63	10.89	14.2	17.59	19.85	26.17						
m_{max}	A、B 级	3.2	4.7	5.2	6.8	8.4	10.8	14.8	18	21.5	25.6	31	34	38
	C 级	—	5.6	6.1	7.9	9.5	12.2	15.9	18.7	22.3	26.4	31.5	34.9	38.9
$d_{w\,min}$	A、B 级	5.9	6.9	8.9	11.6	14.6	16.6	22.5	27.7	33.2	42.7	51.1	60.6	69.4
	C 级	—	6.9	8.7	11.5	14.5	16.5	22						

注：① P——螺距。
② A 级用于 $D\leqslant 16$ 的螺母；B 级用于 $D>16$ 的螺母；C 级用于 $D\geqslant 5$ 的螺母。
③ 螺纹公差：A、B 级为 6H,C 级为 7H；性能等级：A、B 级为 6、8、10 级，C 级为 4、5 级。

附表 4　双头螺柱

$bm = 1d$(GB 898—1988)　$bm = 1.25d$(GB 898—1988)

$bm = 1.5d$(GB 898—1988)　$bm = 2d$(GB 898—1988)

A型　　　　B型

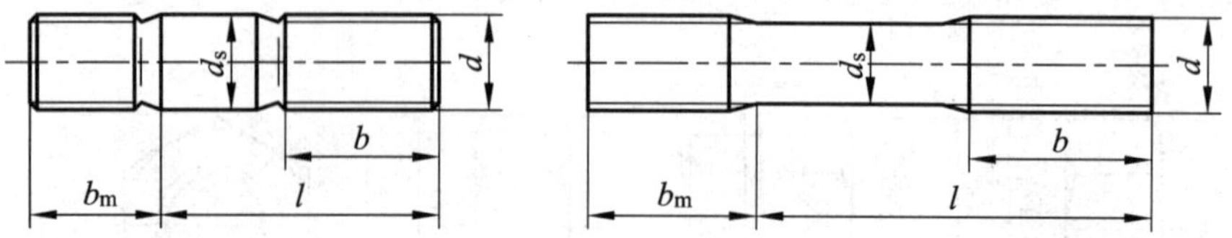

螺纹规格 d	bm(旋入机体端长度)				l/b(螺柱长度/旋螺母端长度)
	GB/T 897	GB/T 898	GB/T 899	GB/T 900	
M4	—	—	6	8	16~22/8　25~40/14
M5	5	6	8	10	16~22/10　25~50/16
M6	6	8	10	12	20~22/10　25~30/14　32~75/18
M8	8	10	12	16	20~22/12　25~30/16　32~90/22
M10	10	12	15	20	25~28/14　30~38/16　40~120/26　130/32
M12	12	15	18	24	25~30/14　32~40/16　45~120/26　130~180/32
M16	16	20	24	32	30~38/16　40~55/20　60~120/30　130~200/36
M20	20	25	30	40	35~40/20　45~65/30　70~120/38　130~200/44
(M24)	24	30	36	48	45~50/25　55~75/35　80~120/46　130~200/52
(M30)	30	38	45	60	60~65/40　70~90/50　95~120/66　130~200/72　210~250/85
M36	36	45	54	72	65~75/45　80~110/60　120/78　130~200/84　210~300/97
M42	42	52	63	84	70~80/50　85~110/70　120/90　130~200/96　210~300/109
M48	48	60	72	96	80~90/60　95~110/80　120/102　130~200/108　210~300/121
$l_{系列}$	12、(14)、16、(18)、20、(22)、25、(28)、30、(32)、35、38、40、45、50、55、60、(65)、70、75、80、(85)、90、(95)、100~260（10 进制）、280、300				

附表 5　内六角圆柱头螺钉（单位：mm）

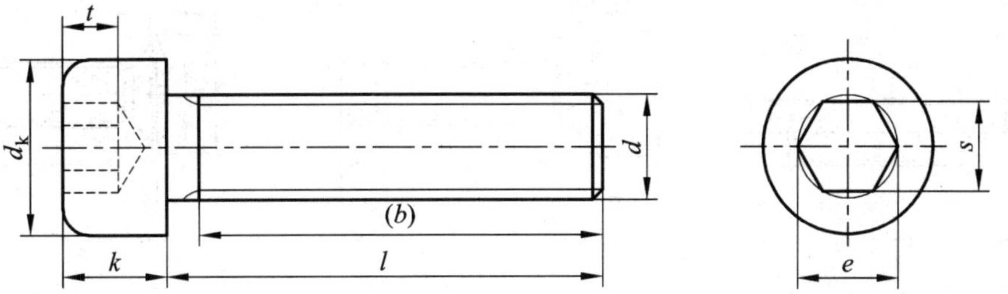

标记示例：

螺钉　GB/T 70.1—2000　M5×20（螺纹规格 M5、公称长度 20、性能等级为 8.8 级、表面氧化的内六角圆柱头螺钉）

螺纹规格 d		M4	M5	M6	M8	M10	M12	M14	M16	M20	M24	M30	M36
螺距 P		0.7	0.8	1	1.25	1.5	1.75	2	2	2.5	3	3.5	4
$b_{\text{参考}}$		20	22	24	28	32	36	40	44	52	60	72	84
d_{kmax}	光滑头部	7	8.5	10	13	16	18	21	24	30	36	45	54
	滚花头部	7.22	8.72	10.22	13.27	16.27	18.27	21.33	24.33	30.33	36.39	45.39	54.46
k_{max}		4	5	6	8	10	12	14	16	20	24	30	36
t_{min}		2	2.5	3	4	5	6	7	8	10	12	15.5	19
$S_{\text{公称}}$		3	4	5	6	8	10	12	14	17	19	22	27
e_{min}		3.44	4.58	5.72	6.86	9.15	11.43	13.72	16	19.44	21.73	25.15	30.35
$d_{\text{s max}}$		4	5	6	8	10	12	14	16	20	24	30	36
$l_{\text{范围}}$		6 ~ 40	8 ~ 50	10 ~ 60	12 ~ 80	16 ~ 100	20 ~ 120	25 ~ 140	25 ~ 160	30 ~ 200	40 ~ 200	45 ~ 200	55 ~ 200
全螺纹时最大长度		25	25	30	35	40	45	55	55	65	80	90	100
$l_{\text{系列}}$		6、8、10、12、（14）、（16）、20 ~ 50(5 进位)、（55）、60、（65）、70 ~ 160（10 进位）、180、200											

附表 6　螺钉（一）

开槽盘头螺钉（摘自 GB/T67-2000）　开槽沉头螺钉（摘自 GB/T68-2000）　开槽半沉头螺钉（摘自 GB/T69-2000）

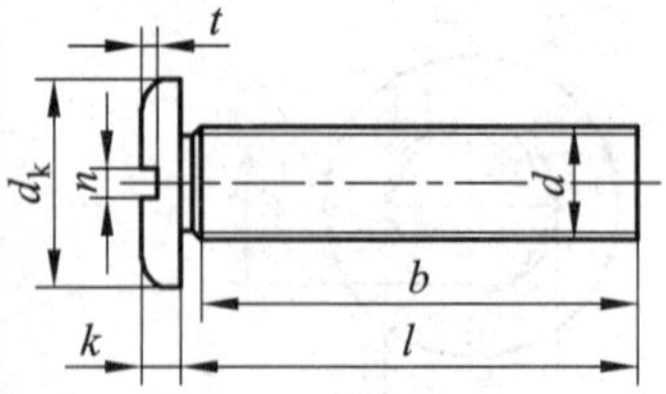

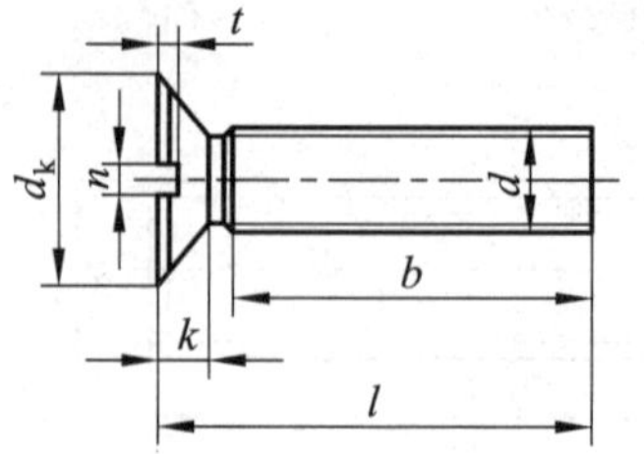

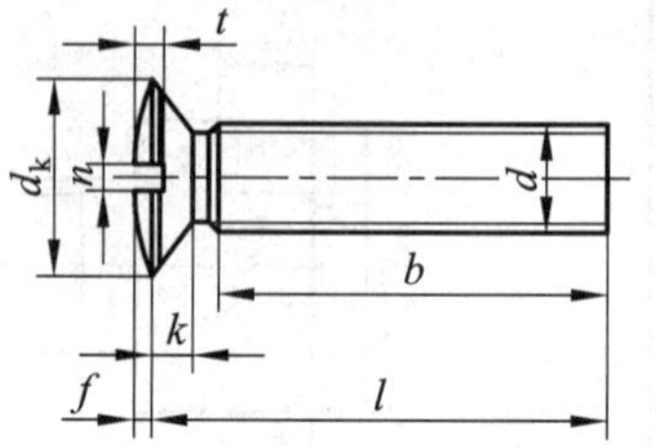

标记示例：

螺钉　GB/T67-2000　M6×50

螺纹规格	P	b_{min}	n 公称	f	rf	k_{max}		dk_{max}		t_{min}			l 范围		全螺纹时最大长度	
				GB/T69	GB/T69	GB/T67	GB/T68 GB/T69	GB/T67	GB/T68 GB/T69	GB/T67	GB/T68	GB/T69	GB/T67	GB/T68 GB/T69	GB/T67	GB/T68 GB/T69
M2	0.4	25	0.5	4	0.5	1.3	1.2	4	3.8	0.5	0.4	0.8	2.5~20	3~20	30	
M3	0.5		0.8	6	0.7	1.8	1.65	5.6	5.5	0.7	0.6	1.2	4~30	5~30		
M4	0.7	38	1.2	9.5	1	2.4	2.7	8	8.4	1	1	1.6	5~40	6~40	40	45
M5	0.8				1.2	3		9.5	9.3	1.2	1.1	2	6~50	8~50		
M6	1		1.6	12	1.4	3.6	3.3	12	12	1.4	1.2	2.4	8~60	8~60		
M8	1.25		2	16.5	2	4.8	4.65	16	16	1.9	1.8	3.2	10~80			
M10	1.5		2.5	19.5	2.3	6	5	20	20	2.4	2	3.8				
l 系列	2、2.5、3、4、5、6、8、10、12、(14)、16、20~50（5 进位）、(55)、60、(65)、70、(75)、80															

附表 7　螺钉（二）

开槽锥端紧定螺钉（摘自 GB/T71—1985）　开槽平端紧定螺钉（摘自 GB/T73—1985）　开槽长圆柱端紧定螺钉（摘自 GB/T75—1985）

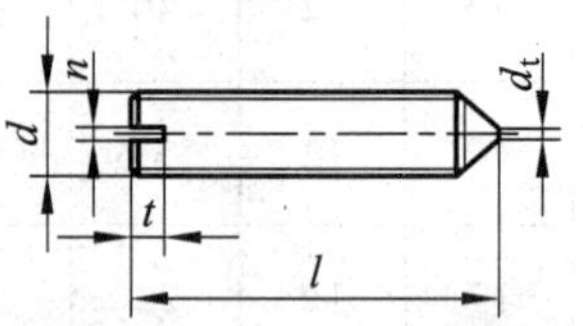

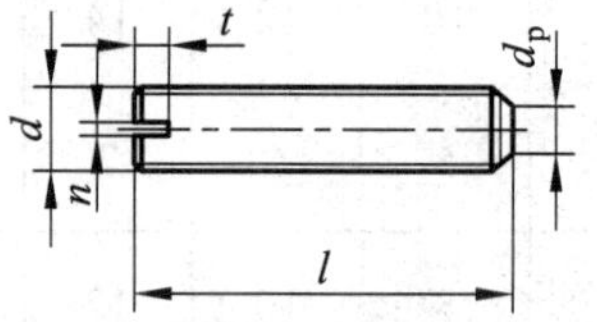

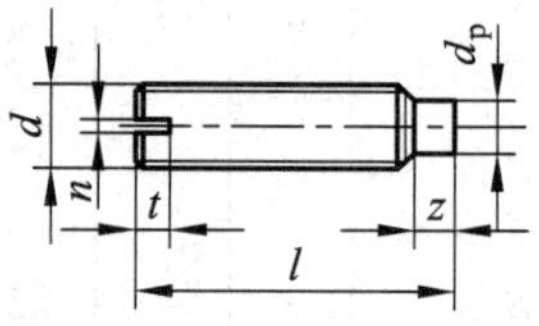

标记示例：

螺钉　GB/T67-2000　M6×50

螺纹规格 d	P	d_f	$d_{t\ max}$	$d_{p\ max}$	n 公称	t_{max}	Z_{max}	l 范围		
								GB/T71	GB/T73	GB/T75
M2	0.4	螺纹小径	0.2	1	0.25	0.84	1.25	3 ~ 10	2 ~ 10	3 ~ 10
M3	0.5		0.3	2	0.4	1.05	1.75	4 ~ 16	3 ~ 16	5 ~ 16
M4	0.7		0.4	2.5	0.6	1.42	2.25	6 ~ 20	4 ~ 20	6 ~ 20
M5	0.8		0.5	3.5	0.8	1.63	2.75	8 ~ 25	5 ~ 25	8 ~ 25
M6	1		1.5	4	1	2	3.25	8 ~ 30	6 ~ 30	8 ~ 30
M8	1.25		2	5.5	1.2	2.5	4.3	10 ~ 40	8 ~ 40	10 ~ 40
M10	1.5		2.5	7	1.6	3	5.3	12 ~ 50	10 ~ 50	12 ~ 50
M12	1.75		3	8.5	2	3.6	6.3	14 ~ 60	12 ~ 60	14 ~ 60
1 系列	2、2.5、3、4、5、6、8、10、12、(14)、16、20 ~ 50（5 进位）、(55)、60									

附表 8　标准型弹簧垫圈（单位：mm）

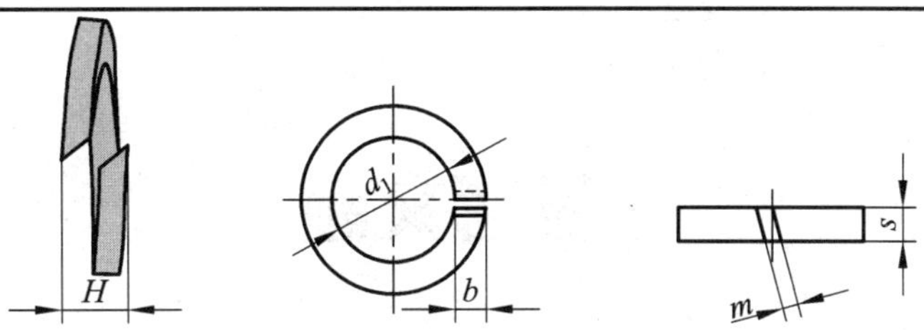

标记示例：
垫圈 GB/T93—1987　12

规格（螺纹大径）	4	5	6	8	10	12	16	20	24	30	36	42	48
D_{1min}	4.1	5.1	6.1	8.1	10.2	12.2	16.2	20.2	24.5	30.5	36.5	42.5	48.5
$S=b$ 公称	1.1	1.3	1.6	2.1	2.6	3.1	4.1	5	6	7.5	9	10.5	12
$m\leqslant$	0.55	0.65	0.8	1.05	1.3	1.55	2.05	2.5	3	3.75	4.5	5.25	6
H_{max}	2.75	3.25	4	5.25	6.5	7.75	10.25	12.5	15	18.75	22.5	26.25	30

附表 9　垫圈（单位：mm）

小垫圈——A 级(摘自 GB/T 848—2002)
平垫圈——A 级(摘自 GB/T 97.1—2002)
平垫圈——倒角型-A 级(摘自 GB/T 97.2—2002)
平垫圈——C 级(摘自 GB/T 95—2002)
大垫圈——A 级(摘自 GB/T 96.1—2002)
特大垫圈——C 级(摘自 GB 5287—2002)

标记示例：
垫圈　GB/T95—2002　10
垫圈　GB/T97.2—2002　8

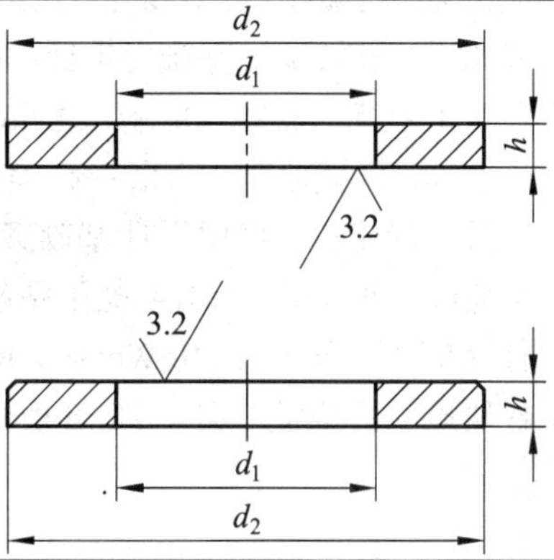

公称尺寸	标准系列									特大系列			大系列			小系列		
	BG/T95(C 级)			BG/T97.1(A 级)			BG/T97.2(A 级)			BG/T5287(C 级)			BG/T96.1(A 级)			BG/T848(A 级)		
	d_{1min}	d_{2max}	h	d_{1min}	d_{2max}	h	d_{1min}	d_{2max}	h	d_{1min}	d_{2max}	h	d_{1min}	d_{2max}	h	d_{1min}	d_{2max}	h
4	—	—	—	4.3	9	0.8	—	—	—	—	—	—	4.3	12	1	4.3	8	0.5
5	5.5	10	1	5.3	10	1	5.3	10	1	5.5	18	2	5.3	15	1.2	5.3	9	1
6	6.6	12	1.6	6.4	12	1.6	6.4	12	1.6	6.6	22		6.4	18	1.6	6.4	11	1.6
8	9	16		8.4	16		8.4	16		9	28	3	8.4	24	2	8.4	15	
10	11	20	2	10.5	20	2	10.5	20	2	11	34		10.5	30	2.5	10.5	18	
12	13.5	24	2.5	13	24	2.5	13	24	2.5	13.5	44	4	13	37	3	13	20	2
14	15.5	28		15	28		15	28		15.5	50		15	44		15	24	2.5
16	17.5	30	3	17	30	3	17	30	3	17.5	56	5	17	50		17	28	
20	22	37		21	37		21	37		22	72	6	22	60	4	21	34	3
24	26	44	4	25	44	4	25	44	4	26	85		26	72	5	25	39	4
30	33	56		31	56		31	56		33	105		33	92	6	31	50	
36	39	66	5	37	66	5	37	66	5	39	125	8	39	110	8	37	60	5

注：A 级适用于精装配系列，C 级适用于中等装配系列。

参考文献

[1] 夏华生. 机械制图. 北京：机械工业出版社，1986.
[2] 金大鹰. 机械制图. 北京：机械工业出版社，2004.
[3] 王其昌. 机械制图. 北京：机械工业出版社，2004.
[4] 唐克中，朱同钧. 画法几何及工程制图. 北京：高等教育出版社，1983.
[5] 石光源，周积义，彭福荫. 机械制图. 高等教育出版社，1990.
[6] 中国劳动社会保障部教材办公室. 机械基础. 北京：中国劳动社会保障出版社，2001.
[7] 王光勇. 机械基础. 南京：江苏教育出版社，2009.
[8] 黄森彬. 机械设计基础. 北京：机械工业出版社，2001.
[9] 机械工业部. 零件与传动. 北京：机械工业出版社，2005.
[10] 马永林. 机械原理. 北京：高等教育出版社，1992.
[11] 王云，潘玉安. 机械设计基础案例教程. 北京：北京航空航天大学出版社，2006.
[12] 路纯红，刘昌丽. CAXA 电子图板 2007 基础与实例教程. 北京：电子工业出版社，2007.
[13] 詹世良，江佳靖. SolidWorks 2000 训练教材. 北京：中国铁道出版社，2001.
[14] 赵秋玲，吕瑛波，孙学江. SolidWorks 2009 机械设计. 北京：机械工业出版社，2010.